今日から
モノ知り
シリーズ

トコトンやさしい

プリント配線板の本

第2版

プリント配線板は電子機器の基板であり、その上に無数の電子部品を搭載する板のこと。板といっても重要な部品のひとつで、表面に微細な回路が組み込まれ、内部は何層にもなっている。本書では、電子機器の特性を決めているこの最重要部品について、材料や特性、プロセス、信頼性などをわかりやすく解説する。

高木 清
大久保 利一
山内 仁

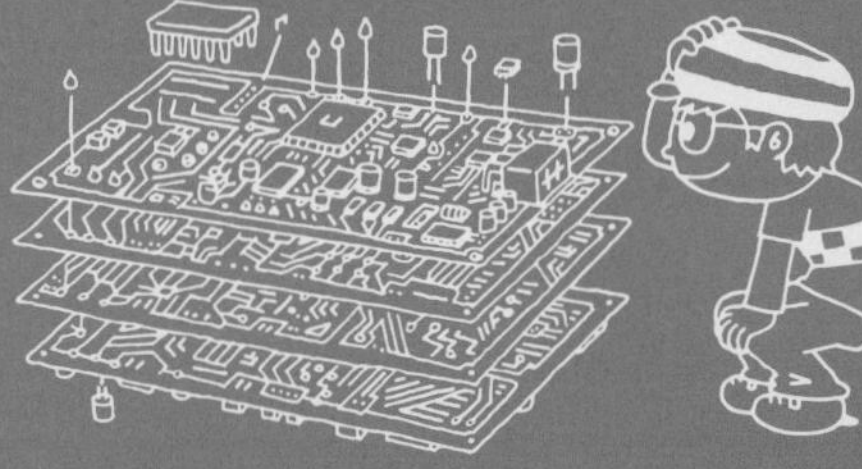

B&Tブックス
日刊工業新聞社

はじめに（第2版）

本書の初版は多くの方に読んでいただきました。その後、新しい大小のICT機器が多数出現しております。そこでは、IoT、センサ、人工知脳、ビッグデータ、クラウドシステムなどへの期待が高まってきています。これらを通し、社会インフラ関連システムにより官公庁や企業の活動が大きく変化し、生産工場の自動化やコンシューマー機器のインターネットを通しての制御などが議論されています。ここでは、膨大なデータを処理する数多くの種類の情報処理機器が活躍しています。

これら機器の内部を見ますと、半導体デバイスをはじめ数えきれないほどの電子部品があり、これらをプリント配線板に搭載・接続した数多くのモジュール用電子実装基板を見ることができます。この部品を搭載・接続している板が『プリント配線板』です。

情報処理では無数にあるアプリケーションソフトにより要望に応えておりますが、このソフトウェアは情報処理機器であるハードウェアがあってはじめて効果を出すものであり、電子部品を接続するプリント配線板があって、機能が発揮されます。

このプリント配線板は一見したところ単なる板であり、材料が導電体と絶縁体で構成されている比較的単純に見えるものです。しかし、実際には導体配線は板の表面ばかりではなく、内部にも何層も配置され、配線も微細で、各種の特性はより厳しいものが要求されている大変高度で複雑なものです。

このように複雑なものとなっているのは、半導体デバイスやその他の電子部品が進歩し、いかに使う人の要求に適う性能を達成するかを試行し、高度の技術開発を行った努力の結果で、プリント配線板も一体となって進歩してきたからです。

プリント配線板は、この板の上に種類も数も多い電子部品を隙間なく取りつけて、必要な性能を持つ電子機器モジュールを作り上げていく土台となるものです。最新のプリント配線板は多くの場合、微細配線を有し、高速伝送をするために多層プリント配線を用いております。

初版ではプリント配線板の基礎的なことを全般的に記述しましたが、第2版を上梓するにあたり、大久保氏、山内氏の参加を得て、広い視野で、その後の技術、ビジネスの進展に合わせ、プリント配線板の基礎、信頼性とともに、部品の実装との関係、新しい実装法などを加味しました。

プリント配線板に関係する高度な材料の開発、微細化を実現するプロセスの要素技術と構築、信頼性を高めるための研究と部品実装との関わりなどをわかりやすく解説いたしました。本書が皆様のお役に立つことを祈るものです。

2018年吉日

執筆者代表　髙木　清

トコトンやさしい

プリント配線板の本

第2版

目次

目次 CONTENTS

第1章 電子機器の実装とプリント配線板

第2章 プリント配線板の構成と種類

第3章 プリント配線板の特性

第4章 プリント配線板の材料

第5章 プリント配線板の設計と製造工程

第6章 多層化プロセスのための穴加工とめっきと試験

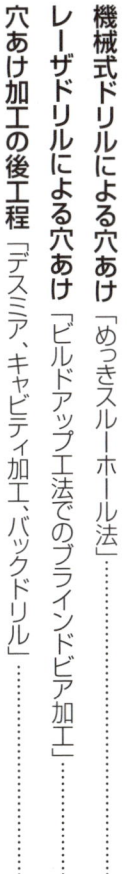

第7章 信頼性向上技術の進歩

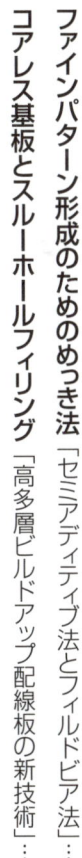

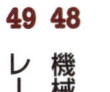

第8章 プリント配線板の新展開

【コラム】

第1章

電子機器の実装とプリント配線板

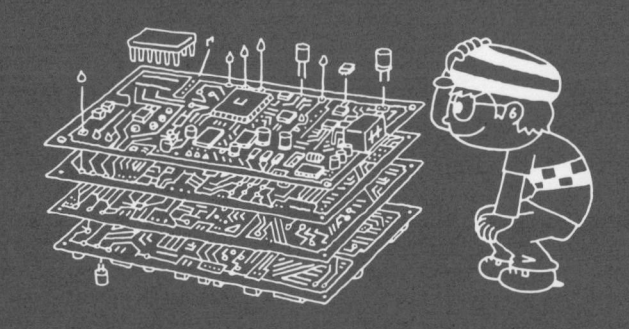

1 電子機器の例

超大型から小型携帯機器までの種類

電子機器と一口に言っても、その規模は大きく異なり、超大型の装置からスマートフォンやタブレットPCのような小型機器や、制御用機器など、数多くの種類があります。

コンピュータや通信機器など、高度な信号の処理を目的とするものから、工作機械、プリンタなどのようにその特定の機能を十分に発揮させるために電子的制御を行っている機器もあります。最近では、物のインターネット(IoT)と言われ、身近にある様々な機器はインターネットに繋がり、相互に情報交換を行うことで、より便利な人間生活を行えるように生活の中に溶け込んでいます。

このように電子機器の範囲は、社会インフラを構築するスーパーコンピュータや大型サーバーシステム、鉄道・通信・放送・郵便・銀行などの大規模システムや、複合プリンタなどの事務機器、パソコン、スマートフォン、タブレット機器などの個人向け情報機器、また、電子腕時計、音楽プレーヤなどのウェアラブル機器、工作機械・工業用ロボットなどの産業機器、冷蔵庫、電子レンジ、洗濯機、エアコンなどの生活家電から自動車などがあります。これらの例を図に示しました。

日常の生活を向上させている電子機器ですが、これらの機器の電子的制御部分は一般には見ることはできません。機器の内部を見ると、その目的とする機能を実現するために必ず電子回路を持っています。この電子回路は、半導体ICとその他の電子部品を必要な機能に合わせて接続したもので、電子部品の接続には、必ずプリント配線板が使われます。このように、電子機器を構成して目的の機能を実現する電子回路をプリント配線板上に構成することを実装と言い、プリント配線板は電子部品の実装において中心的な役割をするものです。このようなプリント配線板の特性や材料、製法などについて考えたいと思います。

要点BOX
- ●電子部品の接続には、必ずプリント配線板が使われている
- ●電子機器には大小の規模がある

民生用デジタル電子機器

スマートフォン

タブレット

パソコン

液晶テレビ

デジタルカメラ

産業用デジタル電子機器

サーバー（富士通）

ルーター（富士通）

スーパーコンピュータ「京」

2 機器内部の部品を搭載するのはプリント配線板

機能を作る電子部品の接続

電子機器を分解してみますと、筐体の中には板に電子部品を搭載、接続されているものがあります。この周りには、電池、ケーブル、放熱板、冷却ファン、シールドシート、絶縁シート、コネクタやその他小型部品などがあります。

このうち電子機器を動作させている板がプリント配線板で、このプリント配線板に部品単体や複数の部品をひと塊りに構成した電子モジュールが搭載されて、ここで信号の処理を行います。

電子回路の動作に必要な電気エネルギーは、電池や外部電源より供給します。そのほかの入出力の信号は、この電子回路の動作を補助するものと言えます。

電子回路は様々な電子部品を搭載するプリント配線板より成り立っており、この配線板に情報を入力し、加工し、出力し、あるいは記憶を行います。

このような情報処理で大きな力を発揮するのは大規模LSIですが、それだけではなく、小規模のICや、トランジスタ、ダイオード、あるいは、抵抗、キャパシタ、インダクタなど多くの回路部品があり、これら様々な部品類を電子回路に構成するために、これらを相互に電気的接続することが必要で、プリント配線板はこの接続のために重要なものです。

このプリント配線板には部品を電気的に接続するためのパッドにはんだなどで接続し、そのパッド間を導体パターンで電子部品を相互接続することにより、電子回路モジュールが完成します。

図に示しましたのは、機器の内部に組み込まれた電子回路モジュールで、機種毎に異なり数多くのものがあり、これらはごく一部です。

このプリント配線板に部品を搭載し、機能させるために接続を行うことを含めて電子回路実装と言い、できたものを電子回路実装品、プリント回路板などと言っています。

要点BOX
- ●プリント配線板に部品を搭載しているモジュールが電子機器を動作させる
- ●プリント配線板は電子回路を搭載している

機器内部の部品を搭載・接続したプリント配線板

民生用のプリント配線板

パソコン

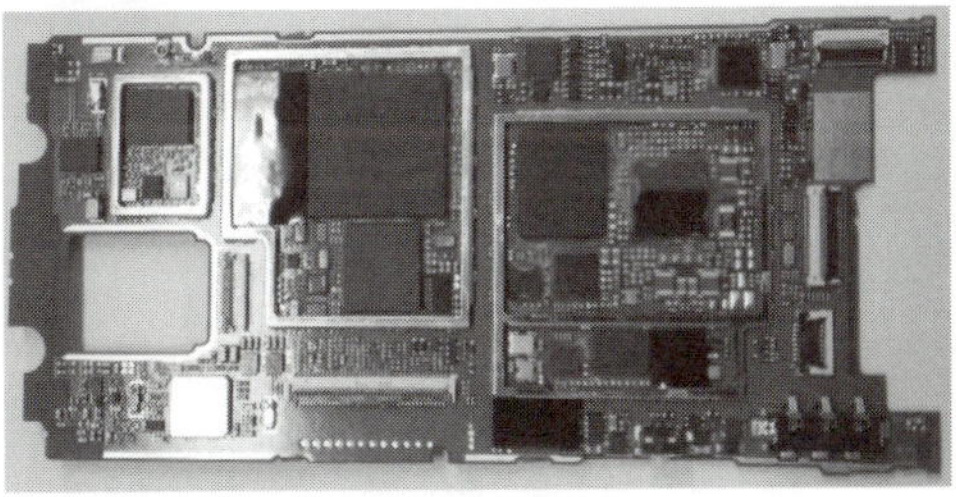

携帯電話

機器内部の部品を搭載・接続したプリント配線板

産業用のプリント配線板

サーバーのシステムボード(富士通)

スーパーコンピュータの
システムボード(富士通)

3 たくさん種類のある電子部品

機器を構成する電子部品

電子機器を構成する電子部品は、プリント配線板に搭載され、実装（電気的に接続）されて動作します。

電子部品にはたくさんの種類がありますが、大きく分けて能動部品（Active Parts）と、受動部品（Passive Parts）があり、その他電気的な接続のない機構部品（Mechanical Parts）があります。能動部品は外部より入力した信号を他の制御信号で変化させることのできる部品です。一方、受動部品は部品で決められた機能に応じて信号を変化させるもので、接続用部品や変換部品も含まれます。別の分類方法では、単一機能を実現する個別部品と、一つの部品内に数多くの機能素子を集積した集積回路部品に分類する方法があります。LSIやモジュールは、集積回路部品に含まれます。

電子部品の代表的なものはLSIで、半導体基板上にトランジスタやダイオードを高度に集積したものです。十数億個の半導体素子を集積し、必要な機能を作り込み、外部接続に必要な入出力の端子を形成したものです。これは電子デバイスとも言われており、内蔵される半導体チップはプリント配線板搭載用の半導体パッケージ基板（他にインターポーザー、サブストレートとも言われます）に搭載して、外部との接続を行います。この半導体パッケージ基板には、薄い金属板を加工したリードフレームで接続を行うものやはんだボールにより多端子で接続を行うBGA等があります。

受動部品には、抵抗、キャパシタ、インダクタ、水晶振動子、リレーなど変換部品やコネクタ接続用部品などがあり、入出力端子はリード線を持つものやないもの、などがあります。

表面実装の普及、軽薄短小の流れの中で、リードレス部品が多くなり、小さい部品では0201M（0・25㎜×0・125㎜）のものがあります。一般に、小型軽量化を目指し、小さく薄くなってきています。

要点BOX
- ●電子部品には、能動部品以外に受動部品や機構部品などがある
- ●これらの部品がプリント配線板に実装される

MPUなどの半導体LSI内部の配線

(a)シングルコア

(b)デュアルコア

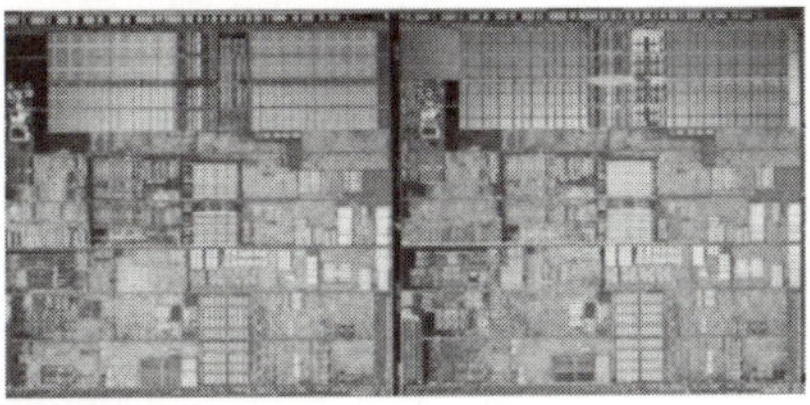

LSIを搭載したパッケージ基板

（パッケージ基板にLSIが搭載されている）

各種の個別部品の例

(a)抵抗

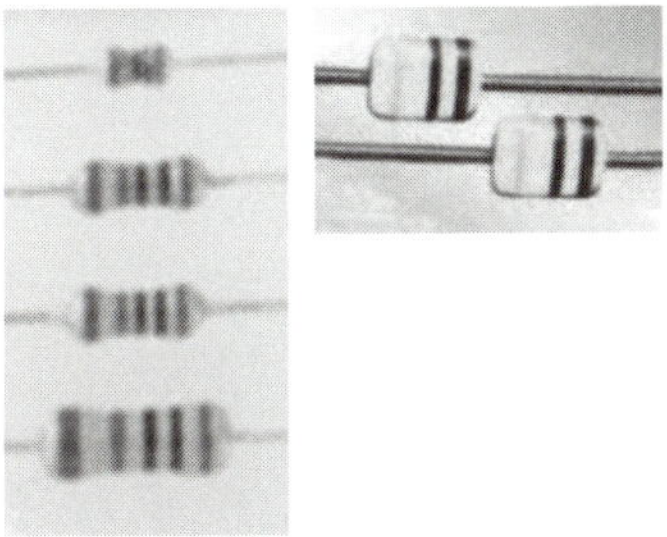

(b)キャパシタ

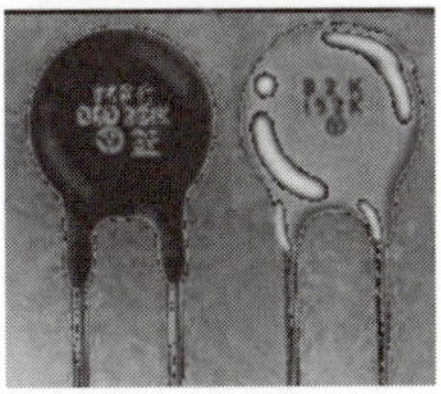

(c)インダクタ

(d)チップ部品

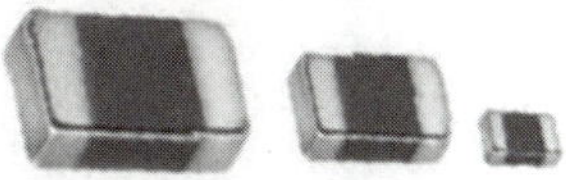

その他の部品

リレー類

コネクタ

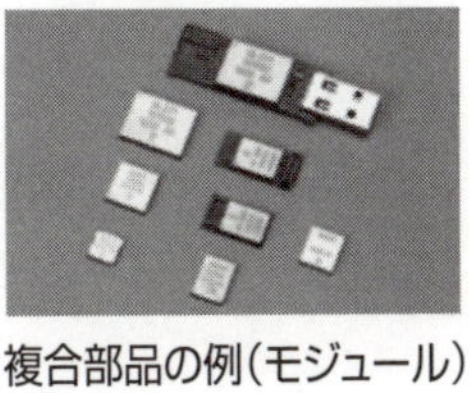

複合部品の例（モジュール）

4 実装階層と部品の接続

パッケージレベルの小さな単位からマザーボードレベルまで

集積回路や個別部品などは単独では機能しません。必要な機能を得るためにはこれらの部品を接続することが必要です。接続は一度にはできませんので、小さい単位でまとめ、徐々に大きくしていきます。このとき、電子部品類はプリント配線板上に搭載して、はんだなどで接続します。

電子部品ははじめ小さい単位でプリント配線板に接続し、順次大きな単位に接続していきます。

この様子が階層構造を構成していますので、これを実装階層と言います。図は実装階層の全体を示したものです。この接続をどのように行うかということが、電子回路装置の実装です。

図で、デバイス・部品階層（レベル）は個々の部品類を示します。パッケージ・モジュールレベルはこの部品類のはじめの接続で、プリント配線板上に接続します。このモジュールには、部品内蔵モジュール（部品内蔵基板）も含みます。このレベルで、半導体チップ1個をプリント配線板に搭載するものが通常の半導体のパッケージとなります。2個以上の場合はさらに機能の多いものとなり、これらをシステムインパッケージ（SiP）、マルチチップモジュール（MCM）、マルチチップパッケージ（MCP）などと呼びます。プリント配線板内部へ部品を実装した場合は、部品内蔵基板と呼びます。

マザーボードレベルでは、これらのパッケージやモジュールを搭載するとともに、個別部品、機構部品などを搭載します。小型機器では、このレベルに入出力のコネクタ、スイッチや表示用部品、入出力の小型機器等を搭載し、製品とすることができます。さらに大型の機器とするためには、マザーボードをバックパネルで相互に接続しています。大型機ではこのレベルで接続することもありますが、多くの場合には、この先はケーブルにより接続しています。プリント配線板は、ケーブル接続のところを除き、実装階層の各レベルの接続に使用されます。

要点BOX
- ●順次大きな単位に接続する実装階層
- ●パッケージ・モジュールレベルとマザーボードレベルがある

電子機器の実装階層とプリント配線板

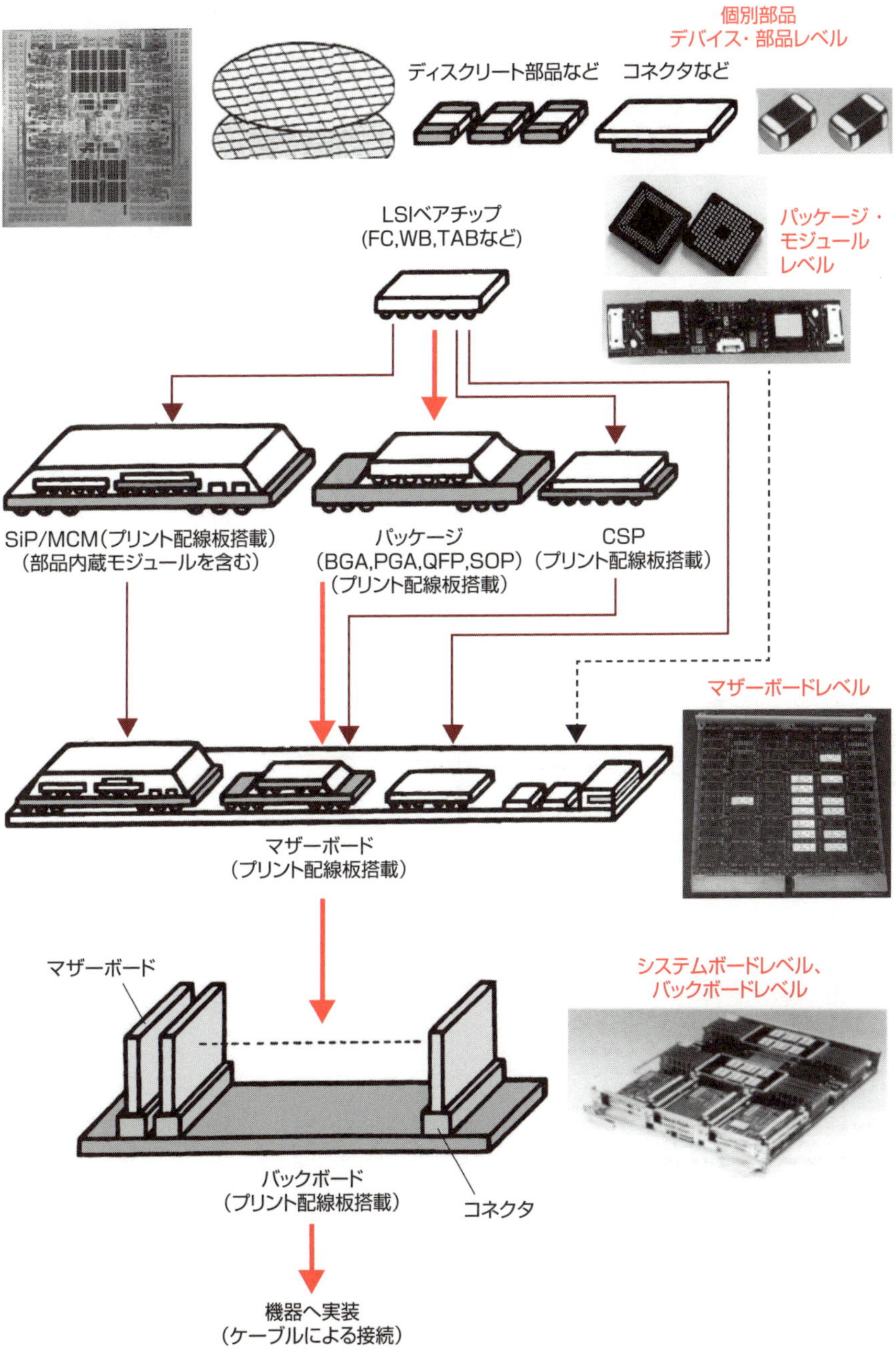
個別部品
デバイス・部品レベル
ディスクリート部品など
コネクタなど
LSIベアチップ
(FC,WB,TABなど)
パッケージ・
モジュール
レベル
SiP/MCM（プリント配線板搭載）
（部品内蔵モジュールを含む）
パッケージ
（BGA,PGA,QFP,SOP）
（プリント配線板搭載）
CSP
（プリント配線板搭載）
マザーボードレベル
マザーボード
（プリント配線板搭載）
システムボードレベル、
バックボードレベル
マザーボード
バックボード
（プリント配線板搭載）
コネクタ
機器へ実装
（ケーブルによる接続）

5 半導体チップの接続法

パッケージ基板と半導体チップの接続

半導体のベアチップは、以前はセラミック基板に搭載していましたが、現在は有機樹脂のプリント配線板を用いたものが飛躍的に増加しました。このような半導体チップ搭載用プリント配線板は、「パッケージ基板」、「インターポーザ」や「サブストレート」などとも呼ばれます。この基板には、ベアチップが複数搭載されることもあります。また、パッケージ基板の材質は、有機リジットの他に、従来のセラミックス板の材料やフレキシブルプリント配線板の材料など、様々な材料が使われています。最近では、ウェアラブル機器や医療機器デバイス向けに伸縮可能な構造を持った導電性繊維などへのデバイス実装例が発表されています。デバイス実装上での重要な点は、実装されたモジュールの信頼性の他に、実装する半導体チップの耐熱温度、実装される基板側の耐熱温度、および接続に用いられる導電材料(例えば、はんだ材料の融点など)の組み合わせにより最適な実装プロセスを選択することが必要です。

パッケージ基板内の半導体チップと基板との基本的な接続法として、主に次の3つの方法があります。

ワイヤボンディング(WB)法は、チップの上面のパッドとパッケージ基板のパッドを金などの細線で接続するものです。TAB(tape automated bonding)は、フレキシブルなテープ状のパッケージ基板にチップを接続し、プリント配線板に搭載するときに自動機でリードを切断し搭載するものです(図1)。

フリップチップ(Flip Chip)法は、チップにはんだなどで接続バンプを形成し、これらをパッケージ基板の端子に接続するものです。このフリップチップ方式は、多数の信号接続点を設けられており、接続点インダクタンスを最小にできるため、高機能デバイス向けなど、現在の主流実装方式となっています。フリップチップで半導体デバイスを基板に実装する方式には、様々な方式があります。代表的な実装方式・技術を表1にまとめました。

要点BOX

- 半導体チップと基板との接続は「WB」「TAB」「フリップチップ」

図1　ベアチップの接続法

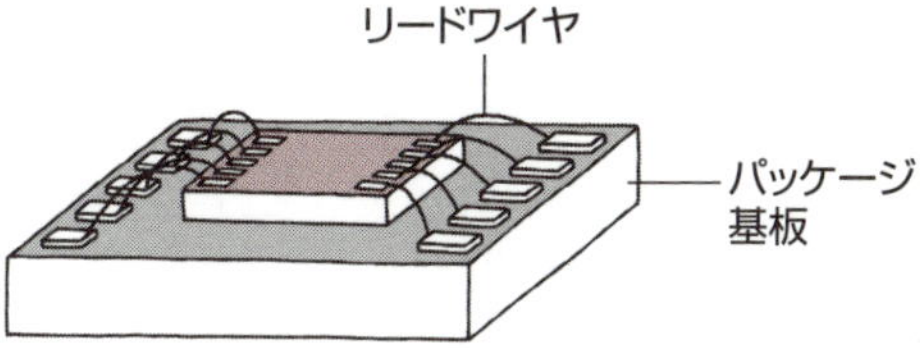

(a)ワイヤボンディング法

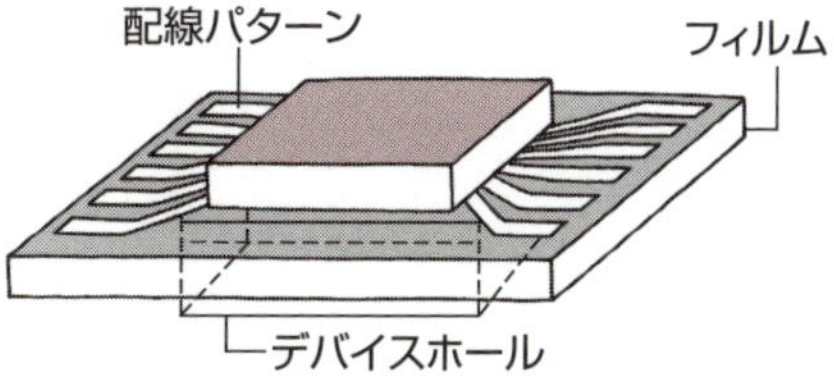

(b)テープオートメイテッドボンディング(TAB)法

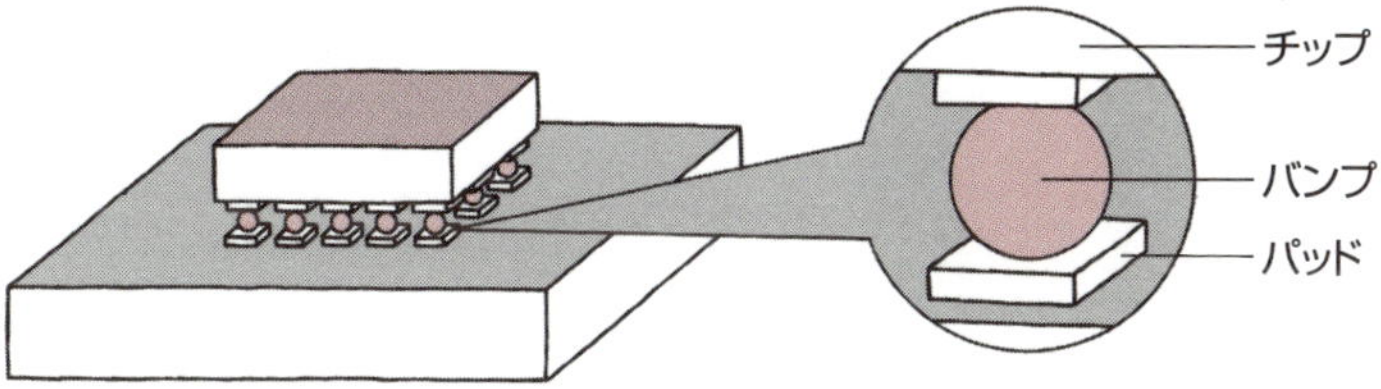

(c)フリップチップ法

表1　さまざまなフリップチップ実装技術

工法	フリップチップ工法　接着		
テクノロジ種類	絶縁接着	等方性接着	異方性接着
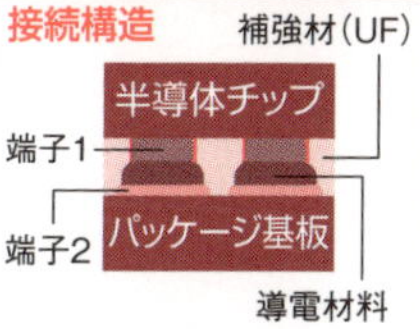	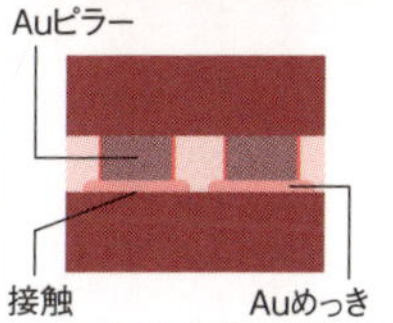	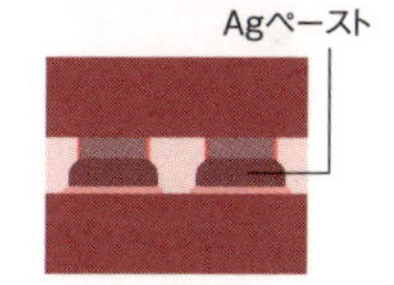	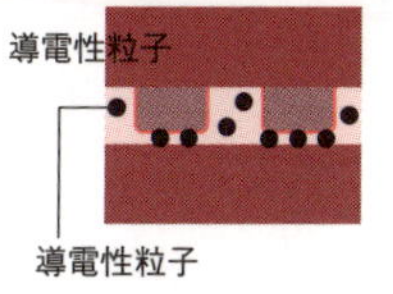
接続端子	Auピラー、Auめっき	Auピラー、Agペースト	Auピラー、 導電性フィラー

フリップチップ工法　圧接		フリップチップ工法　溶接	
超音波	熱圧着	鉛フリー はんだ接合	低温系 はんだ接合
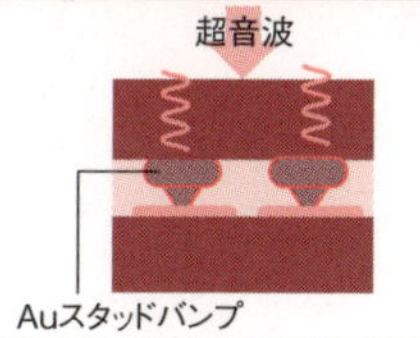		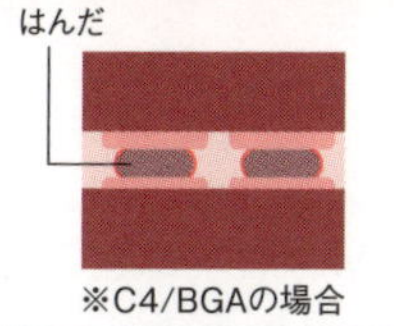	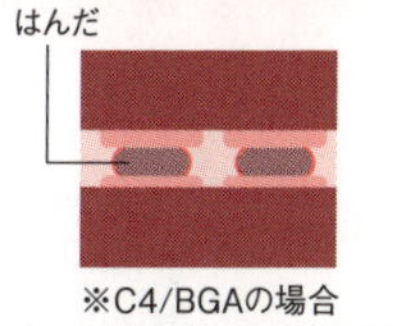
Auスタッドバンプ	Auスタッドバンプ、 Auピラー	Cuピラー　or SnAgはんだ	Cuパッド+Auめっき SnBiはんだ

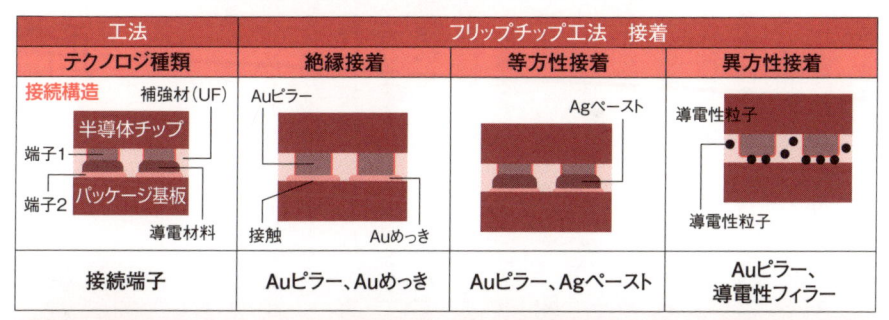

6 半導体集積回路の実装方法

複数のチップの実装

プリント配線板の実装階層のなかで、デバイス・部品階層での集積回路には、半導体チップ1個だけでなく2個以上を実装し、さらに機能の多いものとしたものがあります。これらをシステムインパッケージ（SiP）、マルチチップモジュール（MCM）、マルチチップパッケージ（MCP）などと呼びます。実装する部品は半導体チップ以外にも、高周波での電源ノイズを抑えるための電源キャパシタ等の受動部品やMEMS（Micro Electro Mechanical Systems）まで様々です。また、基板内へ部品を実装した場合は、部品内蔵基板と呼びます。部品内蔵基板にもチップ部品やWLP（Wafer Level Package）を内蔵したものから薄膜キャパシタ（TFC）層や抵抗回路層をプリント配線板製造とともに作り込むものまで、様々な種類があります。

近年ではセンサも含むIoT（Internet of Things）実用化の時代を迎え、様々な身の回りの電子機器にも搭載され、エッジコンピューティングといって半導体集積回路に求められる機能も従来の単一機能だけではなく、複合的な機能が求められるようになっています。これに伴い、複数の機能を持った集積回路を単一パッケージに実装する必要があります。一個の半導体チップの高集積化やハードウェアのソフトウェア化での実現のための開発が進められていますが、高機能化の要求は、半導体チップ開発のスピードを遥かに上回るスピードであり、次期半導体チップ開発までの期間は、複数の半導体チップを単一のパッケージ基板内に実装することが要求され、様々な実装方式が開発されています。従来からの平面的な実装方式だけではなく、三次元的に実装方式が拡張されています。

半導体集積回路の実装には、その時代の最先端半導体チップ技術と半導体パッケージ技術を組み合わせ、要求されるコストと機能のバランスをとった進化が期待されています。

要点BOX
- ●SiP、MCM、MCPなどのマルチチップ実装
- ●IoTなどでマルチチップ実装のニーズが高まっている

ICパッケージ構造変化（2D →2.1D、2.5D、3D）

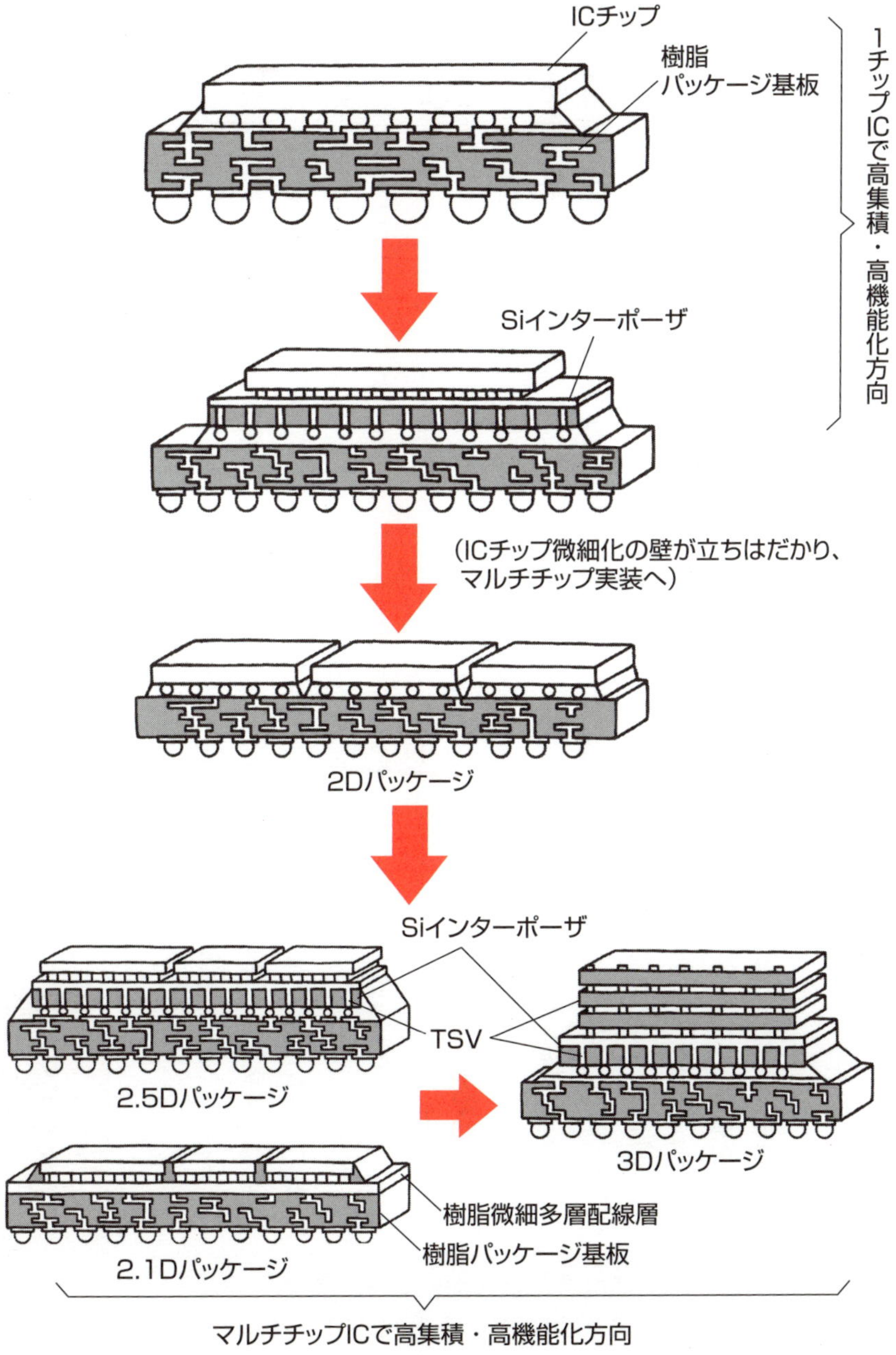

TSV：Through Silicon Via

NPO法人サーキットネットワーク 本多進様資料より

7 高密度配線と半導体の変化

電子部品には非常に多くの種類がありますが、特にプリント配線板に影響を与えるのは半導体チップの動向です。これらの動きとしてITRS(International Technology Roadmap for Semiconductor)が調査したロードマップが参考になります。このロードマップは毎年発表されていましたが、2015年が最後となっています。ここでは2015年版で、プリント配線板の関係するところを参照します。

1．LSIの集積度とRENTの法則

LSIに集積する回路部品数は年々飛躍的に増加しています。上表に回路形成プロセス縮小化のトレンドを示しています。このように年々集積可能なトランジスタ数は増加しています。

チップのサイズはそれほど変化がなく、このチップに設けたI／Oピンの数は増加しますので、ピンのピッチは狭くなります。トランジスタを組み合わせたデジタル回路の単位をゲートとし、この数とその搭載している板のI／Oピンの数は中央表のようにゲートの指数関数で表せるという、経験則があります。今後とも成立すると仮定すると、狭ピッチ化はさらに進むと考えられます。

2．プリント配線板の配線ルールと高密度化

チップ上でI／Oピンの数が増加すると、ピンピッチは小さくなり、チップを搭載するプリント配線板であるパッケージ基板のパッドのピッチも同じように狭くなります。プリント配線板はビルドアップ構造をとり、ビア径、配線幅、間隙などは表に示したように変化し、下表のような超高密度レベルの配線ルールになっていくと考えられます。また、近年高機能・高速化と共にラージーI／O化として、並列回路化による低消費電力への流れによる多ピン化の要望もあり、高密度化の流れは今後も続くと考えられます。

このパッケージを搭載し、システムを構成するマザーボードでも高密度化は進むものと考えられます。

半導体チップの高集積化と基板の技術動向

要点BOX

●LSIの集積度は今後とも増加すると予想
●それに伴うプリント配線板も高密度化する

プリント配線板の配線ルールと半導体の変化

デバイス プロセス ルール	2015	2017	2019	2021	2024	2027	2030
MPU / SoC Metal ハーフピッチ[nm]	28	18	12	10	6.0	6.0	6.0
DRAMハーフピッチ[nm]	24	20	17	14	11	8.4	7.7
2D NAND Flashハーフピッチ[nm]	15	14	12	12	12	12	12

	2011	2012	2014	2016	2018	2020	2022	2024
半導体チップの大きさ、ピン数、ピッチ								
チップサイズ[mm^2]	750	750	750	750	750	750	750	750
パッケージピン数	5094	5348	5896	6501	7167	7902	8712	9148
フリップチップ パッドピッチ[μm]	120	110	100	100	95	95	95	95

	2011	2012	2014	2016	2018	2020	2022	2024
プリント配線板の配線ルール(ビルドアップ層) [μm]								
Line/Space	9	8	6.8	6	5.3	4.7	4.1	3
ブラインドビア径	30	25	20	20	20	20	20	10
スルーホール穴径	50	45	40	40	40	40	30	20

RENTの法則

$$P = kG^V$$

P ：信号線の入出力ピン数
G ：ゲート総数
k,V：定数

ここで
V：Gate Array ：0.5
Microprocessor ：0.45
Printed Wiring Boards ：0.25
System ：0.25
Memory ：0.12
k ：0.25〜2

プリント配線板の配線ルール

項目	現状レベル	将来レベル
ライン幅	100〜50μm	30〜8(5)μm
ライン間隙	100〜60μm	15〜10(8)μm
導体厚	25〜15μm	25〜10μm
ビア径(BUP)	150〜50μm	50〜30μm
ランド径(BUP)	400〜120μm	120〜70μm
層間間隙(BUP)	80〜40μm	60〜15μm
全板厚	1000〜200μm	800〜80μm
層数	6層〜20層+	6層〜40層+

BUP：ビルドアッププリント配線板

Column

半導体チップの両面より端子の可能性

半導体素子の集積度は限度が見えないほど大きくなっております。一枚のチップでは不足で、チップを積層して互いを接続する3次元実装について多くの提案があります。また、プリント配線板内にチップ部品を実装した部品内蔵基板の研究開発が各方面で進められております。このような半導体チップは、外部との接続の為、通常はパッケージ基板に搭載されプリント配線板に接続しています。

この間のチップ間の配線の状態を見て感じていることがあります。接続数が制限され、長い配線距離となっているように思われます。ファンアウトパッケージではチップより引き出した配線は再配線層から上下のパッケージ基板にはすぐ継続できますが背面には長い距離で背面に引き回しています。部品内蔵品でも内蔵したチップの端子側は容易にプリント配線板より端子を引き出していますが、背面より外部への引き出しはやはり長い距離となっているように思います。この長い配線を引きまわすことは性能が低下し、プリント配線板内の配線効率を大きく低下させています。メモリチップでは外部端子をチップのスルーホールであるTSV方式で接続する方法がありますが、ランダムに再配線する自由度はありません。

これは、半導体トップのI／Oピンが片面より引きだされている事によると考えています。筆者は半導体についてはまだ勉強中ですが、違和感を覚えております。プリント配線板は片面板を除き、すべて両面よりランダムに接続出来ます。筆者の夢のような考えですが、プリント配線板のように半導体チップも両面に端子がランダムに引き出され、双方向より接続ができれば部品内蔵品の接続も両面に短距離の配線ができますので、より性能が上がるように思います。チップ間の直接の接続は難しく、工夫が必要でしょうが、3次元実装でも高性能化するものと考えます。

このような両面接続を実現するには、場合によっては現在の半導体チップの製造プロセスとは全く異なるものになるかもわかりません。部品を搭載するプリント配線板関連の実装に関係しているものとして、想像を巡らしています。

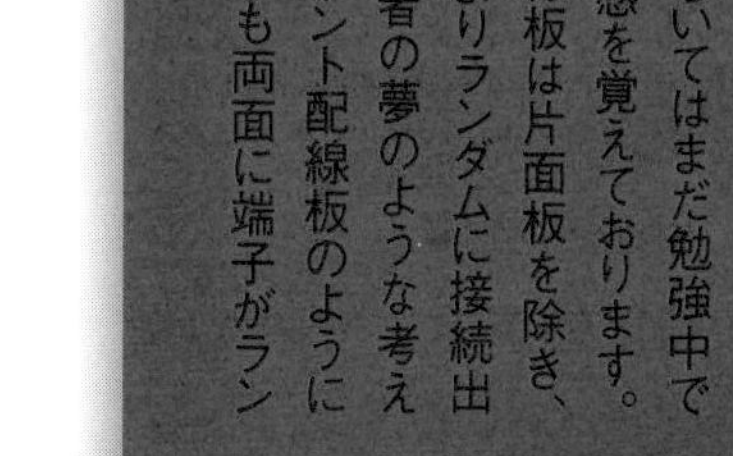

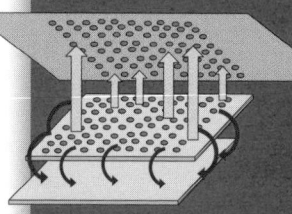

チップは回路面は実装できるが反対面は引き回しをしないと実装できない

第2章

プリント配線板の構成と種類

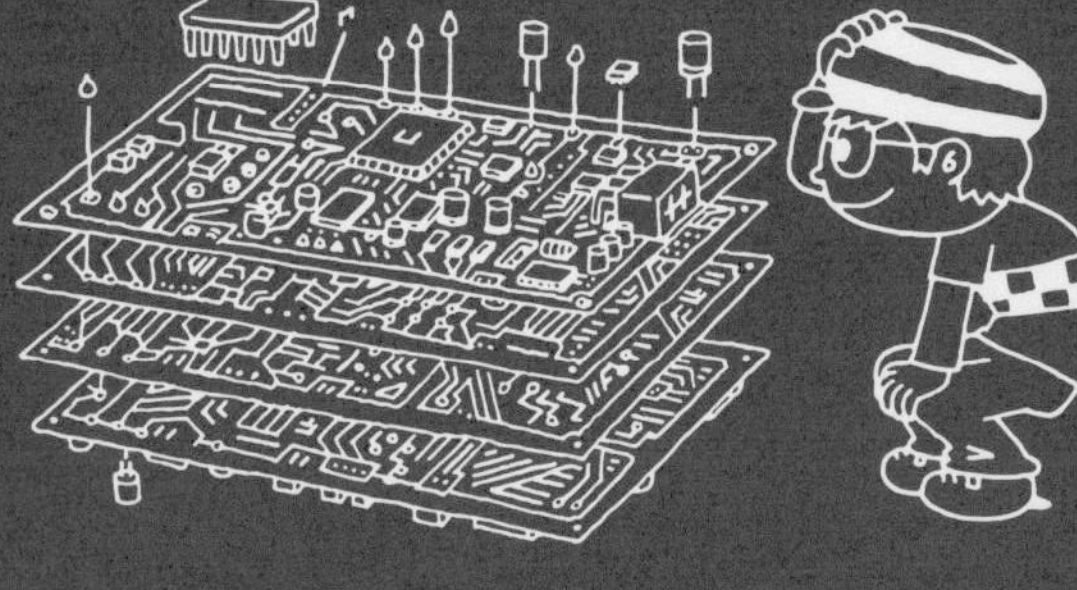

8 プリント配線板が生まれるまでは

プリント配線板がない頃の電子機器の構成

　プリント配線板が実現していないとき、電子機器がどのように作られていたかについて説明します。プリント配線板が実現する前には、絶縁樹脂をコーティングした被覆電線で部品間に配線し、はんだで接続していました。トランジスタが出現するまでは、能動部品としては主として真空管を用いていました。真空管の内部は中心にヒーターがあり、熱電子をグリッドに印加した電圧で制御することで信号を処理しますが、発熱があり、真空管の形状も大きいので、金属製のシャーシにソケットを取りつけて搭載しました。この他の大きな部品もシャーシに取りつけ、その部品間を被覆電線で配線しました。小型の軽い部品は一方のリード線をラグ端子板に固定し、部品を空中に浮かせて配線を行いました。

　大型機器ではプリント配線板の実用化が進んでも、バックパネルに相当する裏面配線はプリント配線板に収容できず、膨大な束線が用いられていました。

　これらすべての配線は人手で行われました。部品間を人手で配線することは

①配線に多大な工数を必要とする
②配線の取りつけミスがなくならない
③端子とのはんだ付けの状態にバラツキが多く、信頼性に欠ける

などの問題がありました。

　これらを解決するために、導体配線をプリントの手法で絶縁基板上に実現しようということが長い間考えられてきましたが、実際の実用化はトランジスタが開発され、部品が小型化するまで実現しませんでした。

　真空管は発熱が大きく、また、ヒーターが熱で蒸発し寿命が短いという欠点がありました。トランジスタが開発・実用化され、小型化、長寿命となりました。プリント配線板の開発もこれと並んで進められ、トランジスタの発展とともに、今日のように高度化しました。

要点BOX

- ●プリント配線板が実現するまで、電子部品の配線は人手で1本ずつ接続していた
- ●部品間を人手で配線するには多くの問題があった

小型機器の裏面配線

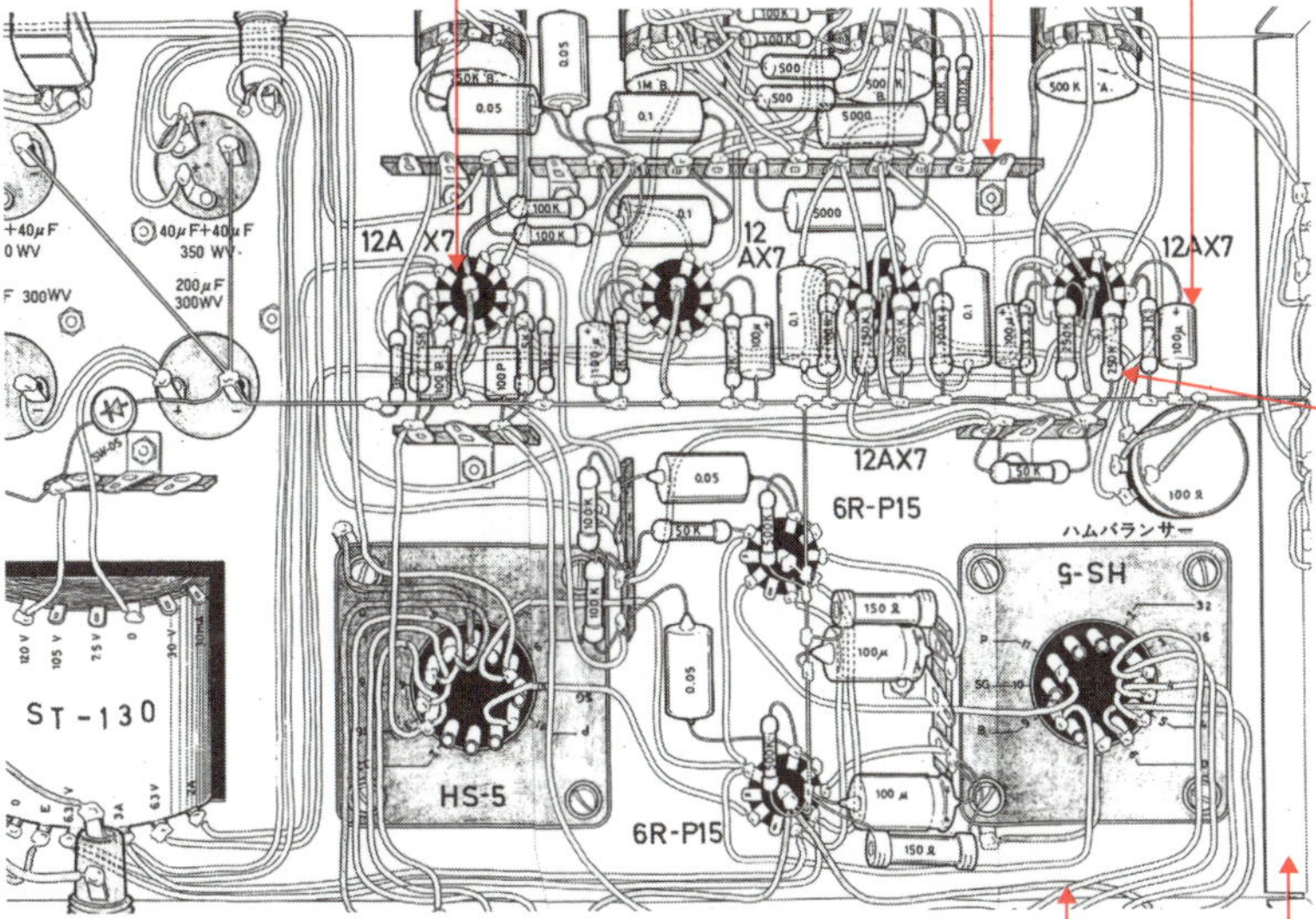

大型機器の裏面配線

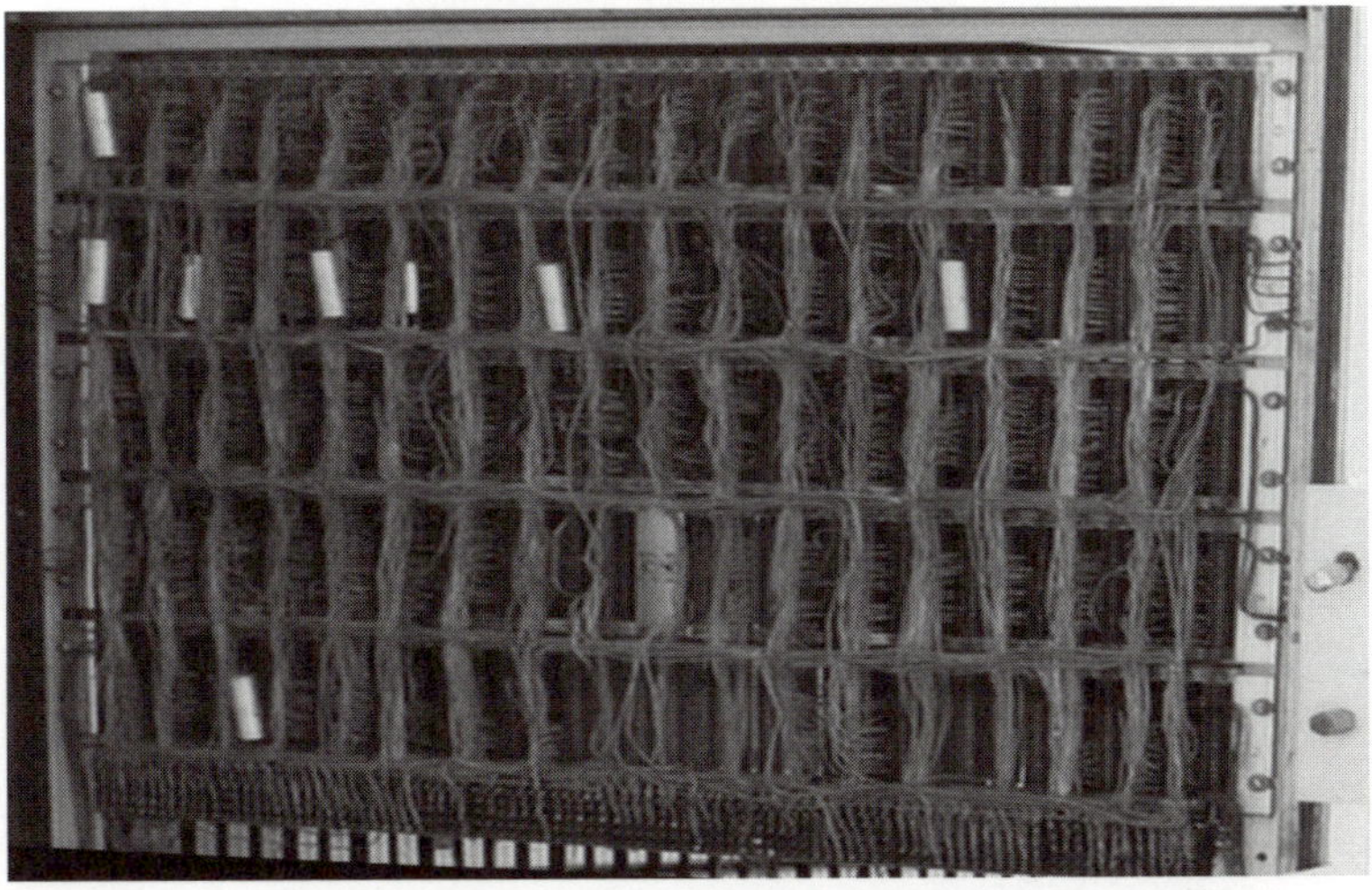

9 配線のプリント化の歴史

はじめは片面板で徐々に多層化した

前節で説明したように、電気機器（電子機器、産業などの名称は1960年以降と考えられます）を作り上げるためにはいずれの場合でも、多くの部品を接続することが、必要となります。配線の合理化は古くから考えられていました。表に見られるように、1903年の頃にその兆しが見えます。1925年には絶縁体上に電気めっきで導体を作る試みがなされています。この間、絶縁材料の開発も徐々に進んできています。

1936年にPaul EislerがFoil Techniqueを発表し、現在のプリント配線板の原形が示されました。日本でも宮田によりメタリコン吹付法でプリント配線板を作る特許が出されています。これらの技術を用いてラジオが試作がされましたが、いずれも実用化はされませんでした。

1942年に米国が近接砲弾の開発で、セラミックのプリント配線板を使用、その後、1947年にNational Bureau of Standardsでプリント回路の形成法の広範な技術が公表され、プリント配線板が注目されました。しかし、絶縁材料などの耐熱性などの問題があり、すぐには実用化されませんでしたが、トランジスタの実現により、急速に実用化が進み、産業として確立しました。

はじめは片面板でしたが、めっきスルーホール法が開発され、さらに、エポキシ樹脂の開発、接着シートとしてのプリプレグなどが開発され、多層プリント配線板が急速に進展しました。これは、トランジスタなどの高集積化したLSIの進展と電子機器の性能向上、複雑化の進展で、配線量が増え、また、電気的性能の向上が求められたことによります。

この推移は表にみられるように、コンピュータの進歩とともに、4層板より徐々に層数が増加し、40層超の高多層プリント配線板が実現し、同時に配線も微細なものとなりました。

要点BOX
●1936年に現在のプリント配線板の原形ができた
●トランジスタの実現でプリント配線板の実用化も急速に進んだ

プリント配線板の歴史

期	年代	概要説明
プリント配線板揺籃期	1903	Albert P. Hanson、ラジオのケーブル接続のために、絶縁シートの上下にケーブル埋設、交点に導通用の穴をあけ接続
	1907	Leo Baekeland、フェノール樹脂を発明
	1925	Charles Ducas、絶縁体上に各種の方法で導電パターンを作製、電気めっきで導体を形成
プリント配線板発展期	1930	カスタン等、エポキシ樹脂を発明
	1936	Paul Eisler、Foil Techniqueを発表、現在のプリント配線板の原形
	1936	宮田、メタリコン吹付法でプリント配線板の特許
	1942	米軍において、近接信管にセラミック基板にペーストで回路を作製、実用化、プリント配線板の初の量産
	1947	米、National Bureau of Standardsでプリント回路の形成法の技術を公表
	1953	米、Motorola社、めっきスルーホール両面板開発
	1954	江戸川化学で初めて銅張積層板を製造
	1955	ソニー、トランジスタラジオの実用化、プリント配線板を使用
多層プリント配線板期	1961	米、Hazeltine、めっきスルーホール法による多層プリント配線板を開発
	1965	コンピュータに多層プリント配線板採用
	1967	米、ビルドアップ法の1つのPlated-upTechnology 発表
	1969	ポリイミド積層板を用いた多層プリント配線板の実用化
	1977	耐熱性樹脂BTレジンによる積層板の開発
高多層プリント配線板期	1985	富士通、42層高多層プリント配線板の製造
ビルドアッププリント配線板期	1988	独、Siemens, Microwiring Substrateとして、ビルドアッププリント配線板を実用化
	1991	日本IBM、Surface Laminar Circuitとして、ビルドアッププリント配線板を実用化
	1995	松下電器(当時)、ALIVH®のビルドアッププリント配線板を開発
	1996	ビルドアップ用樹脂付き銅箔の開発
	1996	東芝、B^{2}it^{TM}プロセスによるビルドアッププリント配線板開発
プリント配線板の改革と環境対策期	2000	味の素、ビルドアップ多層プリント配線板用のフィルム状耐熱性熱硬化性樹脂を開発
	2000	ハロゲンフリー樹脂付き銅箔製品化
	2006	旭シュエーベル(当時)、レーザ加工用ガラス布開発
	2007	低ハロゲンソルダーレジストの開発
	2008	ハロゲンフリープリント配線板の適用拡大、ハロゲンフリーフラックスの開発
	2010	この頃より半導体デバイスの立体化の議論、ベースとなるパッケージ基板、サブストレートの検討が進む
	2015	新日鉄住金化学、キャスト方式による無接着剤銅張積層板開発
	2016	FO-WLPなどチップと配線のめっきによる接続法が実用化
	2017	極薄銅箔を用いたMSAP基板がスマホの基板に採用

10 プリント配線板の構成・材料と用途

片面板と両面板と多層板

プリント配線板は導体材料と絶縁材料で構成されています。特殊なものを除き、現在使用されているものは、リジッドプリント配線板とフレキシブルプリント配線板で、そこに導体パターンが形成されています。プリント配線板は導体層数により分類されます。

・1層プリント配線板（片面板）

上図の(a)に示したように、絶縁板の片面のみに導体パターンを形成したものです。

リジッドの板またはフレキシブルフィルム（以下板とします）の片面に導体パターンや部品を接続するランド（パッド）を形成し、リードを挿入する部品の穴をあけてあります。この板はパターン密度が限られますので、比較的安価の機器に用いられ、材料も安価なものとなります。

・2層プリント配線板（両面板）

上図の(b)、(c)に示したように、板の両面に導体パターンを形成したものです。この場合には、両面の導体を接続するために、(b)穴の中に電線、はと目や導体ペーストを入れて接続する方法と、(c)のように穴内にめっきを行って接続するめっきスルーホール法があります。しかし(b)の方法は多くの人手が必要で、また信頼性にも問題があるため、ごく一部を除いて使われなくなり、めっき法となりました。

・多層プリント配線板

絶縁板の外部と内部に導体パターンを形成したものです。内外の導体パターンを接続するために、めっきスルーホール法で接続します。この方法は両面板を作るため、現在、最も普及しています。めっきスルーホールに基礎をおいたビルドアップ法は配線の自由度が大きく、微細化にも対応できて広く使用されるようになっています。導電性ペースト法（一括積層法）なども一部で使用されています。フレキシブルプリント配線板でも多層化したものがあり、製造方法はリジッド板とほぼ同じです。

要点BOX

●プリント配線板は導体材料と絶縁材料でできており、導体パターンを形成する
●分類は導体層の数で行う

1〜2層プリント配線板の構造と分類

1導体層

- リジッド ―― 片面板
- フレキシブル ―― 1メタル層板(2層式、3層式)

2導体層

- リジッド ―― 両面板
  - めっきスルーホールプリント配線板
  - 金属ペーストスルーホールプリント配線板
- フレキシブル ―― 2メタル層板

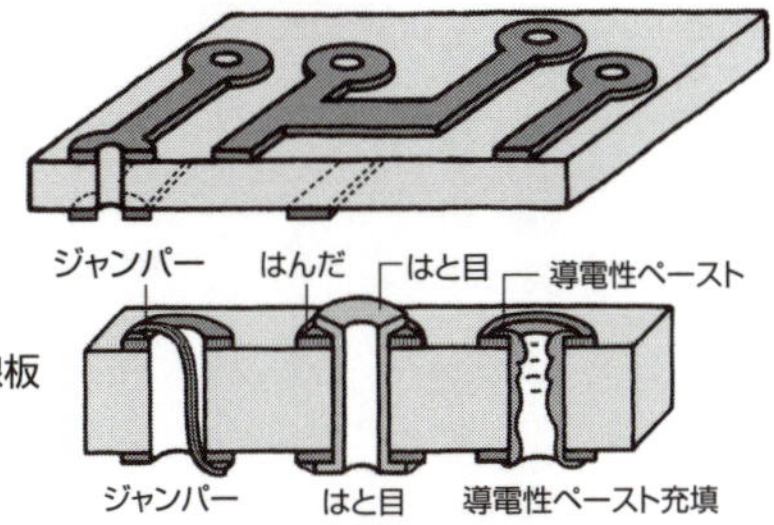

(b)両面プリント配線板(接続なし)

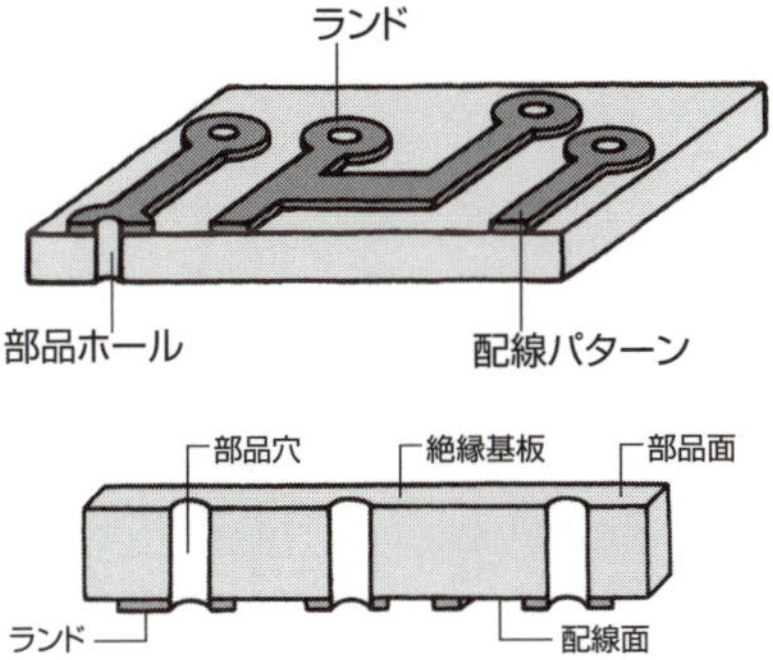

(a)片面プリント配線板

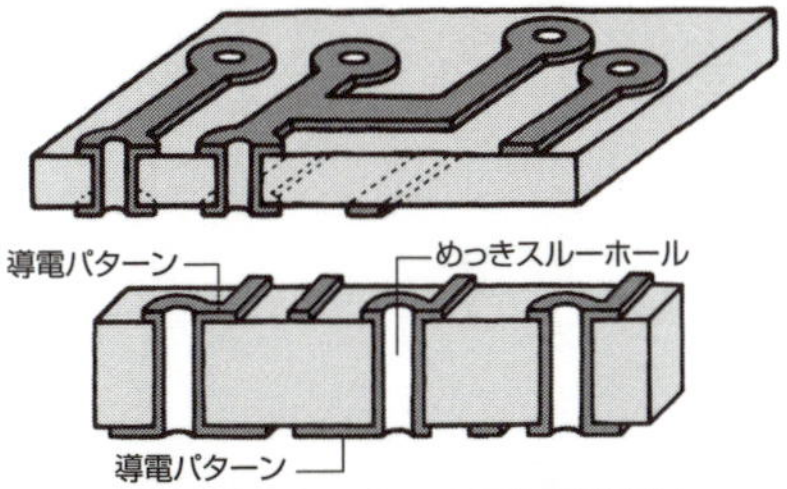

リジッドスルーホール両面配線板

フレキシブル両面板(フィルドビア)

(c)めっきするホール両面プリント配線板

多層プリント配線板の構造と種類

多層導体 (3導体層以上)

*リジッド多層プリント配線板

- めっきスルーホール法
  - 貫通穴多層プリント配線板
    - 一般多層(4〜10層)
    - 高多層(10〜30+層)
    - 薄型多層(4〜8層)
  - IVH型多層プリント配線板
    - Buried Via, Blind Via
    - Sequential Lamination
    - Pad on Hole……
  - 金属コア・ベース多層プリント配線板

  IVH
  (Interstitial Via Holes)
- めっき法ビルドアップ多層プリント配線板
  - 樹脂付き銅箔法、銅箔・プリプレグ法、熱硬化性絶縁材法
  - バンプめっき(柱状めっき)
  - 転写法ビルドアップ多層プリント配線板
- 導電性ペースト法ビルドアップ多層プリント配線板
  - ALIVH法、B^2it法 、F-ALCS法
- 一括積層法

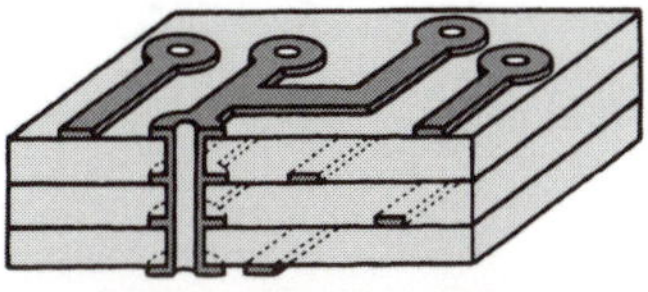

多層プリント配線板(4層板)

*フレキシブル多層プリント配線板 (フレキシビリティは4〜6層程度)
(ほとんどはフレキシブル材料によるリジッド多層プリント板)

*フレクスリジッド多層プリント配線板(フレキシブル板とリジッド板の一体化)

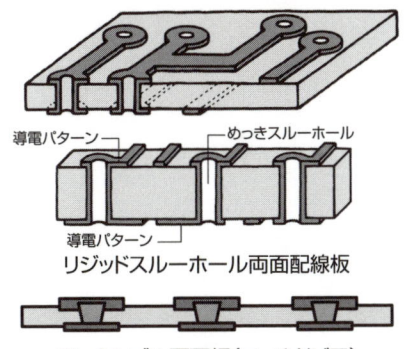

11 プリント配線板の導体パターン作製方法

平面方向と板厚方向に導体を接続

プリント配線板は絶縁基板の内外に、各種の部品を接続するための配線を形成したもので、電子機器の内部に設置して使用されるものです。

プリント配線板の導体パターンの作製方法には種々なものがあります。平面方向の導体の接続とZ方向（板厚方向）の接続との組み合わせにより、多くのプロセスが可能になります。

片面板、スルーホールの両面板は面方向の加工で完成しますが、他のプリント配線板は面方向と板厚方向の加工プロセスが複雑に組み合わされます。

①片面板、めっきスルーホールなしの両面板
プリント・エッチング法、フォトエッチング法

②めっきスルーホールによる両面板、多層板
銅箔がある場合：パネルめっき法、パターンめっき法
銅箔がない場合：セミアディティブ法、フルアディティブ法

③ビルドアップ法による多層プリント配線板
銅箔がある場合：パネルめっき法、パターンめっき法
銅箔がない場合：セミアディティブ法、フルアディティブ法

④導電性ペーストによる多層板
穴に導電性ペーストを充填するALIVH法、導電性ペーストで絶縁層を貫通するB^2it法などがあります。

これらは、生産するプリント配線板の仕様、生産方法で選択されます。

さらに、めっき法と導電性ペースト法を組み合わせる方法も開発されています。

多くの場合、微細穴の接続、微細パターンの作製にはめっき法が採用されています。

しかし、その他の方法についても、高密度化への開発が進められています。

要点BOX

- エッチング、めっき法などの組み合わせで、いろいろなプロセスとなる
- 板厚方向はめっきスルーホール法、導電ペースト法

プリント配線板の導体パターン作製方法

接続方向		方式内容	適用プロセス
面方向の接続	1	絶縁基板に積層接着した銅箔をエッチングにより形成する方法	プリント・エッチング法 フォトエッチング法
	2	銅箔に全面めっきを行い、銅層をエッチング形成する方法	パネルめっき法
	3	薄い銅を積層した上に、パターンのめっきを行い、薄い銅箔層のみをエッチングすることにより形成する方法	パターンめっき法
	4	絶縁基板に無電解銅めっきで導通化し、パターン部にめっきを行い、その他の部分をエッチングすることによる形成する方法	セミアディティブ法
	5	絶縁基板上に無電解銅めっきのみでパターンを形成する方法	フルアディティブ法
板厚方向の接続	1	絶縁基板上に穴をあけ、無電解銅めっきと電解銅めっきにより、内外層の導体とを接続する方法	めっきスルーホール法
	2	絶縁基板上に絶縁材料をコーティングし、穴をあけ、めっきにより、下部導体と接続する方法	ビルドアップ法
	3	絶縁基板上に穴をあけ、導電性ペーストを充填し、導体層と接続する方法	ALIVH、B^2it法、 F-ALCS法

12 リジッド片面プリント配線板

コストで有利な配線板

片面プリント配線板とは、絶縁基板の片側に導体層を形成したもので、**図1**のような断面形状をしています。

片面プリント配線板の製造プロセスを**図2**に示します。通常、銅箔を絶縁基板に積層した片面銅張積層板を用い、エッチングレジストパターンの印刷、または、感光性レジストのコーティングまたはラミネートを行い、必要な導体を残すようなパターンを形成、選択的にエッチングで銅箔を形成することにより導体パターンを作製しています。パターン作製後に穴をあけ、ソルターレジストを形成して完成します。

プリント配線板の穴には、実装工程で部品を搭載、リードをランドにはんだ付けすることにより接続します。片面配線では配線が交差するような複雑な回路を構成することはできませんが、コストを低く抑えることが可能です。材料はコストを抑えるため、一般に紙基材フェノール樹脂積層板を用いています。電子部品を搭載する場合、部品重量に応じた強度を持つ板を使います。導体パターンは部品と接続するパッド（ランド）とラインより構成されます。電気信号を通すラインは細く、電流の多い電源やグラウンドのパターンは面状のパターンとしています。部品を実装した片面プリント配線板の例を**図3**に示しました。リジッドプリント配線板、フレキシブルプリント配線板ともに同様なプロセスで作られます。

片面板の配線密度が不足となり、板の両面に配線を形成するようになりました。製造方法は片面板と同じですが、両面の導体パターンを接続することが必要です。めっきによらない非めっきスルーホール法では、**図4**のような方法があります。いずれの方法も生産効率が悪く、また信頼性が低いものです。導電ペースト法は一部特殊な用途に用いられています。しかし、多くの両面板はめっきスルーホール法へと移行していきました。

要点BOX
- ●配線密度は小さいがコストに有利
- ●リジッド板、フレキシブル板ともにプロセスは同じ
- ●非めっきの両面板は生産効率・信頼性に劣る

片面板の製造

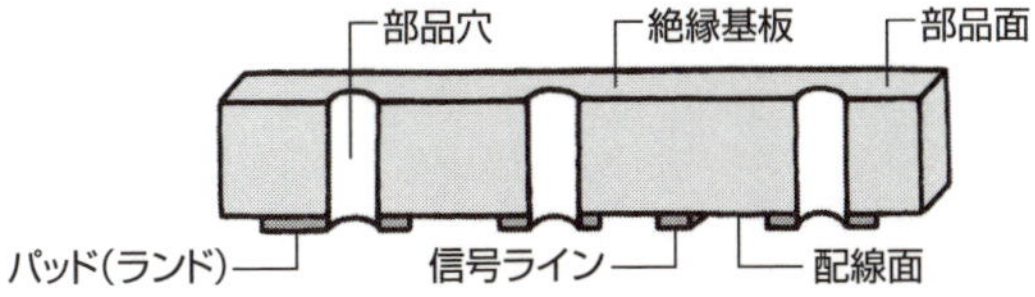

図1　片面板の断面形状

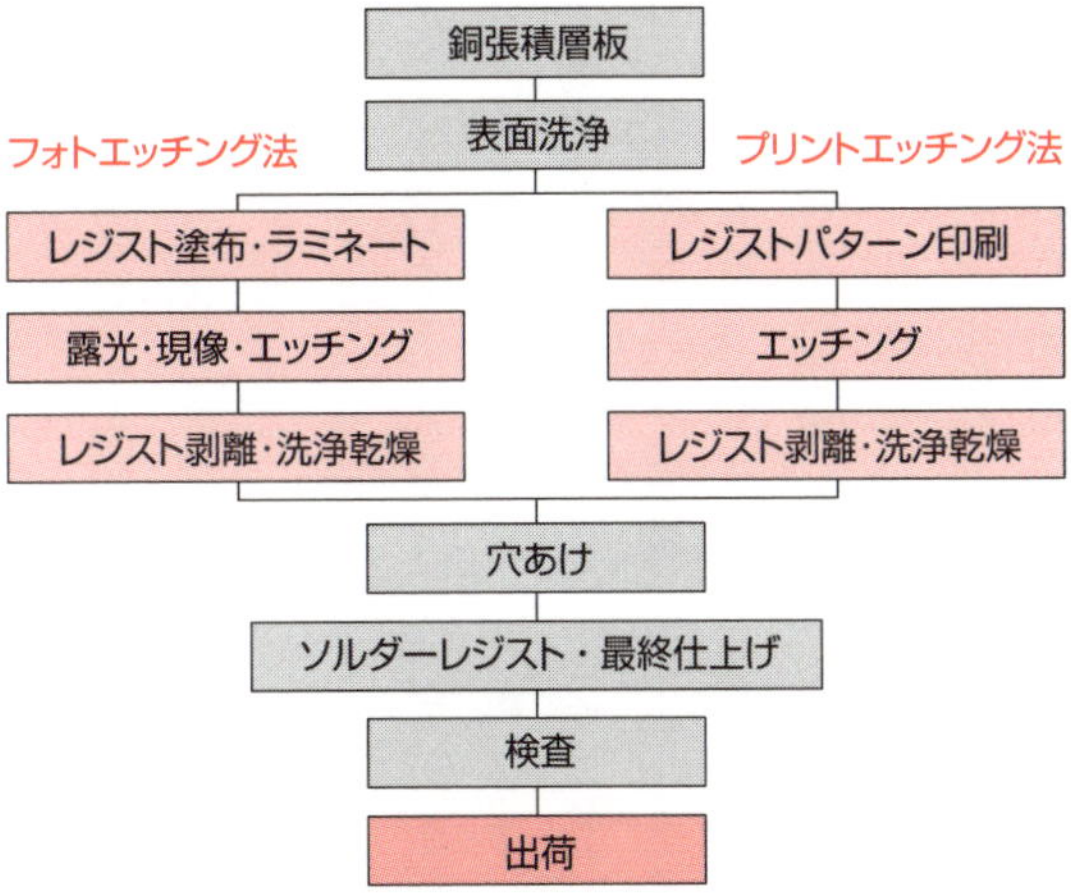

図2　片面板(非スルーホール両面板)の製造工程

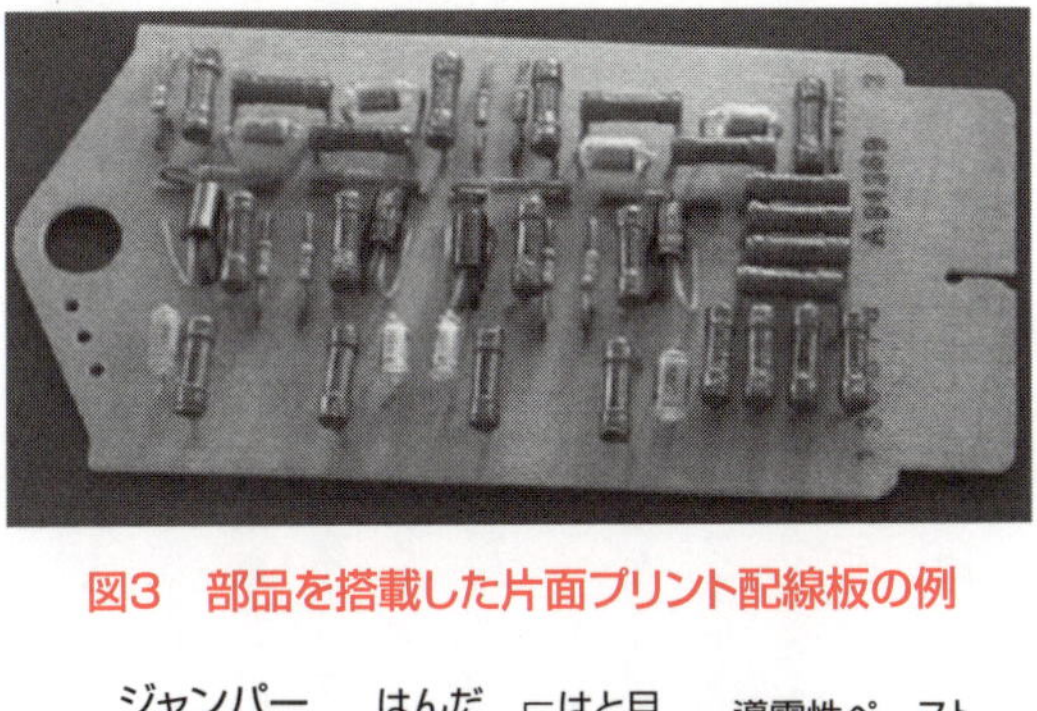

図3　部品を搭載した片面プリント配線板の例

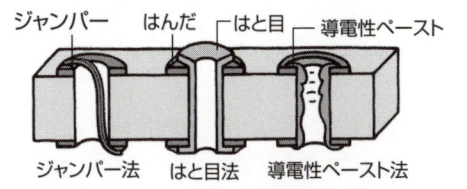

図4　非めっきスルーホールプリント配線板のパターンの接続法

13 めっきスルーホールプリント配線板

両面板、多層板

絶縁板の両面に導体パターンのあるプリント配線板を両面プリント配線板と言います。両面の配線で立体交差をすることができるので、片面板に比べてより密度の高い配線をすることができます。この板では表裏接続をめっきで行う方法があります。めっきスルーホール法（Plated Through Hole Method）と言い、この方法で作られたプリント配線板をめっきスルーホールプリント配線板と言います。この方法ではより高密度を実現する多層プリント配線板を作ることができますので、現在最も普及している製造方法です。

両面プリント配線板は**図1**のように積層板の両面に導体パターンを持ち、この間をめっきで接続したプリント配線板で、両面銅張積層板の穴の内壁に導通性を与える無電解銅めっき（シード層）、電解銅めっきを行い、その後表面パターンを形成します。

多層板では**図2**のごとく、配線を信号とパワーラインに分離することができ、特性インピーダンスの制御が可能で、層内にマイクロストリップ、ストリップラインなどの配置ができ、電気特性を向上できます。

多層板は、内層パターンを作製し、積層接着を行い、この積層品に接続の穴をあけ、めっきで表裏のパターンと内層パターンと接続し、その後表面パターンを作製します。穴あけ以降は両面プリント配線板と同じ工程となります。

めっきスルーホール用の絶縁基板はガラス布基材積層板が多く使われ、一般的なものはガラスエポキシ積層板で、耐熱性が必要なものに高耐熱ガラスエポキシ積層板を用います。

図3は内層の状態を示したもので、縦、横、斜めとクロスして配線し、クロストークを少なくしています。**図4**は部分スルーホールを内層に形成したもので、内層にめっきスルーホール板を用いて作製しており、高密度配線が可能です。

要点BOX
- 両面で立体配線することで密度が上がる
- 表裏の接続はめっきで行う
- めっきスルーホールは最も普及している

めっきスルーホールプリント配線板（両面板・多層板）

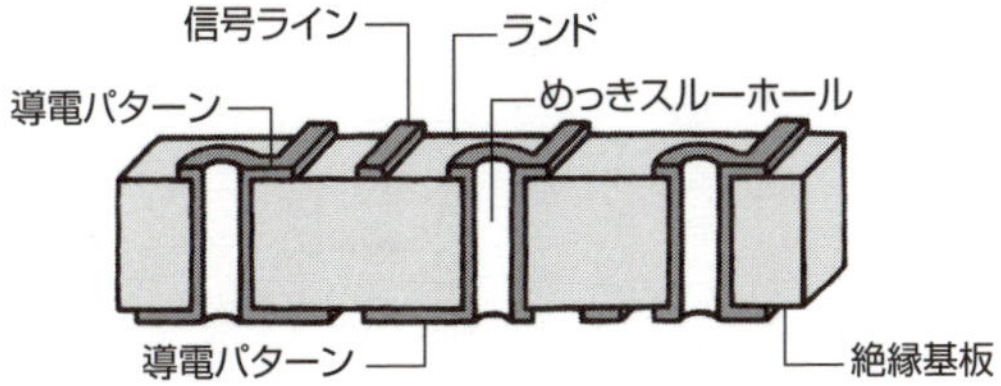

図1　両面めっきスルーホールプリント配線板の断面形状

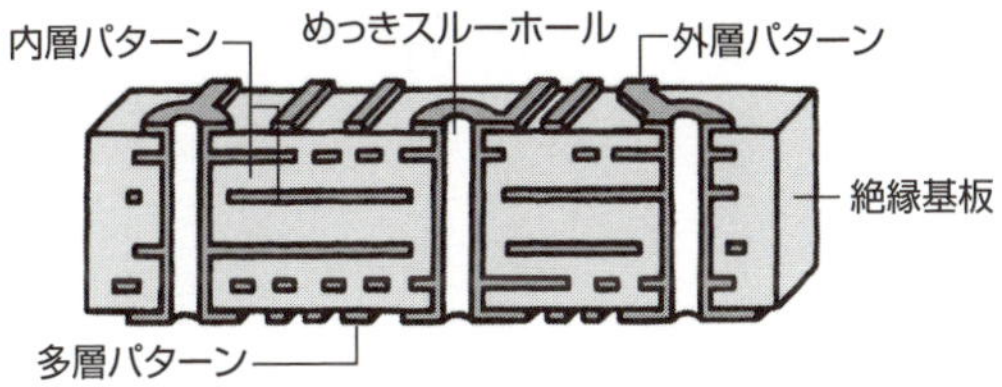

図2　めっきスルーホール多層プリント配線板の断面模式図

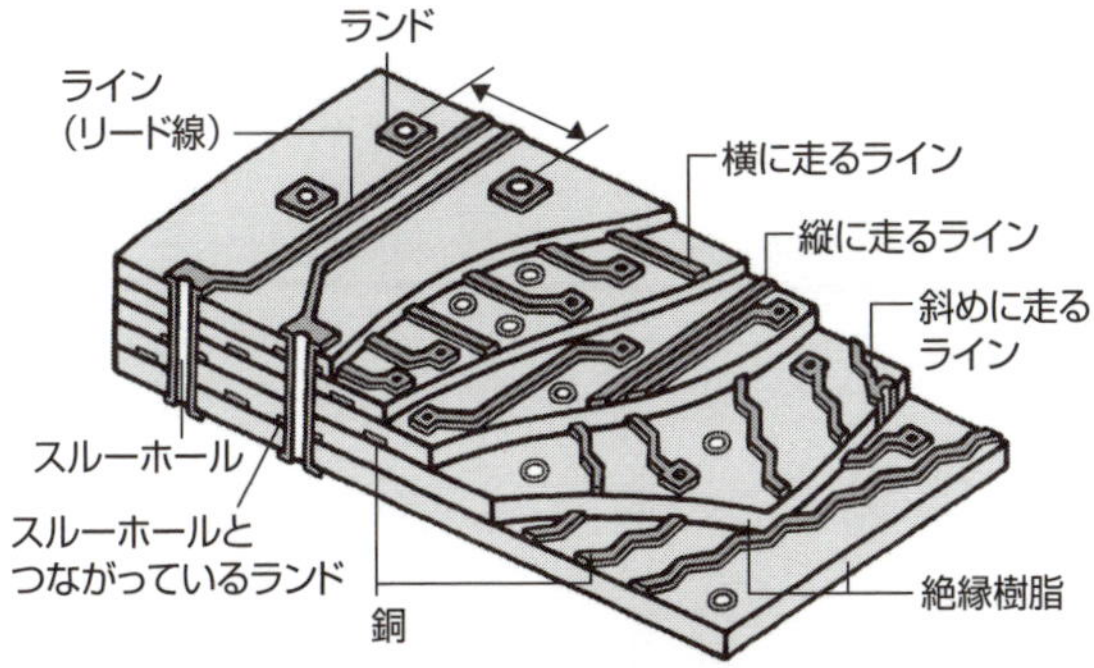

図3　多層プリント配線板の俯瞰図

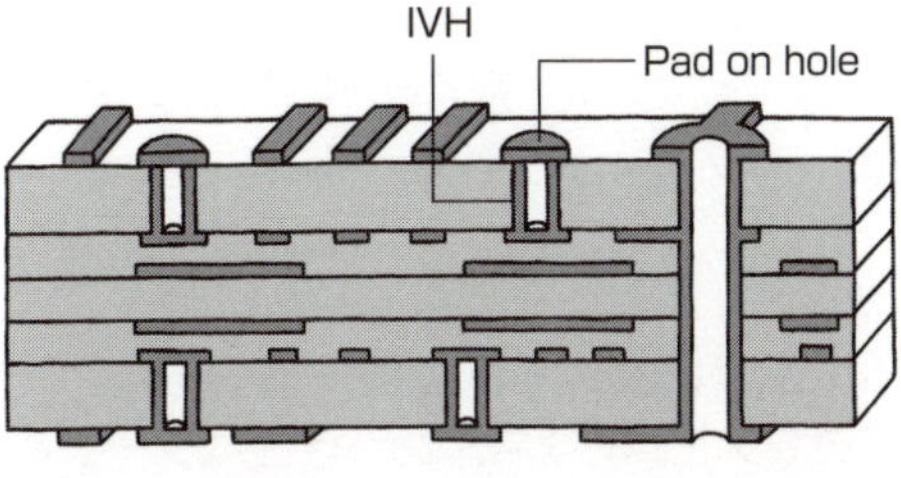

図4　IVH（部分スルーホール）を持つ多層板

14

高密度配線も実現するめっきスルーホール法

めっきスルーホール法のプロセス

前節でめっきスルーホールプリント配線板の両面板、多層板の説明をしました。

半導体素子の高集積化により、部品は高性能化と小型化、部品のI/O数が急速に増加し、これらを接続する配線量は飛躍的に増えてきました。このプリント配線板の配線量の増加に対処するため、配線領域が絶縁板の表面に限らず、内部にも配線を行う多層プリント配線板が必須となりました。この多層プリント配線板には各種の形式があり、代表的なものとして、板に開けた貫通穴内を導通化するめっきスルーホール多層プリント配線板と、絶縁層を順次重ね、層間の接続をするめっきビルドアップ多層プリント配線板があり、ここではめっきスルーホール法のプロセスを説明します。プロセスを**図1**に示しました。はじめに内層の導体パターンを薄い銅張積層板上に形成し、これをプリプレグという接着シートで、必要数積層接着し、1枚の板にします。この板に穴をあけ、穴内の壁面と表面にスルーホールめっきで内層パターンと外層銅箔とを接続、外層パターンを作製していきます。この穴あけ以降のプロセスは全く両面板のプロセスと同じです。従って、両面プリント配線板で図1の3より両面銅張積層板を投入することで作製します。

穴あけ後のめっきプロセスにパネルめっき法、パターンめっき法、フルアディティブ法の3方法を図に記しました。フルアディティブ法はほとんど使われておりません。パネルめっき法は製造パネルの全面にめっきし、エッチングレジストで銅をエッチングし、導体パターンを作製します。パターンめっき法は高密度プリント配線板の製造に多く用いられ、最近は積層板の銅をできる限り薄くしております。

図2に42層の多層板の断面図で、高度なプリント配線板の可能性を示しました。

> **要点BOX**
> ●高密度化に対応しためっきスルーホール法
> ●めっきプロセスには、パネルめっきとパターンめっき法

めっきスルーホール法のプロセス

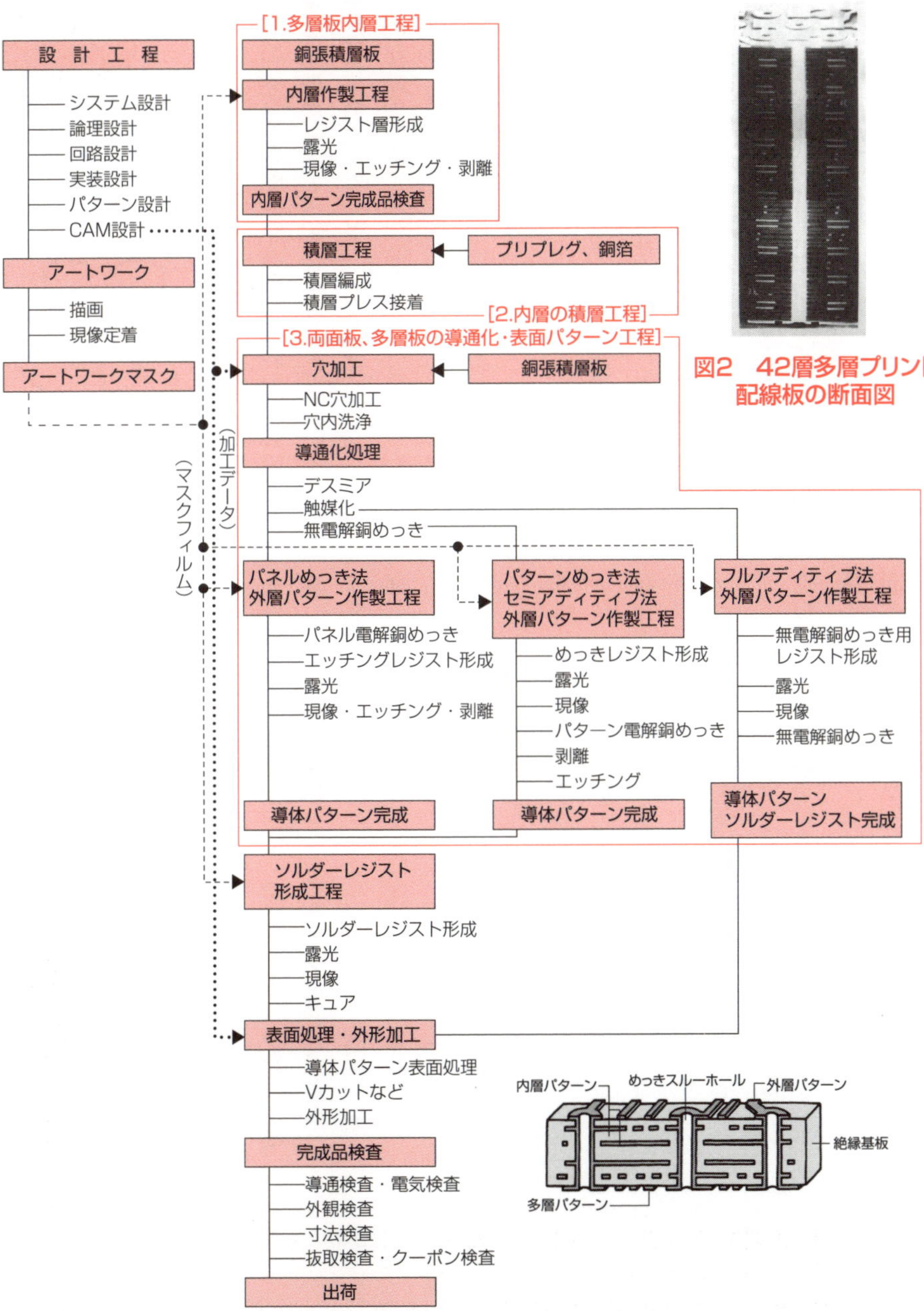

図2　42層多層プリント配線板の断面図

図1　めっきスルーホール法による多層プリント配線板の作製のプロセス

15 フレキシブルプリント配線板（FPC）の分類と構造

柔軟性のあるプリント配線板

1．片面フレキシブルプリント配線板

図1(a)のように柔軟性がある絶縁材料の表面の一方に導体を形成したものを片面FPCと言います。軽量部品の搭載基板として、あるいは、リジッド基板相互の接続のために用いられます。基板材料としては柔軟性と耐熱性が必要な場合にはポリイミドフィルム、耐熱性が不要なものにはポリエステルなどが用いられます。

2．両面フレキシブルプリント配線板

密度の高い配線を必要とする場合に用いられます。**図1**(b)のように絶縁フィルムの表裏に導体を持ち、導体の接続はめっきスルーホール方式やブラインドめっき方式（フィルドめっきビア）で行い、軽量、高密度品に用いられています。導電性ペーストを穴に充填し表裏を接続するものもあります。**図2**は製品の例、**図3**は半導体チップを搭載した例です。

3．多層フレキシブルプリント配線板

図4のように、導体を形成したポリイミドフィルムを接着シート（多くはエポキシ樹脂）により多数枚を積層し、Z方向に接続したものを、多層FPCと言うことがあります。その構造はリジッド基板と同様です。薄いフィルムを用い、4～6層程度ではフレキシビリティがあります。それ以上で、フレキシビリティがなくなると、フレキシブル材料によるリジッド多層板となります。耐熱性は接着シートの特性によります。

4．フレックスリジッド多層プリント配線板

リジッドプリント配線板とフレキシブルプリント配線板とが一体になったもので、**図5**のようにリジッド板の内部にフレキシブル板を取り込んだものです。リジッド部はエポキシ樹脂、フレキシブル部はポリイミドフィルムが用いられています。プリント配線板間の接続をコネクタなしで実装する場合に用いられます。**図6**は製品例です。複雑なものでは、フレキシブル部が多層で数方向に引き出されたものがあります。

要点BOX
- 柔軟性があり、小型化や機能用の基板として使われるフレキシブル板
- リジット板と組み合わせたフレックスリジット板

フレキシブルプリント配線板の構造

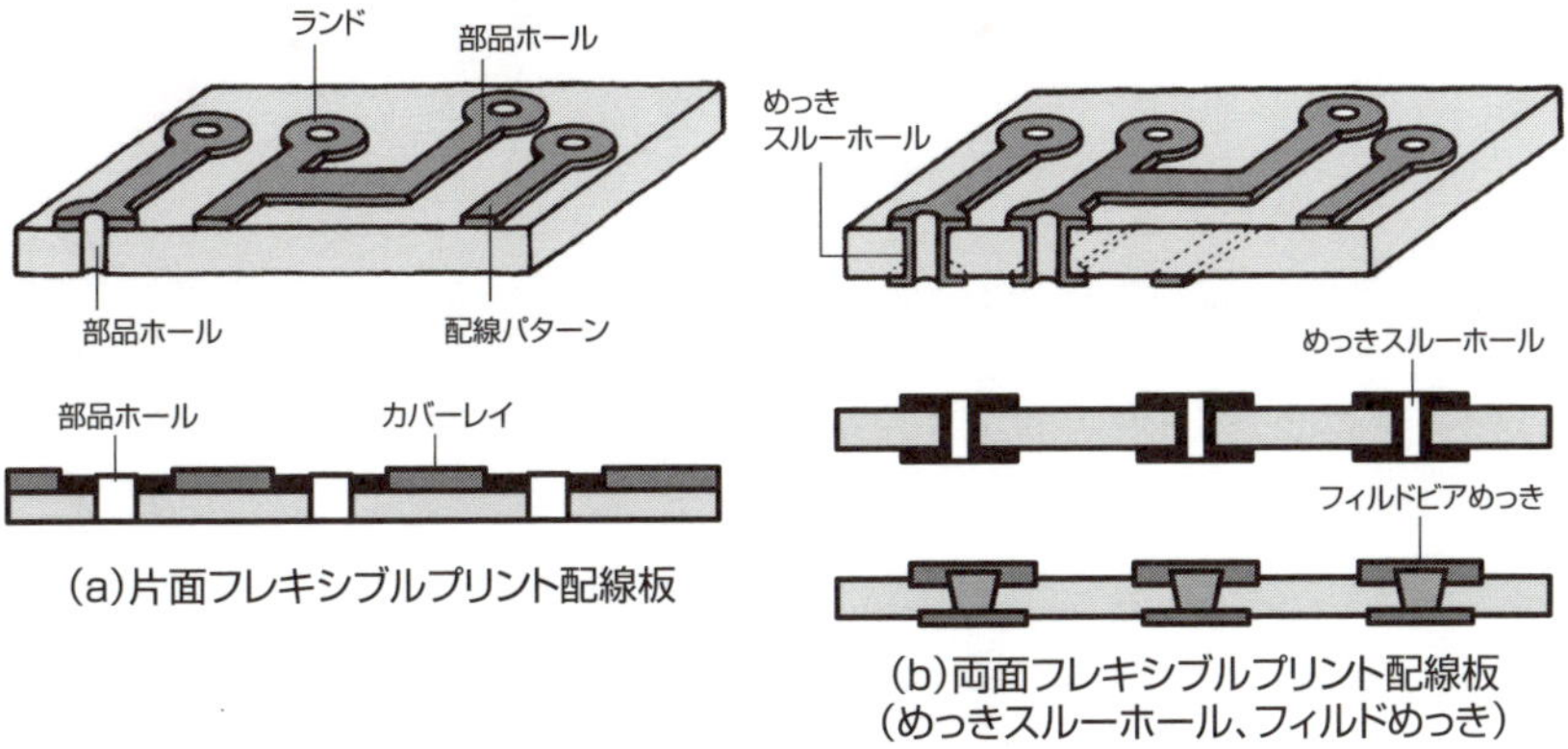

(b)両面フレキシブルプリント配線板
(めっきスルーホール、フィルドめっき)

図1　片面・両面フレキシブルプリント配線板

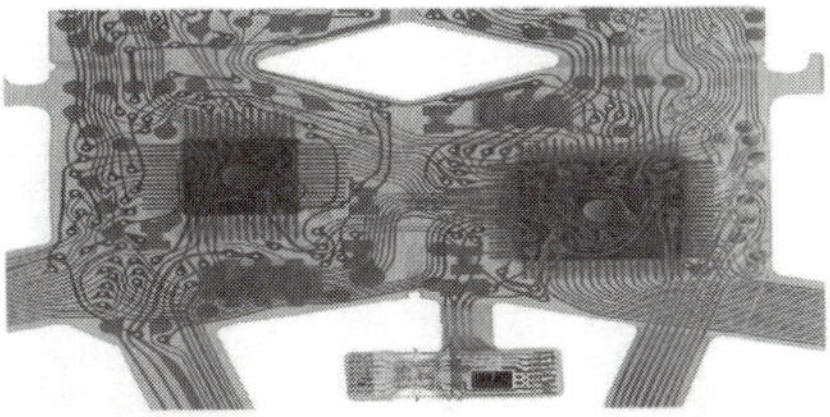

図2　フレキシブル2層プリント配線板(ポリイミド材、一部に部品を搭載)

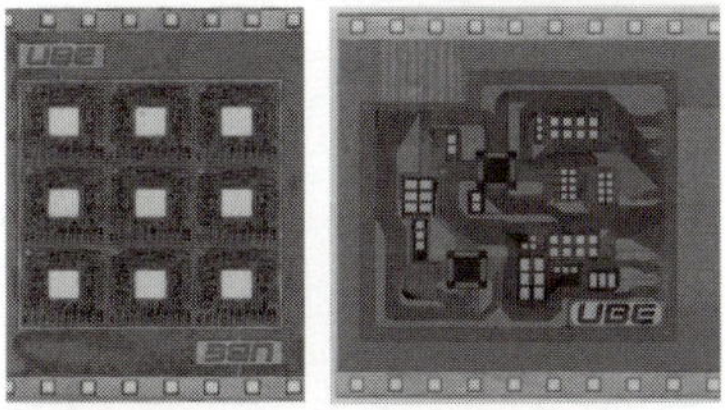

図3　ベアチップを搭載した
フレキシブルプリント配線板

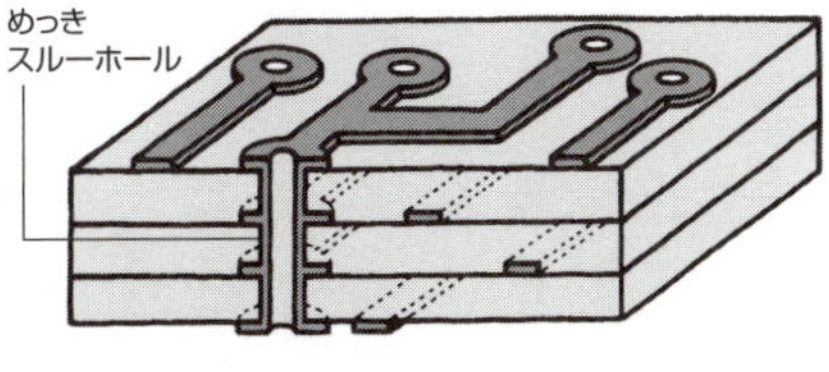

図4　多層フレキシブルプリント配線板

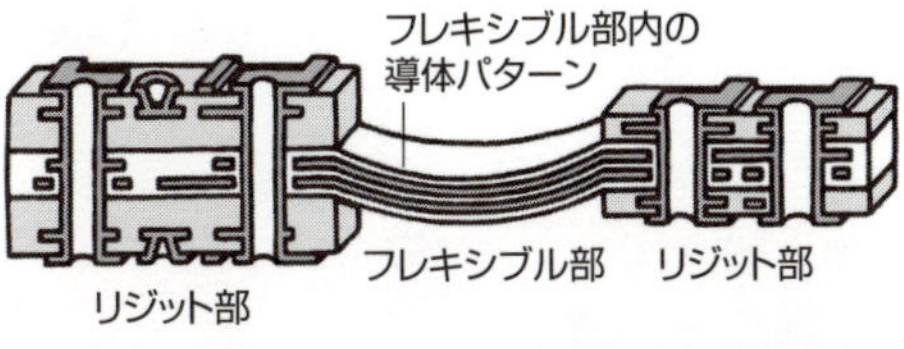

図5　フレックスリジッド多層プリント配線板
(フレキシブル板とリジット板の一体化)

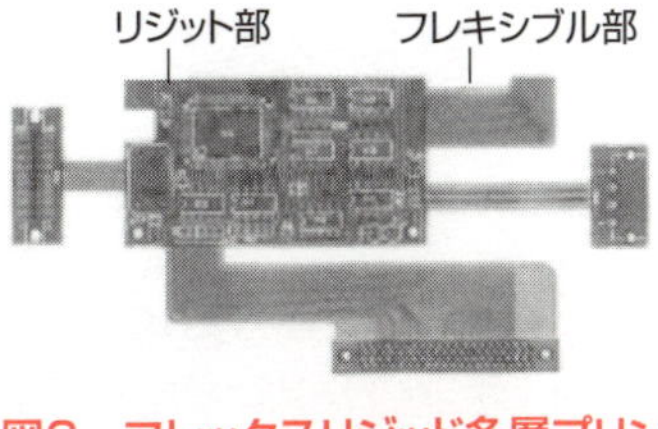

図6　フレックスリジッド多層プリント
配線板の例

16 半導体チップを搭載するプリント配線板

サブストレート
インターポーザ

14節でめっきスルーホール法による多層プリント配線板の製造プロセスを説明しました。めっきスルーホール法では両面板より、比較的一般的な4〜8層板、やや層数の多い10〜16層板、更に20層以上の高多層板も、内層工程は増えますが同じプロセスで作ることができます。プリント配線板の用途として、多くの場合種々な部品を搭載、接続するマザーボードが対象でしたが、更にベアチップを直接樹脂プリント配線板に搭載するパッケージ基板としての用途も広がってきました。

半導体チップの集積度が大きくなりますと入出力端子（I／Oピン）の数も多くなりますので、ピンのピッチは必然的に狭くなります。チップのまま一般のプリント配線板に搭載することは困難になり、一度パッケージ基板に搭載し、端子ピッチを拡大してから搭載しています。これをファンアウトといいます。このピッチを拡大する板がパッケージ基板、あるいは、サブストレート、インターポーザと言われています。この板が、今では有機樹脂プリント配線板となっています。半導体チップの回路面外観の例を図1に示しました。その断面例が図2で、チップのI／Oピンはバンプを通してパッケージ基板に接続しています。

図2のように微小なバンプでパッケージ基板と接続されています。パッケージの例として図3がチップ側外観で金属カバーがあります。図4がバンプ側のマザーボード搭載用BGAボール側の外観です。図5のようにチップが樹脂封止されるものもあります。

このパッケージ基板もプリント配線板です。このようなプリント配線板では、後述するビルドアップ法の適用が多くなりましたが、めっきスルーホール法によるパッケージ基板、あるいは、両者の組合わされたものなどが作られています。プロセスは14節のプロセスですが、微細回路に適した条件が必要です。

要点BOX
●パッケージ基板の用途は拡大している
●プロセスは微細回路に適した条件が必要

半導体チップを搭載するパッケージ基板

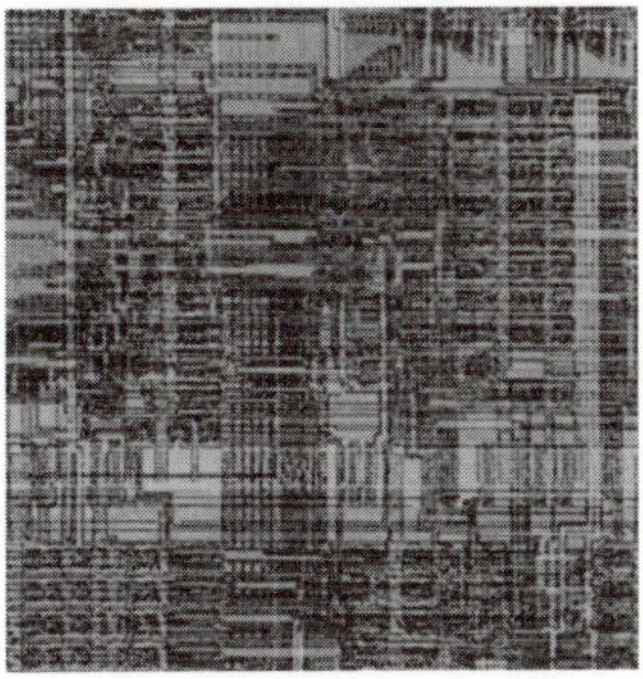

図1　半導体チップの一例

図2　パッケージ基板とチップの接続状況

図3　パッケージ基板上面
(チップ搭載面、金属シートでカバー)

図4　パッケージ基板接続端子面
(はんだバンプでマザーボードに接続)

図5　ベアチップ搭載例(封止材で封止)

17 その他の多層プリント配線板の製造プロセス

導電性ペーストによる接続

ビア形成をめっき法に代わって導電性ペーストを用いる方法があります。面方向の配線パターンを銅箔のエッチングにより作製し、Z方向のビアは導電性ペーストを穴に充填して銅箔と接続する方法です。現在可能な三つの方法を説明します。

・ALIVH法

このプロセスは、**図1**に示したもので、銅箔のないプリプレグにレーザで穴をあけ、ここに導電性ペーストを充填、銅箔とプレスしてプリプレグを固化し、銅をエッチングでパターンを形成して接続する方法で、両面板を作ります。この板にさらに導電ペーストを充填したプリプレグと銅箔を重ねると四層板になります。これを繰り返して層数を増やします。

・B^2it法

図2に示すプロセスで、両面板、多層板や銅箔に導電性ペーストをスクリーン印刷で柱状に形成し、プリプレグを貫通、熱プレスで銅箔と圧接して接続し、これを繰り返して多層板とする方法です。

3. F-ALCS技術

図3に示すもので、内層を構成する各層を中間層として製造し、配線パターン形成した後にレーザ穴あけを行い、導電ペーストを印刷してIVH(Interstitial Via Holes)とします。中間層を並行して製造し、全ての層が完成した時点で、全中間層の一括積層を行います。前述の二種の製造法と異なり一括積層をするので製造ステップが少なく、金属間結合をした導電ペーストで導通抵抗が小さい等の利点があり、今後の高密度技術として期待されています。

これらの方法は、めっきを使わずにIVHを形成することができますので環境に優しい反面、IVHの微小化、配線の微細化等の要求に応じるには限度があります。より高密度化要求に対応するために、めっき法ビルドアップと組み合わせた製造プロセスとする場合もあります。

要点BOX

- 導電性ペーストによる方法で実用化されているALIVH®法とB^2it^{TM}法、F-ALCS技術
- めっき法ビルドアップとの組合わせもある

図1　ALIVH®法のプロセス

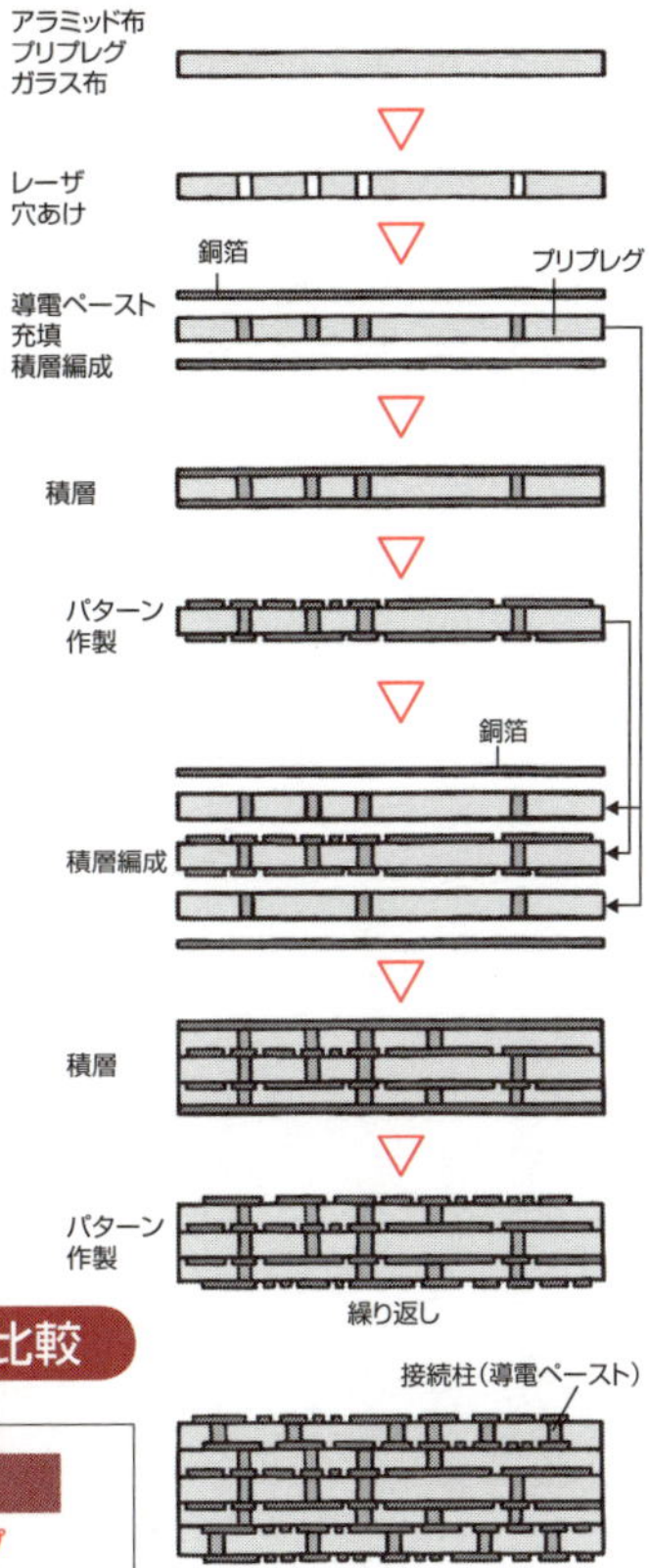

図2　B²it™法のプロセス

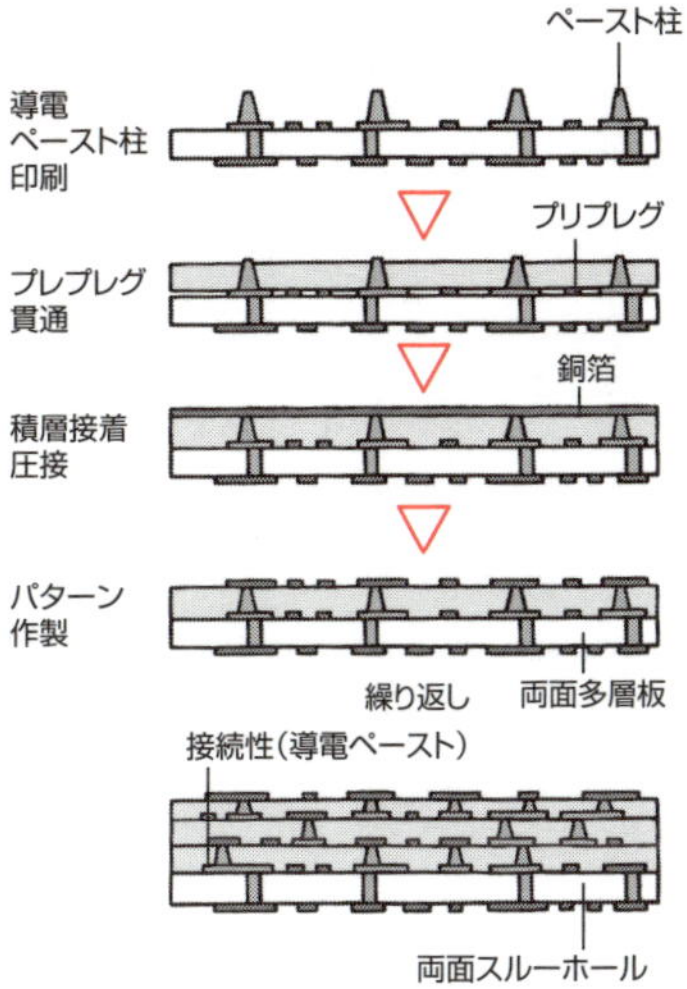

図3　F-ALCS法のプロセスと一般プロセス比較

一般IVH基板

プロセス10ステップ

1. パターンニング（中間層）
2. 積　層
3. 穴あけ
4. めっき
5. 穴埋め
6. パターンニング（半完表面層）
7. 積　層
8. 穴あけ
9. めっき
10. 表面層形成・検査

F-ALCS基板

プロセス5ステップ

1. パターンニング（中間層）
2. レーザ穴あけ
3. ペースト印刷
4. 積　層
5. 表面層形成・検査

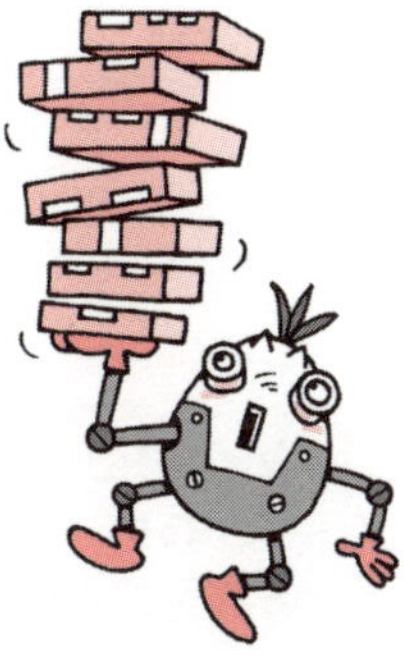

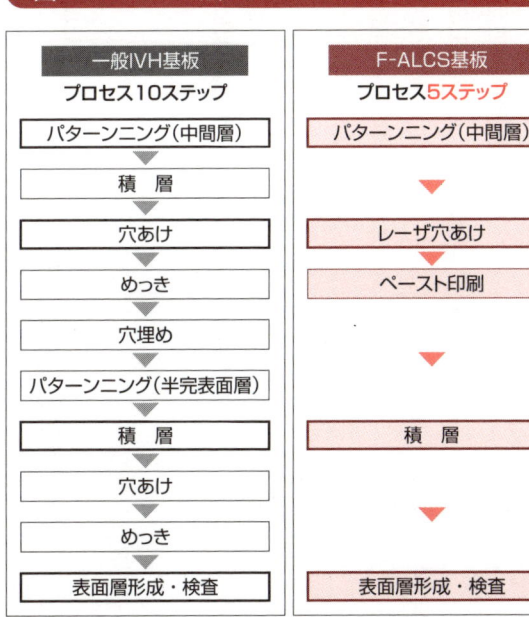

18 ビルドアップ多層プリント配線板のプロセス

ビルドアッププロセス

1990年頃より、ビルドアッププリント配線板の開発が急速に進み、1998年頃になるとプロセスがほぼ確立し、実用化しました。めっきスルーホール法に比べ、接続に不要な分岐（stub）がないため高密度配線を可能にし、現在では世界的に活用されています。

ビルドアッププロセスの全体は図に示したものです。めっきスルーホール多層プリント配線板のプロセスとほとんど同じで、パターン形成はすべて外層パターン形成プロセスです。絶縁層を重ねることにより、順次内層のパターンとなります。材料は樹脂付き銅箔、銅箔とプリプレグ、および、熱硬化性樹脂フィルムなどが使われています。穴加工は多くは炭酸ガスレーザ、特殊なものはYAGレーザにより行います。

ビルドアップ法のプロセスの基本はめっき法にあります。そのめっきには、パネルめっき法とパターンめっき法、セミアディティブ法があります。セミアディティブ法では樹脂と無電解銅めっきとの密着力を上げるためビルドアップ特有の絶縁材料を使用します。無電解めっきの代わりに絶縁基板の銅箔を極薄銅箔としたものを用いたパターンめっき法も多くなりました。

めっきスルーホール法と比べ、異なるところは表の通りです。多層化するにはこの工程を繰り返し行い、絶縁層と導体層を増加していきます。一般的に、コア基板の上に構成します。このコア基板はめっきスルーホールの両面板、多層板を使用します。このコア基板もビルドアップ層の密度に近い高密度の配線が必要です。このため、コア基板に薄い両面板を用い、ビアを追加した全層IVH基板が開発されています。また、全層をビルドアッププロセスで作製したコアレスビルドアッププリント配線板も作られています。

その他、このビルドアップの手法はチップを内蔵する部品内蔵基板にも応用され、チップとの接続をビルドアップの手法で行い高密度化、高性能化を図ることも可能になっています。

要点BOX
- ●ビルドアッププロセスは1998年頃から実用化された
- ●高密度配線を可能にするテクノロジー

ビルドアッププリント配線板のプロセス

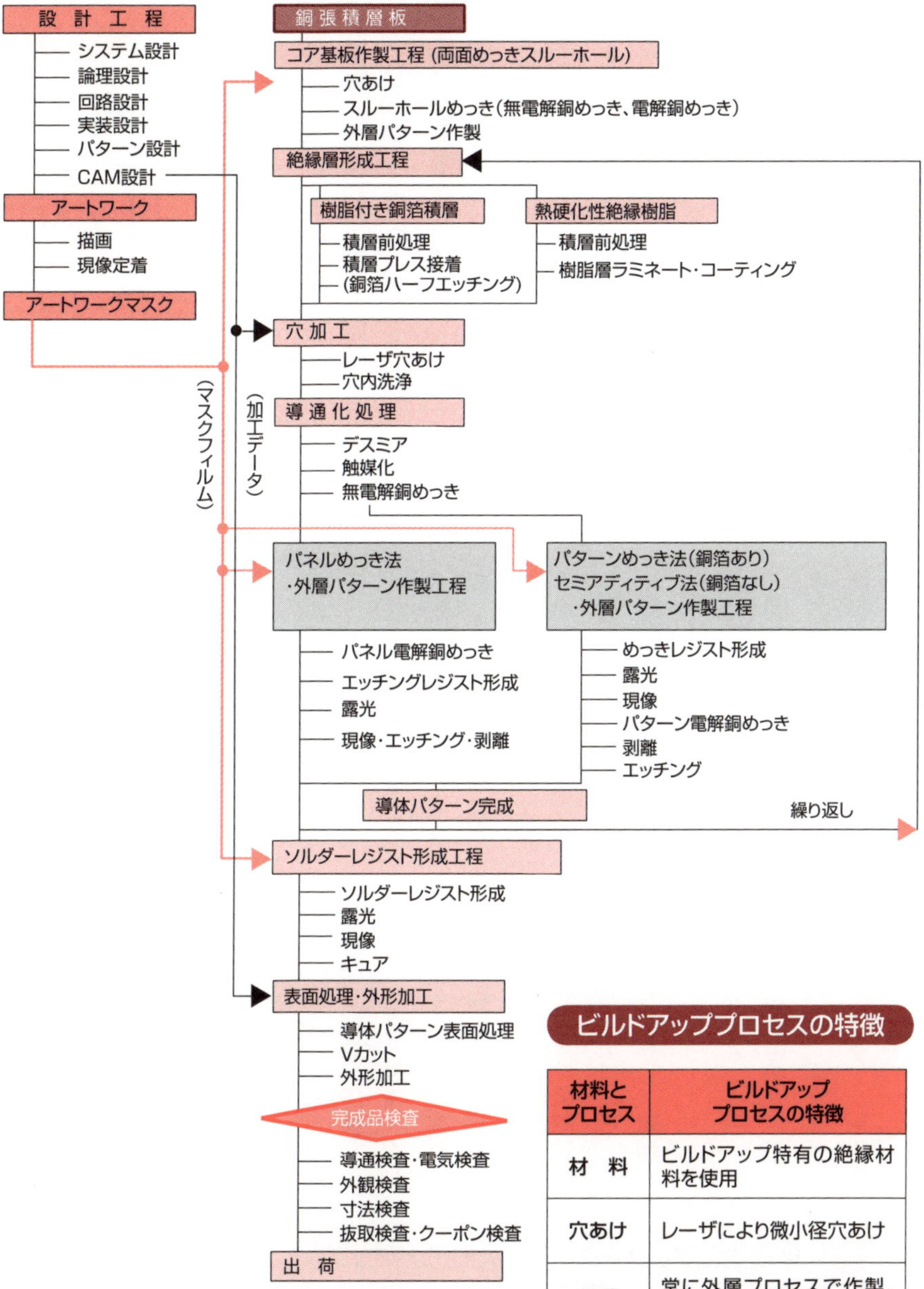

ビルドアッププロセスの特徴

材料とプロセス	ビルドアッププロセスの特徴
材 料	ビルドアップ特有の絶縁材料を使用
穴あけ	レーザにより微小径穴あけ
外層プロセス	常に外層プロセスで作製、ビルドアップ層を重ねることにより内層パターンとなる

19 各種のビルドアッププロセス

パネルめっき法とセミアディティブ法

ビルドアッププロセスには材料やめっきの工程の組合せで種々のものが考えられています。

1．樹脂付銅箔、銅箔／プリプレグを用いるプロセス

図1は材料として樹脂付銅箔や銅箔／プリプレグを使用するものです。樹脂付き銅箔の厚さは12～18㎛です。図では積層した銅箔をエッチングしてレーザ穴あけのマスクとなるコンフォーマルマスクを作製し、レーザで穴を開けた後に製造パネル全面にめっきを行うパネルめっき法の工程を示しました。このプロセスは銅箔を用いますので、サブトラクティブ法のパネルめっき法となります。穴あけはCO_2レーザでブラインドビアをあけます。CO_2レーザで穴あけをすると、ビア底部にスミアが生成しますので、デスミアを行い、次いで、無電解銅めっき、電解銅めっきにより穴と表面にめっきをします。この銅層をフォトエッチング法により導体パターンを形成します。銅箔を黒化処理して銅層を直接レーザで穴あけをする方法もあります。

2．熱硬化性樹脂を用いるプロセス

図2に示したプロセスは銅箔を用いず、コア基板に絶縁層を形成し、その上に導体パターンを作製するプロセスです。絶縁性フィルムを真空で加熱・圧着してラミネートし、レーザで穴を開け、デスミア後、穴と表面を無電解銅めっきで導電化します。無電解銅めっきの密着性を向上させるために、樹脂は粗化しやすいものでデスミアの時に用いる過マンガン酸塩によって絶縁性フィルムの表面は粗面化されます。電解銅めっきはパターンめっき法で行うセミアディティブ法で、めっき後レジスト剥離、シード層エッチングをし、導体パターンの1層が完成します。

3．柱状めっき（バンプめっき）によるビルドアップ法

図3に示すものはセミアディティブ法の応用で、シード層形成後、厚いめっきレジストでパターンを形成、柱状めっきを行い、その後めっきによるパターン形成を行います。

要点BOX
●銅箔とプリプレグを用いたビルドアッププロセス
●セミアディティブ法はファインパターンに適する

図1　樹脂付銅箔、銅箔／プリプレグを用いたビルドアッププロセス

(レーザビア/ パネルめっき法)

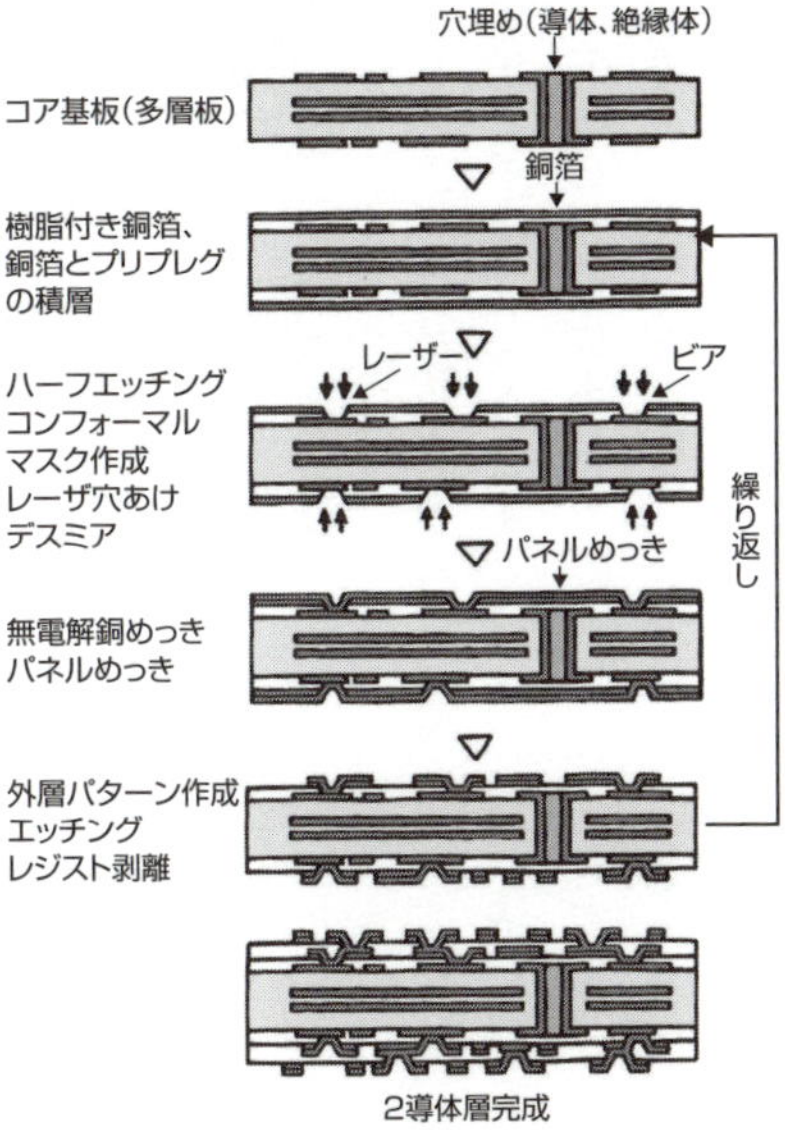

図2　熱硬化性樹脂フィルムを用いたセミアディティブ法によるビルドアッププロセス

(レーザビア/パターンめっき)

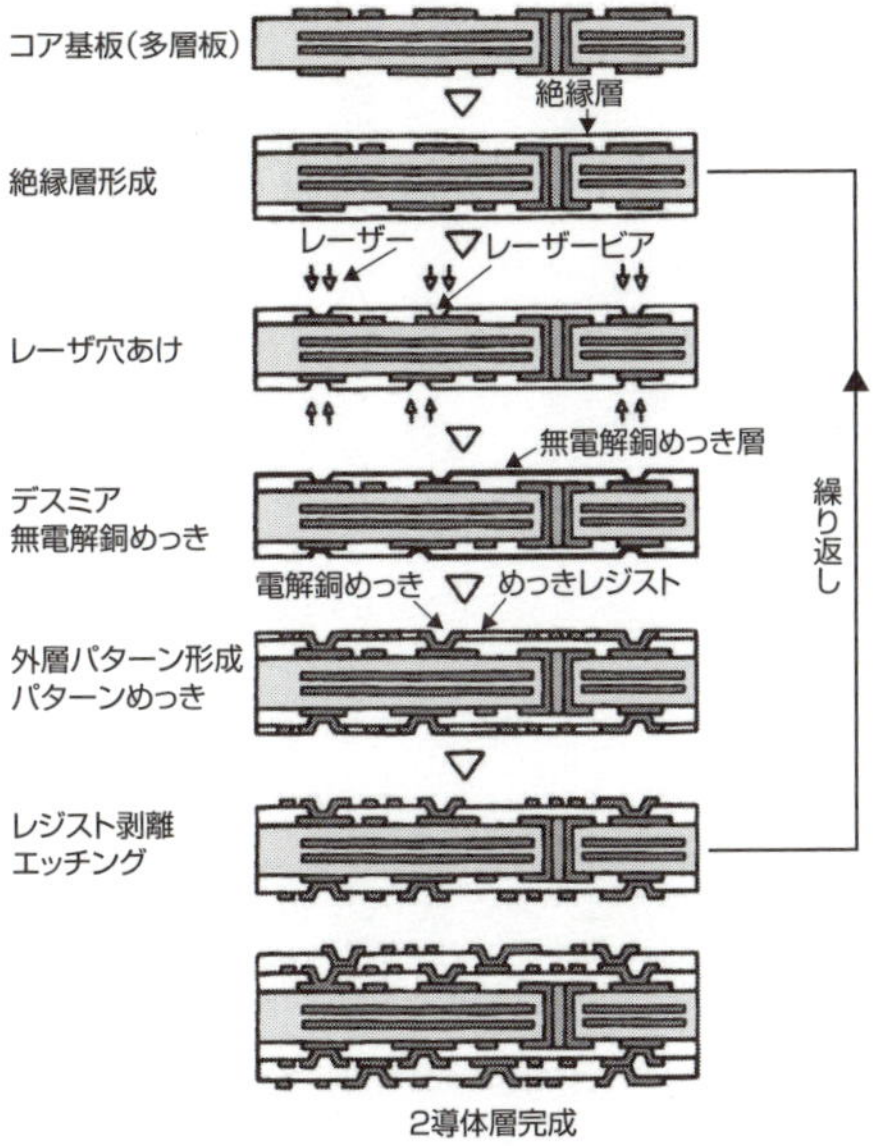

図3　柱状めっき(バンプめっき)によるビルドアッププロセス

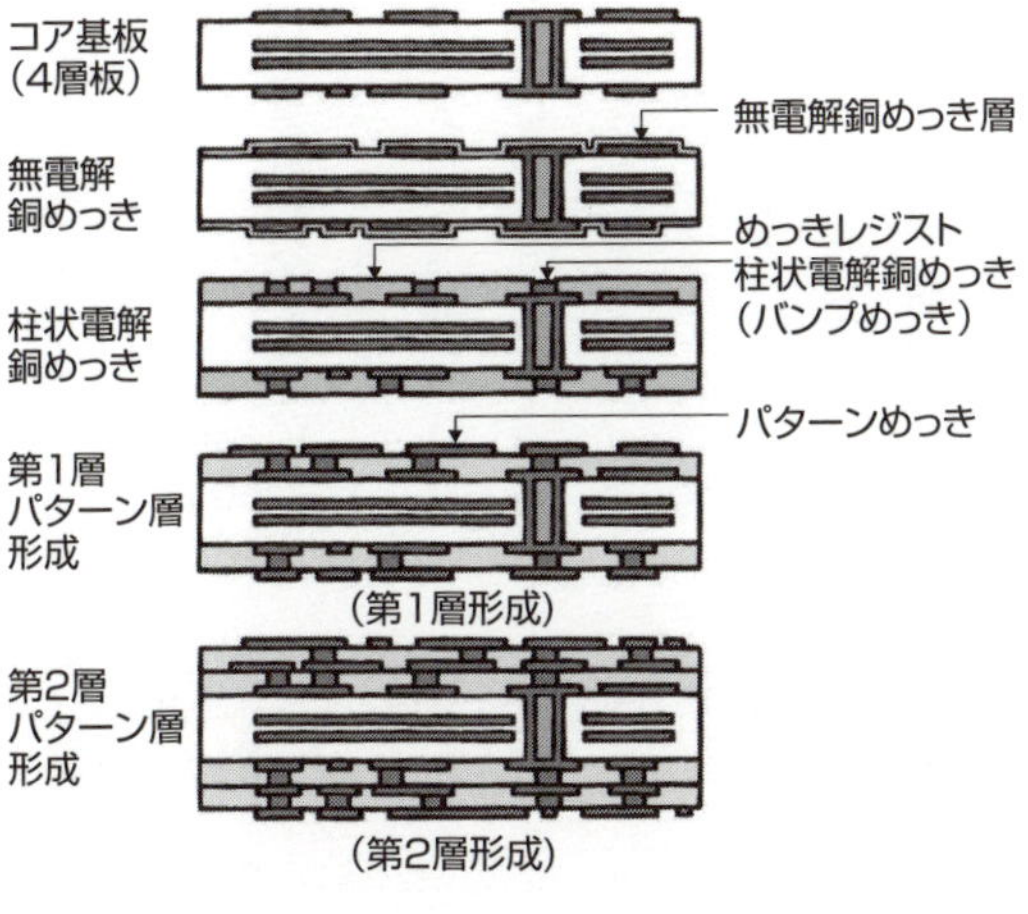

20 ビルドアッププロセスの要素技術

レーザ穴あけと導体層の形成

プリント配線板のビルドアップ法のプロセスはめっきスルーホール法を基本として構成しています。

1．微小径穴あけとしてのレーザ穴あけ

ビルドアッププロセスの立体方向の微小な穴あけにはCO_2またはYAGレーザを用いて行います。図1にCO_2レーザ穴あけ機の外観を示します。動作原理は図2(a)のように、レーザは発信装置より出力されたレーザをガルバノミラーで走査して、穴あけ位置を決め、その位置でビルドアップの絶縁層に穴あけします。ミラーの走査の面積は小さいので、全体を機械的に動かし、広い面積の絶縁基板の穴あけを行っています。レーザであけた穴のめっき後の断面を図2(b)に示しました。

2．微細パターンの形成

ビルドアッププリント配線板には微細パターンを形成することが求められます。ビルドアップ層の導体パターンの工程はめっきスルーホール法の外層工程と同じですが、微細パターン形成に対応し、セミアディティブ法が用いられています。図3はパターンめっき法の工程ですが、このレジスト金属めっき、レジスト金属剥離を省いたものとなります。無電解銅めっきでシード層を形成した後、めっきレジストでめっき部を開口したパターンを形成し、ここにめっきをして、導体パターンを完成させます。このパターンはめっきレジストで両側面を抑えていますので、パターン形状が揃ったものとなります。勿論、パターン形成のレジスト工程は微細パターン用のものを用います。ビルドアッププリント配線板では導体層が完成しますと、この上に樹脂層を重ね内層となります。したがって、1層の導体層を完成したところで、微小径の穴や微細パターンは拡大鏡を用いて検査を行います。このように、微細化のため、絶縁材料はビルドアップ用のもの、レジストは高解像のもので、レーザでブラインドホールをあけることが異なるところです。

要点BOX
●ビルドアッププロセスの穴あけはレーザを使う
●ビルドアップではファインパターンが求められる

図1　CO_2レーザ穴あけ機

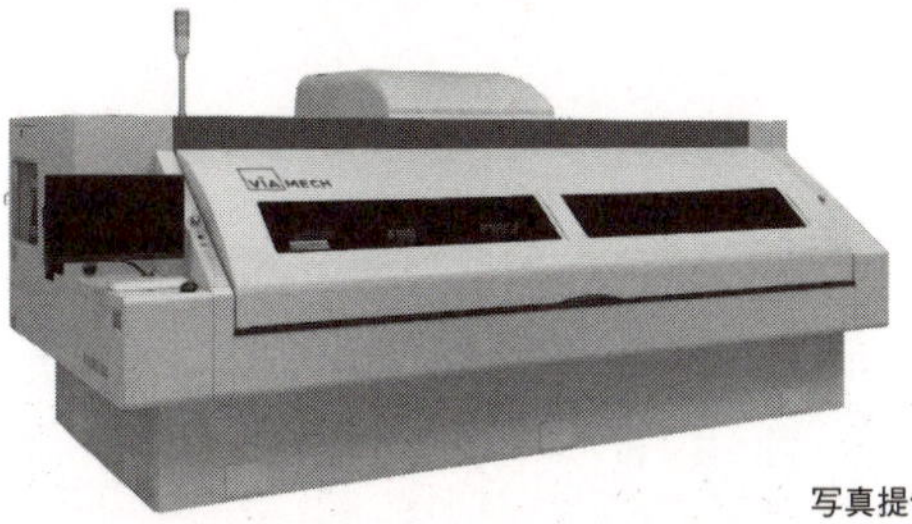

写真提供：ビアメカニクス(株)

図2　CO_2レーザ穴あけ機の動作原理

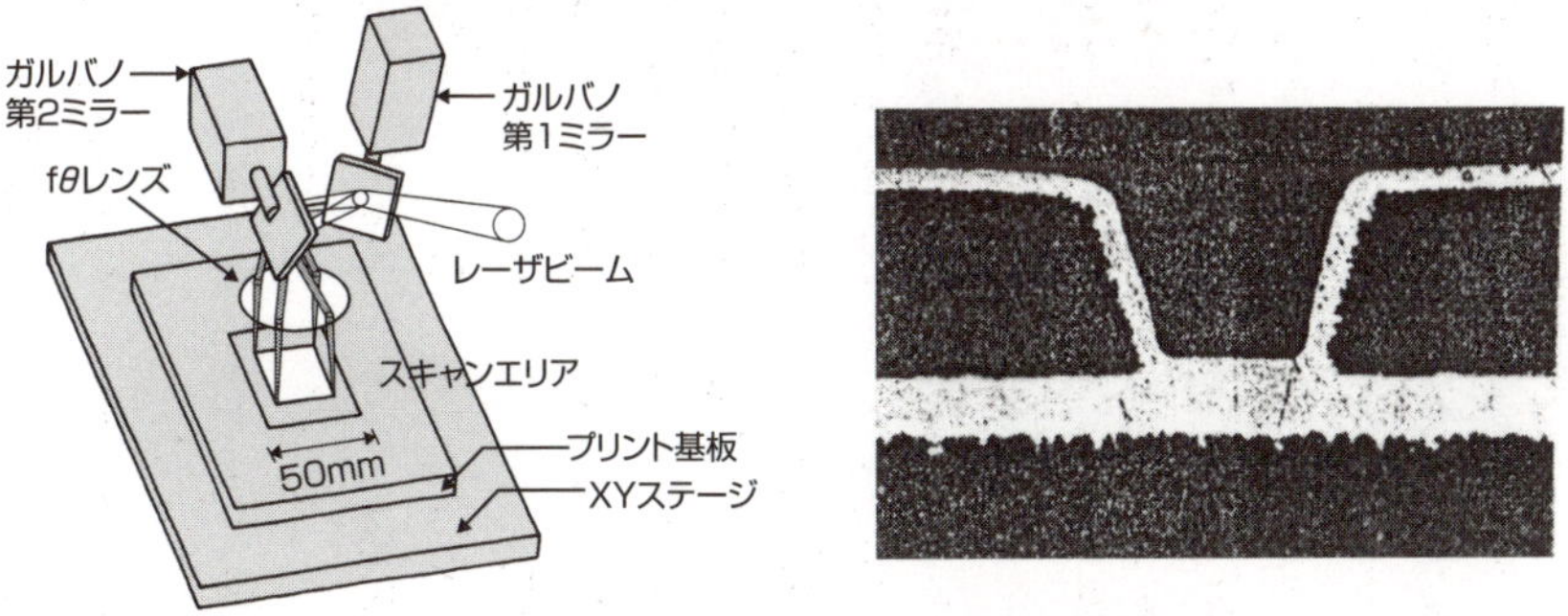

(a)ガルバノスキャンの光学系　　(b)レーザビアのめっき後の断面

図3　パターンめっき法のプロセス

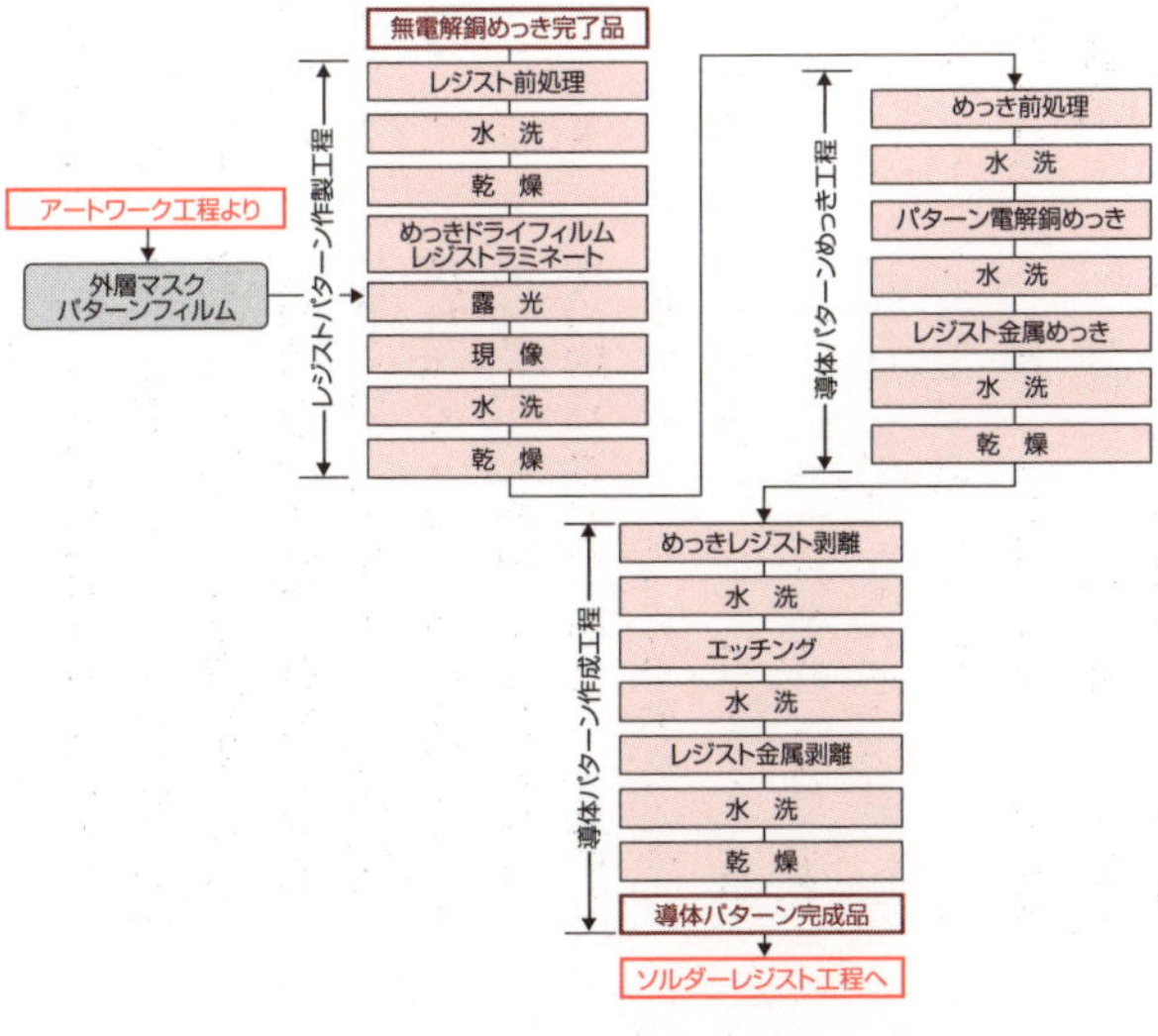

Column

技術は川上に流れた

40年ほど前には、ほぼ全ての電機メーカーがプリント配線板の製造ラインを持っていました。ラインを稼動させ、次世代製品に使うプリント配線板を開発するための組織も持っていました。その組織では、新たな製造プロセスの要素技術を持ち、それをレベルアップするノウハウも持っていました。その組織では、川上にあたる基板加工メーカー、さらにその川上の材料メーカーに対し、自分たちが必要とする基板を作るためにどうすべきか、的確な指導が行われていました。

状況はだんだん変わり、概ねバブル期からか、電機メーカーのプリント配線板ラインはだんだんなくなり、プリント配線板は外部から購入するようになりました。また、その頃から、企業活動には「選択と集中」、開発組織では「開発のスピードアップ」というお題目がしきりに言われるようになってきました。その思想自体は悪くないものですが、選択しないアイテムについてはリソースを外部に依存（丸投げ）する傾向があったように思います。プリント配線板技術は、電機メーカーにとって、選択されなかったアイテムだったのでしょうか。また、スピードアップのために、外部にノウハウも供与するような流れがあったように思います。

昨今では、いろいろな分野で、日本の材料メーカー、部品メーカー、設備メーカーの強さが言われています。加工業は海外にシフトしても、材料や部品、設備設計の技術は国内に残り、技術を蓄積してそれをさらにレベルアップしているように思われます。加工メーカーは、材料メーカーや部品メーカーから、その製品の購入や、購入の検討を行う時に、いろいろと技術を教えてもらうようになってきました。

プリント配線板の技術においても、加工メーカーで新たな製品開発のためにプロセス構築するため、各社の材料や設備を検討しますが、これらの「川上メーカー」への依存度は高くなっているようです。もちろん、秘密保持契約を結び、その取り決めの中でコトは進められますが、サンプルや情報のやり取りにより、「川上メーカー」に有形無形の技術は蓄積されます。技術は、川上に流れるご時勢になったものと思われます。

しかし、これはマズイことではないと思います。川上メーカーは国内にいるので、連携して社内技術をレベルアップしていけると思います。「丸投げ」しないようにさえすれば。

第3章

プリント配線板の特性

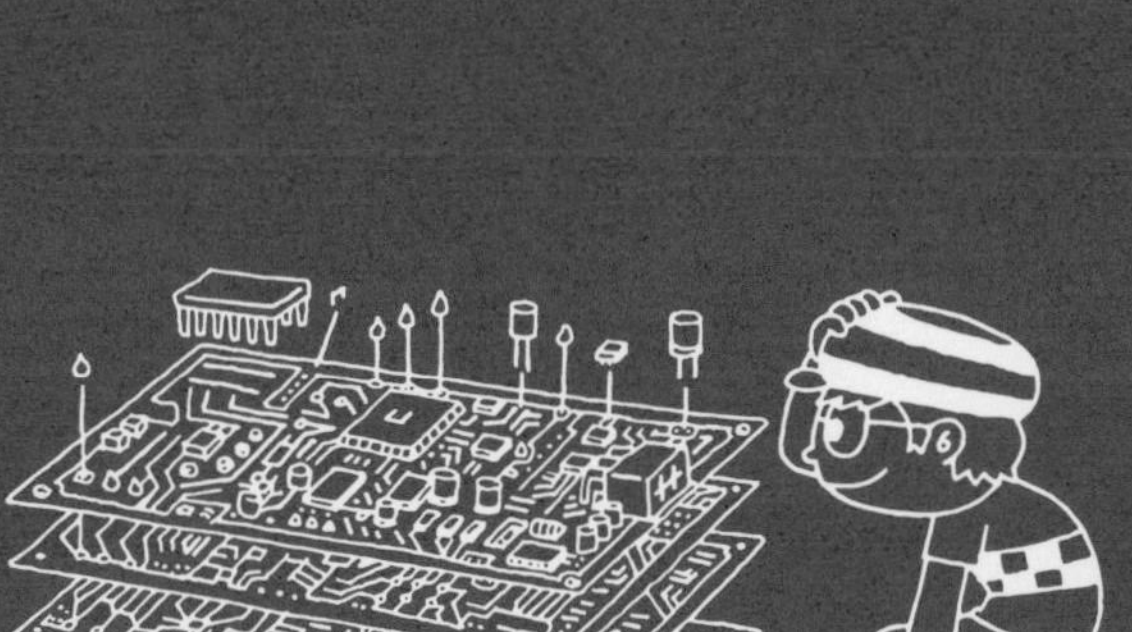

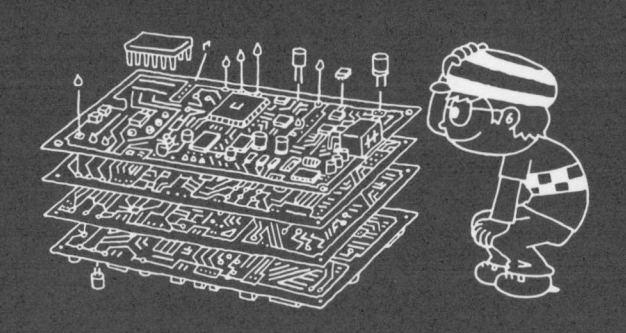

21 プリント配線板に要求される特性

プリント配線板も電子機器に使われる電子部品の一つで、電気特性は重要です。それだけではなく部品を搭載、接続し、プリント配線板を中心に実装階層を順次積み上げ、規模を大きくし、所定の電子機器を構成する重要な電子部品となります。機械的特性、化学的特性などの諸特性も満足しませんと、全体としての装置性能を実現できませんので、非常に重要です。

要求される特性としては、次の項目などがあります。

(1)電気的特性
・直流的な特性
・交流的な特性
(2)機械的特性
(3)化学的特性

このほか、長期の信頼性など、個々のユーザーとの間での取り決めにより、項目が追加されることがあります。

プリント配線板においては、このような特性すべてが重要なもので、バランスよく持っていることが大切です。

非常に高い特性を持つ絶縁材料でも、熱に弱い、加工が困難などの物質であると、プリント配線板として作ることはできないことになります。

例えば電気特性を重視した誘電率、誘電損失が小さく、伝送特性が非常に優れた絶縁材料は数多く開発されています。このような材料では、耐熱性が小さいものもあります。

諸特性が良い材料でも、導体やめっきの密着性、寸法安定性など、電気特性以外のプリント配線板製造プロセスとの親和性が良くないと、実際に実用化が困難な材料となります。

プリント配線板としての特性を実現するためには、絶縁材料単体の諸特性ばかりではなく、プリント配線板の製造過程での作りこみが重要になります。

電気・機械・化学的特性

要点BOX
●プリント配線板には電気的特性のほかに機械的特性と化学的特性も重要
●特性すべてをバランスよく持っている必要がある

プリント配線板の必要特性

(1)電気的特性	直流的な特性	①導体抵抗
		②絶縁抵抗
	交流的な特性	③特性インピーダンス
		④信号伝搬速度
		⑤クロストーク
		⑥高周波特性
		⑦電磁シールド性
(2)機械的特性		①曲げ強度
		②そり・ねじれ
		③引きはがし強度
		④寸法安定性
		⑤はんだ耐熱性
		⑥熱膨張係数
		⑦はんだ付け性
(3)化学的特性		①耐薬品性
		②耐めっき性
		③耐エッチング性
		④耐溶剤性
		⑤耐マイグレーション性

22 プリント配線板の直流的特性

最も基本的な特性

直流的特性はプリント配線板の特性として基本的なものです。

・導体抵抗

導体の基本的な材料特性で、信号線の抵抗はできるだけ低いことが必要で、金属銅が最も適しています。今後、配線密度が非常に大きくなりますので、信号線の寸法は著しく小さくなります。表のように、微細配線となりますと、短い距離でも高い抵抗となります。どの程度の抵抗であれば使用できるかは、対象とする回路の特性により決めています。

また24節に記すように、高周波信号では表皮効果と言って、信号は導体の表面に近いところを流れます。この場合、導体の断面積より断面の外周長さと導体表面の平坦性が重要と考えられています。

・絶縁抵抗

導体配線を支持する絶縁基材は装置を作る上でたいへん重要であり、導体間の絶縁が悪いとプリント配線板は機能しなくなります。一般的に絶縁性は材料の絶縁性能と製造工程での洗浄不足、外部よりの汚染などの影響を受けて低下します。

プリント配線板の絶縁性の良否は加湿環境において判定します。高耐電圧が要求される特殊回路以外では、一般的に加湿下で$5 \times 10^{8}\,\Omega$以上の絶縁が必要と考えられています。

導体間隙はファイン化とともに狭くなってきており、これに対応して十分な耐電圧を持つ絶縁性の高い材料やプロセスの開発が行われています。

配線が高密度となると、信号導体線幅と間隙を小さくして微細化し、ビアの密度も高くなり、電源、グラウンド層とビアとの間隙を微小なものにします。プリント配線板の層間厚さが10μm以下のものもあり、ビア間や層間の絶縁も重要です。ビルドアップ層の絶縁樹脂層のマイクロクラックの発生や、添加するフィラーによる絶縁性の低下にも注意が必要です。

要点BOX

●電気的特性、中でも直流的特性は最も基本的な特性

●直流特性には導体抵抗と絶縁抵抗がある

導体の断面積と抵抗値

対象		半導体		プリント配線板		
断面積（μm^2）		0.065	0.65	50.00	100.00	150.00
導体抵抗（Ω） パターン長さ（μm）	50,000			17.4000	8.7000	5.8000
	10,000	2676.923	267.692	3.4800	1.7400	1.1600
	1,000	267.692	26.769	0.3480	0.1740	0.1160
	100	26.769	2.677	0.0348	0.0174	0.0116
	10	2.677	0.268	0.0035	0.0017	0.0012

断面積（μm^2）	0.065		0.65		50.00		100.00		150.00	
パターン幅と厚さ（μm）	幅	厚さ	幅	厚さ	幅	厚さ	幅	厚さ	幅	厚さ
	0.05	1.30	0.05	13.00	0.70	71.43	0.70	142.86	0.70	214.3
	0.07	0.93	0.07	9.29	1.00	50.00	1.00	100.00	1.00	150.0
	0.10	0.65	0.10	6.50	3.00	16.67	3.00	33.33	3.00	50.0
	0.13	0.50	0.13	5.00	5.00	10.00	5.00	20.00	5.00	30.0
	0.18	0.36	0.18	3.61	7.00	7.14	7.00	14.29	7.00	21.4
	0.20	0.33	0.20	3.25	10.00	5.00	10.00	10.00	10.00	15.0
	0.25	0.26	0.25	2.60	15.00	3.33	15.00	6.67	15.00	10.0
					20.00	2.50	20.00	5.00	20.00	7.5
					25.00	2.00	25.00	4.00	25.00	6.0
					30.00	1.67	30.00	3.33	30.00	5.0
					50.00	1.00	50.00	2.00	50.00	3.0
					75.00	0.67	75.00	1.33	75.00	2.0
					100.00	0.50	100.00	1.00	100.00	1.5

Cuの比抵抗：$1.7 \times 10^{-8} \Omega \cdot m$

$$R = \rho \frac{l}{A} \ (\Omega)$$

R：導体抵抗
l：導体長さ
A：導体断面積
ρ：比抵抗

23 プリント配線板の交流的特性①

高速・高周波化で重要な特性インピーダンスの整合

プリント配線板の信号線にはパルス信号が流れるため、交流的な特性が重要です。情報量の増加、信号の高周波化などで、これらの特性にはより厳しい要求があります。プリント配線板上の電気信号は**図1**のような断続する矩形波のパルス信号として流れるので、交流的な配慮が必要です。また、パルス信号は正弦波の基本波とその高調波の組み合わせで作られるので、伝送する周波数より高い周波数成分の影響にも配慮することが必要となります。

LSIチップ内のクロック周波数は3～5GHzのものが実用化されており、今後、10GHz以上のものが実現するとされています。また、信号がチップ外の基板上の動作周波数でも1.8～4GHzあるいはそれ以上の高速化が予想されています。

信号が高速、高周波になると**図2**のように、導体配線でも抵抗やインダクタンスを持ち、配線間の容量や漏洩抵抗への考慮が必要となります。回路は分布定数といわれる等価回路で表されます。

配線の微小距離（Δx）を考えると、この間で信号線は導体抵抗（R：Ω／m）インダクタンス（L：H／m）を持ち、また、信号ラインとグラウンドとの間にキャパシタンス（C：F／m）と漏洩のコンダクタンス（G：Ω／m）がありますので、これが連続して回路の特性インピーダンスとなります。

特性インピーダンス（Z_0：Ω／m）は（1）式の通りです。ここで、$\omega=2\pi f$です。

入力または出力部で回路パターンのインピーダンスとを整合させ、信号が反射しないように特性インピーダンスを整合します。導体パターンの幅、層間間隙の変動が特性インピーダンスを変化させます。

特性インピーダンスを整合させるプリント配線板の構成は、**図3**のような回路構成で、マイクロストリップラインとストリップラインがあり、回路の寸法などが厳しい精度となります。

要点BOX
●LSIの高速・高周波化が進んでいる
●配線が微小化すると特性インピーダンスが乱れるため整合させるプリント配線板の構成が重要

特性インピーダンスの整合

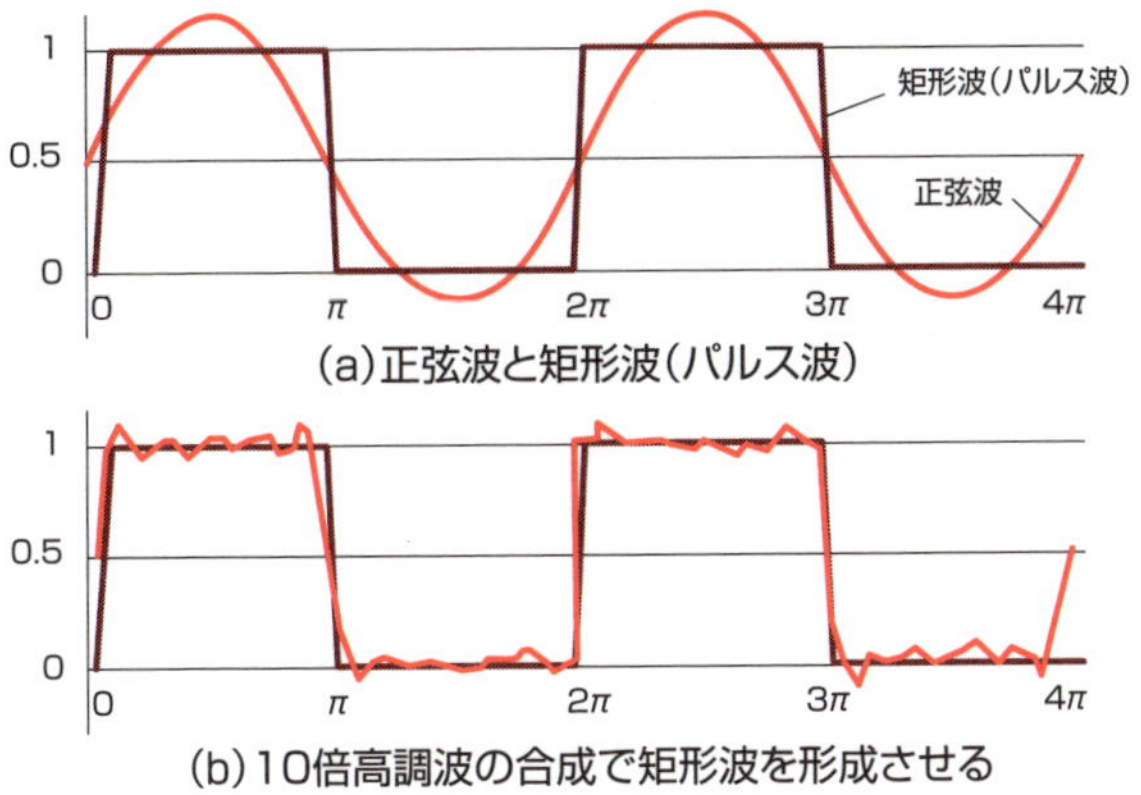

(a)正弦波と矩形波(パルス波)
(b)10倍高調波の合成で矩形波を形成させる

図1　正弦波と矩形波

$$Z_0=\sqrt{\frac{R+j\omega L}{G+j\omega C}}\ (\Omega/\mathrm{m})$$

………(1)式

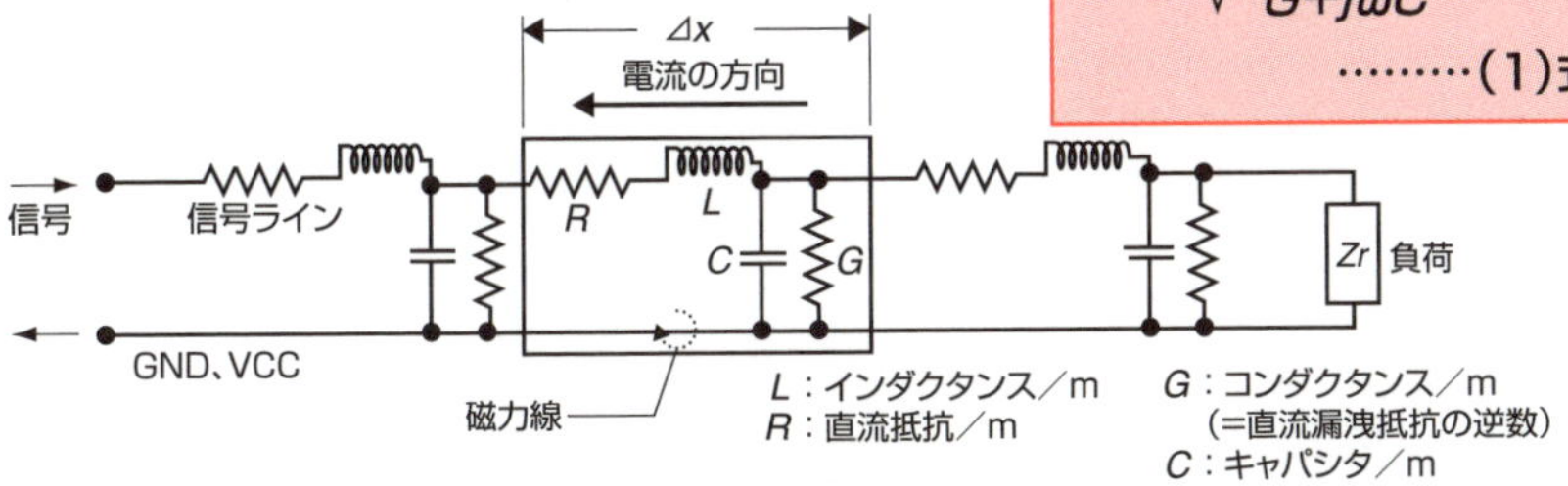

図2　伝送ラインの等価回路(分布定数回路)

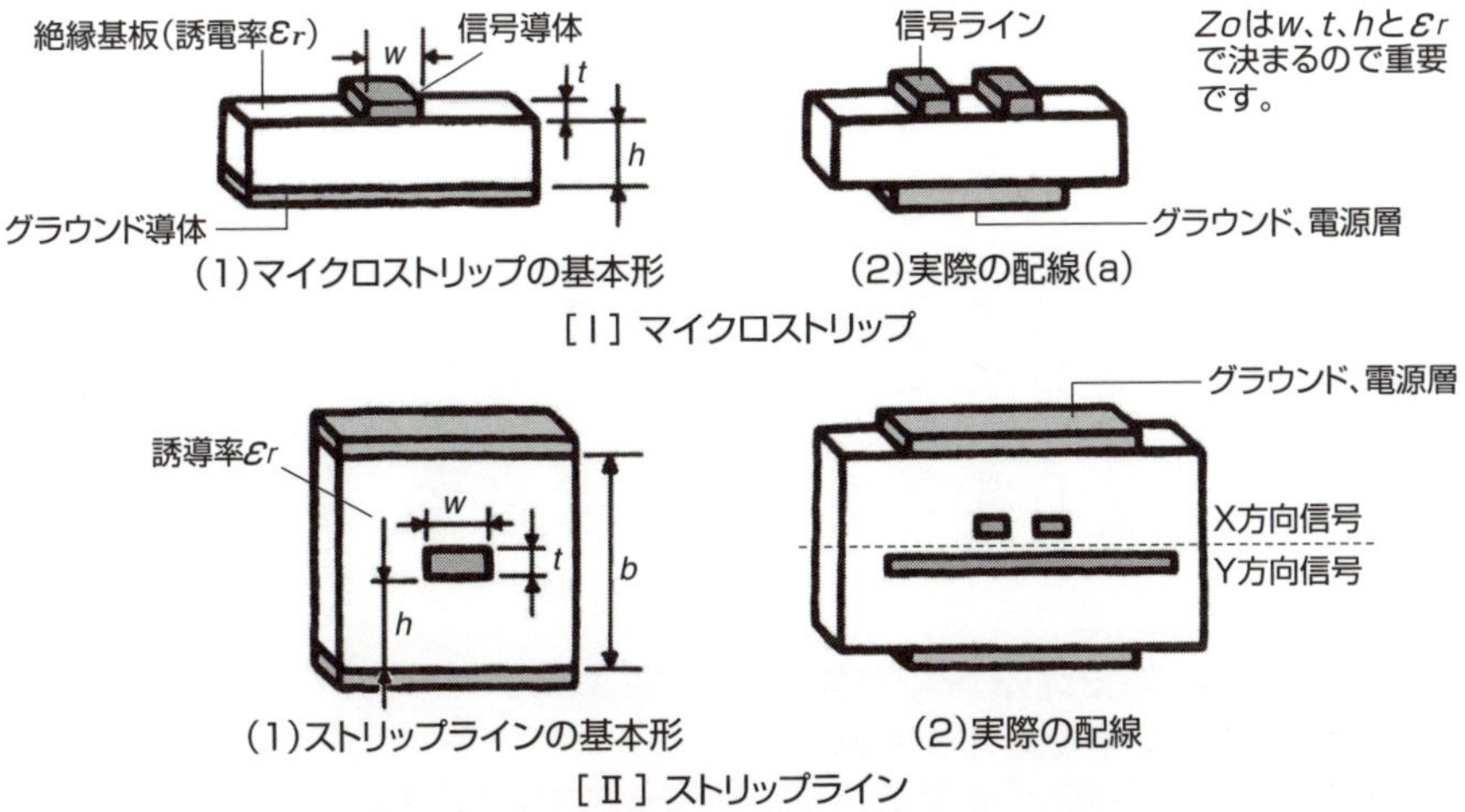

(2)実際の配線(a)

図3　プリント配線板における伝送回路の構成

24 プリント配線板の交流的特性②

パルスの電流が高周波領域となりますと、電流は導体パターンの表面に多く流れます。周波数が大きくなるほど表面に偏ります。これを表皮効果（skin effect）と言います。したがって、抵抗値は導体断面積でなく導体の外周の長さに関係することになります。表皮効果とは高い高周波電流になると導体の内部ほど抵抗が大きくなるので、電流が流れにくくなることです。伝導度が1/eになるまでの表面からの距離(d)をskin depthと言い、（1）式で表されます。電導度は抵抗の逆数です。

$$d=\sqrt{\frac{2}{\omega\sigma\mu}} \quad \cdots\cdots\cdots(1)$$

そのときの抵抗は(2)で示します。

$$R_s=\sqrt{\frac{\omega\mu}{2\sigma}} \quad \cdots\cdots\cdots(2)$$

ここで、σは導電率、μは透磁率を表します。

模式的に書くと図1のように、色の濃いところが電流の大きいことを表します。

周波数と表皮効果による導体の厚さの関係は表1のとおりでGHzオーダーになりますと、信号は表面より2㎛以下の厚さのところを流れますので、導体パターンの表面状態が信号の伝搬に大きく影響し、有機絶縁樹脂と導体金属との接着が課題となります。

現在、接着面となる樹脂表面や導体表面は粗面化を行い、密着性の指標であるピール強度を大きくしています。しかし高周波になると、この凹凸が信号の伝搬に支障をきたしますので、できるだけ平滑な面へ接着することが重要になっています。ロープロファイル銅箔の開発、内層銅パターンの平滑面への接着法については、従来の凹凸形成方法の他に化学的な方法等様々な方式の開発が行われています。また、密着性のよい無電解銅めっきの析出をするような平滑な樹脂面形成法の開発も行われています。

要点BOX

●表皮効果は電流が高周波では導体パターンの表面に多く流れる現象
●導体の粗面化で高速伝送と樹脂との接着が課題

プリント配線板の伝導率と表皮効果

表1　表皮効果の周波数による変化

周波数 f	厚さ d(μm)
1kHz	2,140.0
10kHz	680.0
100kHz	210.0
1MHz	60.0
10MHz	20.0
100MHz	6.6
500MHz	3.0
1GHz	2.1
5GHz	0.9
10GHz	0.7
50GHz	0.3
100GHz	0.2

(注)伝導度が1/e(36.7%)に低下するまでの厚さ

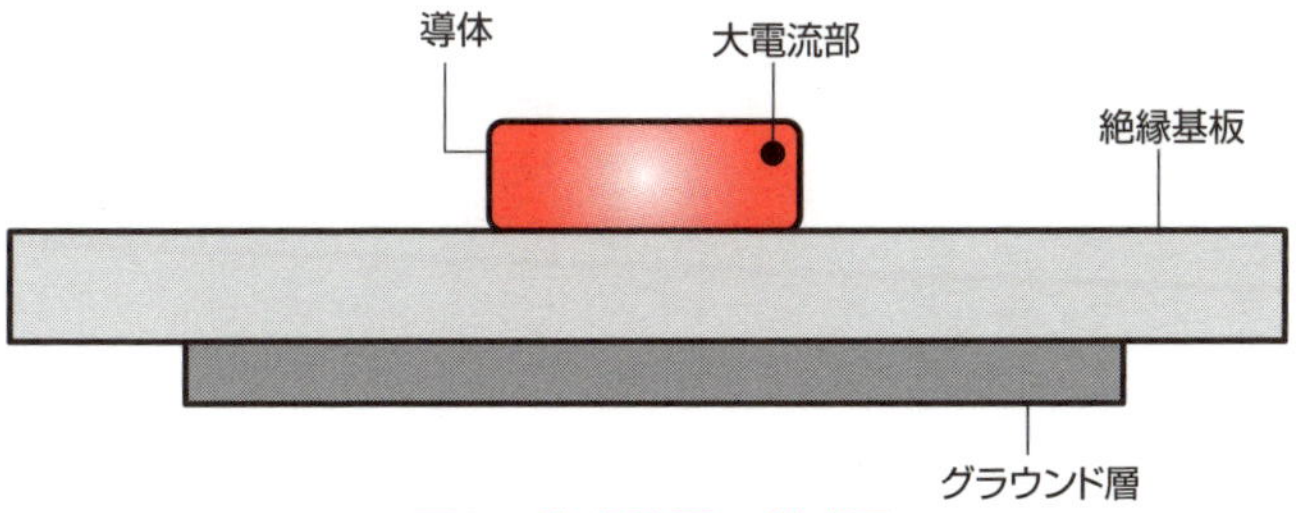

図1　表皮効果の模式図

25 プリント配線板の交流的特性③

伝搬速度と絶縁材料

伝搬速度は絶縁材料の特性と大きく関係します。絶縁材料の電気的特性として比誘電率と誘電正接があります。比誘電率は導体間の電気容量に関係し、プリント配線板の場合は対向する配線パターンや面パターンに電圧を印加しますと、電極に電荷（Q）が蓄積します。その量が（1）式のように、電極間の比誘電率と電圧により決まります。

ここで、Cは静電容量[F]、Qは電荷量[C]、εrは比誘電率、ε_0は真空中の誘電率8.854×10^{-12}[F/m]で、この積が誘電率となります。

絶縁体にも絶縁抵抗があり、電圧を印加すると漏洩電流が流れます。キャパシタの等価回路は下図のように電荷のたまるCと漏洩抵抗のRとが並列に接続したものとなります。キャパシタに交流電圧を印加したとき、キャパシタに流れる電流は抵抗を流れる電流と異なり、位相が90°進みます。しかし、漏洩抵抗（R）があるためδの遅れが生じます。この遅れを誘電損失と言い、tanδで表します。回路パターンでは、（2）式で表されます。ここでδを損失角と言い、この価が大きいと信号のエネルギーは熱として失われます。高周波においてはそれが顕著になります。そのときの誘電体の損失（α_D）は（3）式で表されます。t_dは遅延時間です。信号の伝搬速度は比誘電率の平方根に反比例し、（4）式で表されます。Cは光速度、Kは定数です。

これらの関係より、取り扱う信号が高周波数になればなるほど、絶縁材料としては実動作周波数での比誘電率および誘電正接の小さいものが強く求められております。特に、大きな誘電正接は高速伝送時の信号の減衰をもたらす誘電損失に繋がるため、高周波での伝送特性を著しく劣化させます。最近では、プリント配線板の絶縁材料として、実使用の高速伝送周波数での比誘電率や誘電正接特性により絶縁材料選択を行うことが一般的になってきております。

要点BOX

- ●信号の伝搬速度は誘電率と誘電損失で表される
- ●回路には比誘電率と誘電損失の小さいものが求められる

誘電率と誘電損失

$$C = \frac{Q}{V} = \varepsilon_r \cdot \varepsilon_o \frac{A}{d} \quad \cdots\cdots\cdots\cdots\text{(1)式}$$

A：電極面積　d：電極間距離

$$\tan\delta = \omega C R_e \quad \cdots\cdots\cdots\cdots\text{(2)式}$$

$\omega = 2\pi f$

$$\alpha_D = 4.34\tan\delta \times \omega \cdot t_d \ (dB/\mathrm{m}) \quad \cdots\cdots\text{(3)式}$$

$$v = K \cdot C \frac{1}{\sqrt{\varepsilon_r}} \ (\mathrm{m/sec}) \quad \cdots\cdots\cdots\cdots\text{(4)式}$$

キャパシタの等価回路とtanδ

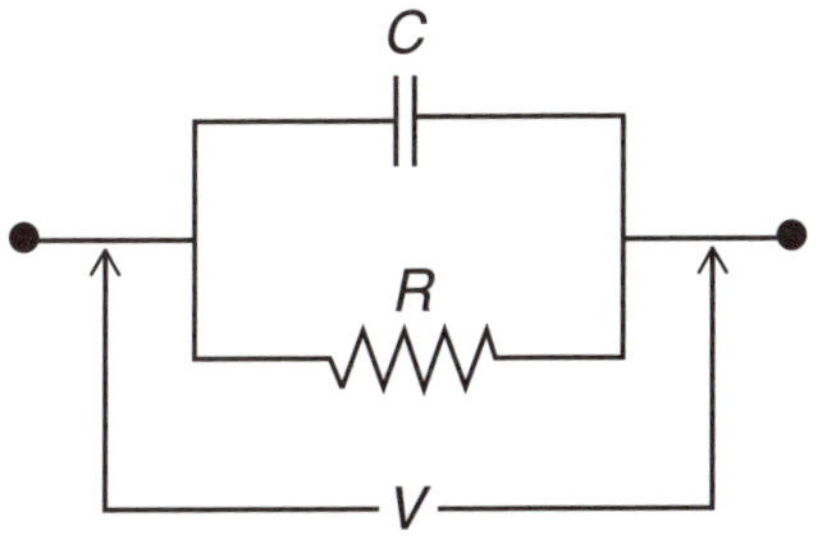

漏電抵抗を考慮したモデル

tanδ説明用直列等価回路

26 プリント配線板の交流的特性④

クロストーク

　プリント配線板上では信号ラインが複雑に走っています。平行する信号ラインでは相互に電磁的に結合しやすく、一方の導体ラインに電圧を加えると、隣接する導体ラインに電圧が誘起され、雑音となります。これをクロストーク(cross talk)と言います。

　この現象を説明すると、**図1**の回路Aに情報を処理する信号が流れたとします。この回路の線に平行して配線した回路Bがありますと、この平行な2線路間には浮遊容量があり、また、磁界が相互に結合し、回路Bに回路Aの信号が誘起し、これが雑音となります。この雑音は並行した線路の長さに比例して大きくなります。平行配線長が長くなり、デジタル信号の論理しきい値を超える大きさになると誤動作を起こすため、プリント配線板設計時には、平行配線長に注意が必要です。

　高密度配線になり、配線パターンの間隙が狭くなると、特に影響が大きくなってきます。導体間隙を広げたり、グラウンドとの間隙を小さくする等が有効ですが、高密度化により、着目配線に対して多くの回路からのクロストークが重なることが予想され、対策がより難しくなってきています。

　クロストークは材料物性による防止は難しく、防止法として平行する信号ラインの長さを短くするように設計し、層間では信号線が互いに90度となるように、場合により斜配線で配置するなどの対策を行っています。クロストークに対する電気的なチェックツールが一般的になっており、危険箇所を設計段階で検出しています。**図2**にクロストークノイズ低減のための直交や斜めパターンの例を示しました。

　この他に、バス配線やドライバー出力回路の同時動作に伴う電源変動による同時スイッチングノイズへの対策などが必要となります。ここまで紹介した電気特性は、プリント配線板としての代表的な特性です。

要点BOX
- ●高密度配線で問題となるクロストーク
- ●防止策は信号ラインの平行線長を短くする、層間信号線の交差角度を調整するなど

図1　クロストークとは

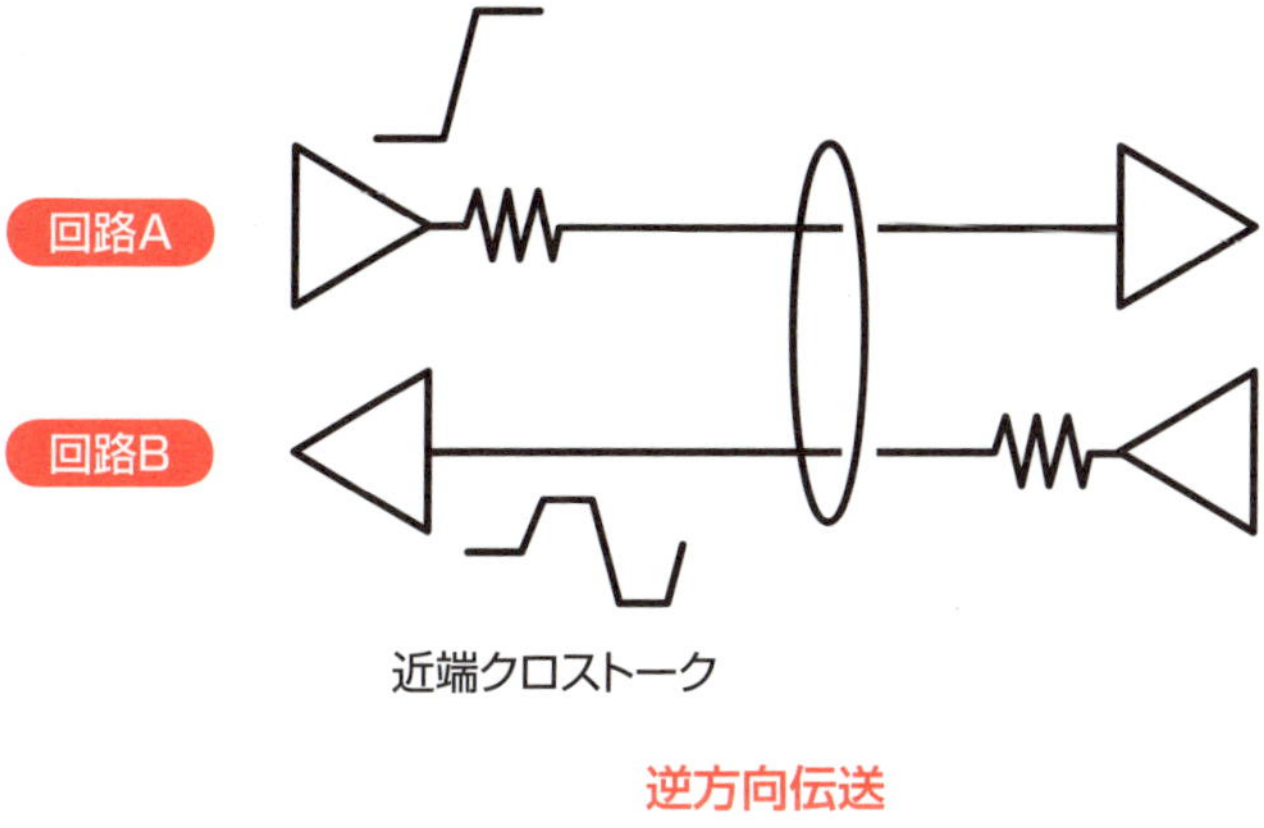

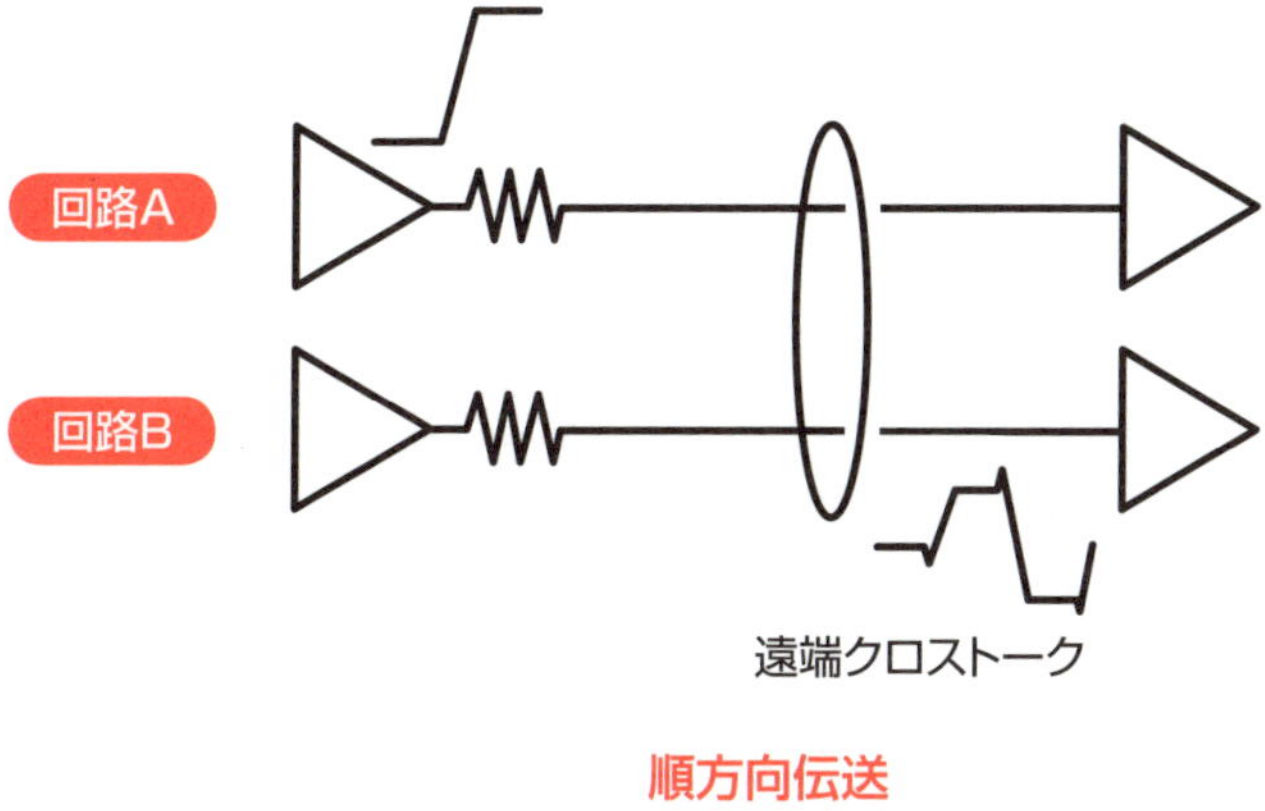

「ボード設計者のための分布定数回路のすべて」碓井有三著、第3版P107より

図2　平行配線対策のパターン設計

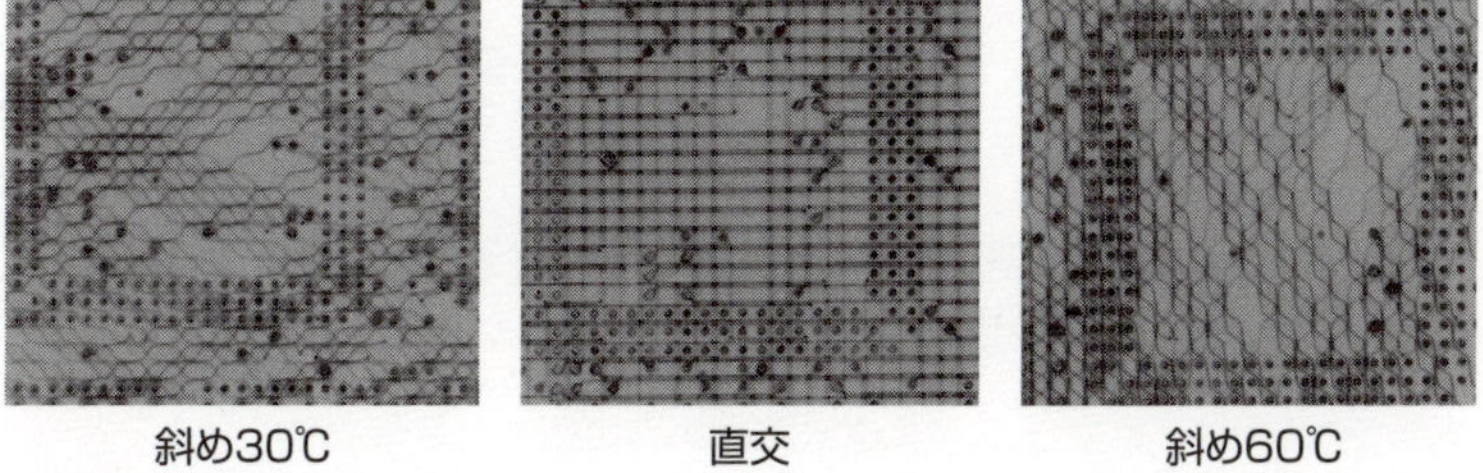

斜め30℃　直交　斜め60℃

27 プリント配線板の交流的特性⑤

電磁的両立性（EMC）設計

一般に、電子機器が発する通信用の電波や高周波の電磁波ノイズは周囲の電子機器などに影響を与えます。そのような影響を与える電磁波を電磁妨害（EMI）と呼び、プリント配線板に電子回路が搭載され、動作する限りは避けては通れない問題です。

プリント配線板を設計する上では、電子機器より発生するノイズを小さくし、他の電子機器の動作に影響を与えないようにする一方で、他の電子機器からのノイズの影響も受け難いように設計し、機器としての機能を発揮できるように設計しなければなりません。この能力のことをEMC（electromagnetic compatibility）または電磁的両立性と言います。

LSI、プリント回路基板、電子機器の各種の視点よりEMC対策が検討されています。

プリント配線板から放射するEMIノイズに対しては、周波数毎に許容ノイズについて各国毎に規定があり、装置設計にあたってはそれぞれの対策が必要となります。プリント配線板上での回路動作によるEMIノイズ発生を最小限とするように、層構成や電源ループの最小化などが必要な他に、高周波部品の配置、電源パスコンの設計、高周波クロック配線、バス配線、ダンピング抵抗によるインピーダンス整合などの対策が必要となります。

最近では、EMCの知識が豊富でなくても簡単な操作でEMCとして危険な設計箇所を検出し、対策をアドバイスするツールも出てきており、プリント配線板設計上の問題を設計段階で予防検出できるようになってきています。また、機器の小型、高密度化が進展しているため、従来のプリント配線板設計上の対策だけではEMC対策が十分に行えないことがあり、EMC対策用部品が使われるようになっています。

このほかのノイズとしては、外部とのインターフェースコネクタ等で、雷や静電気によるサージノイズ対策など、特別な耐電圧対策が必要となる場合があります。

要点BOX
- ●EMIノイズ発生を最小限とするEMC対策を行う
- ●設計段階での予防検出も可能

様々なEMC対策部品

コモンモードフィルタ(CMF)

SMD積層バリスタ

電磁波シールドフィルム、ノイズ抑制シート

ESDサプレッサ

EMIチェック例

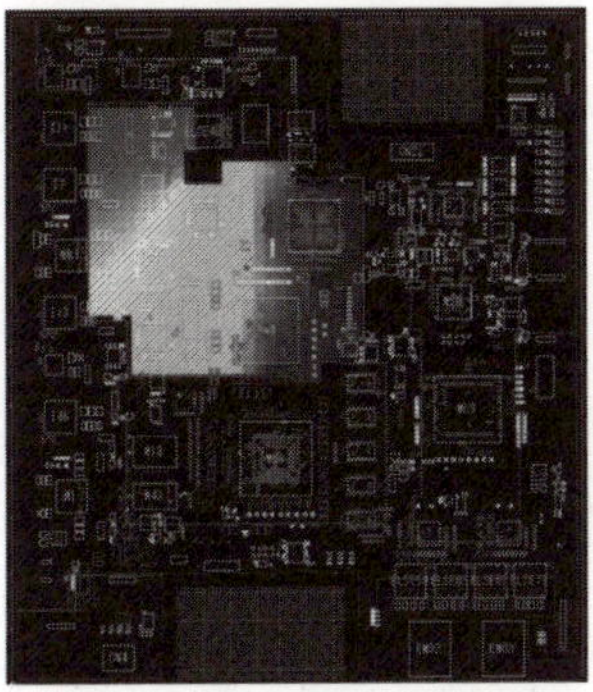

ルールベースのEMI解析結果(基板平面)

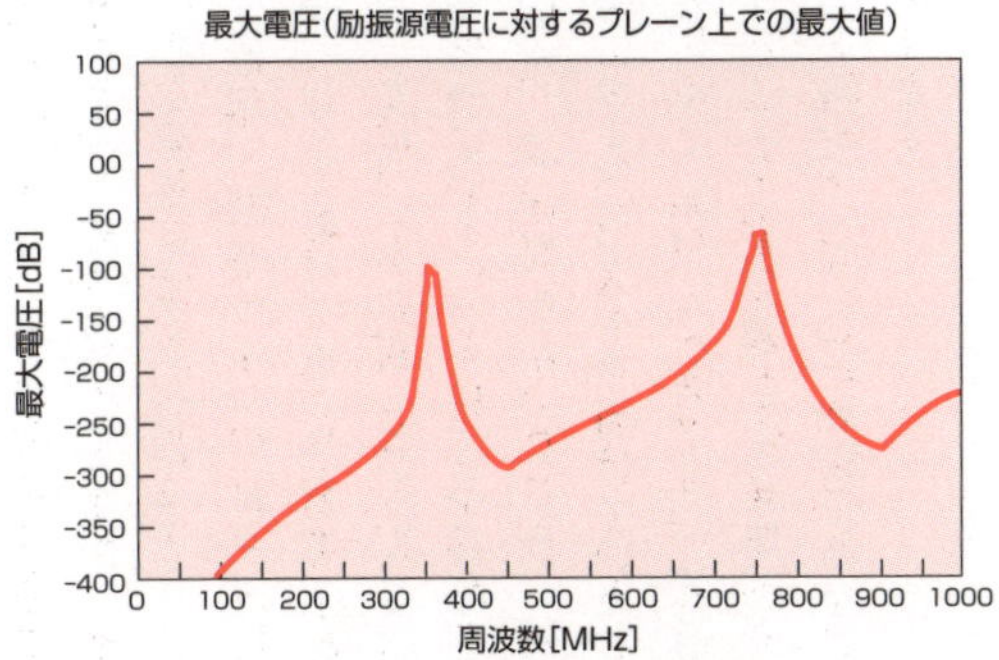

EMIプレーン共振解析結果

Column

検査で付加価値を生まないもの(NVA)でしょうか?

お客様先より、「フィールドでのプリント回路基板の故障発生は大問題となるため、IoT技術を活用して、プリント配線板自身の診断情報を発信し、自身が故障しそうになったら事前にアラームを発信するようなプリント配線板ができないものか?」と相談されたことがあります。近年ではダッシュボード上に、納入装置一覧を表示し、装置の稼働状況やメンテナンス要否情報をインターネット経由で監視できる装置も販売され、ビジネスに活用されているので、これをプリント配線板に拡張して考えられたことです。このようにIoTの進展で、今後のプリント配線板、プリント回路実装基板では品質を重視し、自己診断により基板の故障予測や故障個所情報を発信する機能が盛り込まれるのも夢物語ではなくなりそうです。この時の製造は国内で良いのではないでしょうか?

このようなプリント配線板の実現で一番重要なものがあります。製造段階で混入した不良は、後工程の検査で完全に選別することは不可能ということです。プリント配線板、プリント回路実装基板いずれにしても、使用材料、装置の管理が問題なく、製造工程が十分に管理され、不良発生を極力抑えられる信頼性のある製造ラインとしなければならないのは当然です。しかし、ライン管理範囲内ということでこの範囲内でのブレは生じます。できた製品が仕様に合った良品でも、独立した検査部門の保証をすることで、客先に安心を売ることができます。このことが重要で、企業の信頼を保つことになり、これが検査部門の付加価値になります。

したがって、プリント配線板は、正常な機能を持って製造されるのが当たり前なので、この良否を確認する試験を行なっても付加価値を生まない＝(Non Value Added)と言う方がいますが、その様な発言は全くの誤りです。

近年、製造ラインの良品率は高くなっており、高い品質を求めることはコストと言われています。価格が安いというだけで不良品を掴み、流通費を払いながら、対策に多大のコストを掛けていることに早く気付くべきです。身近なところで高品質な生産体制を整え推進することが急務であると考えます。

第4章

プリント配線板の材料

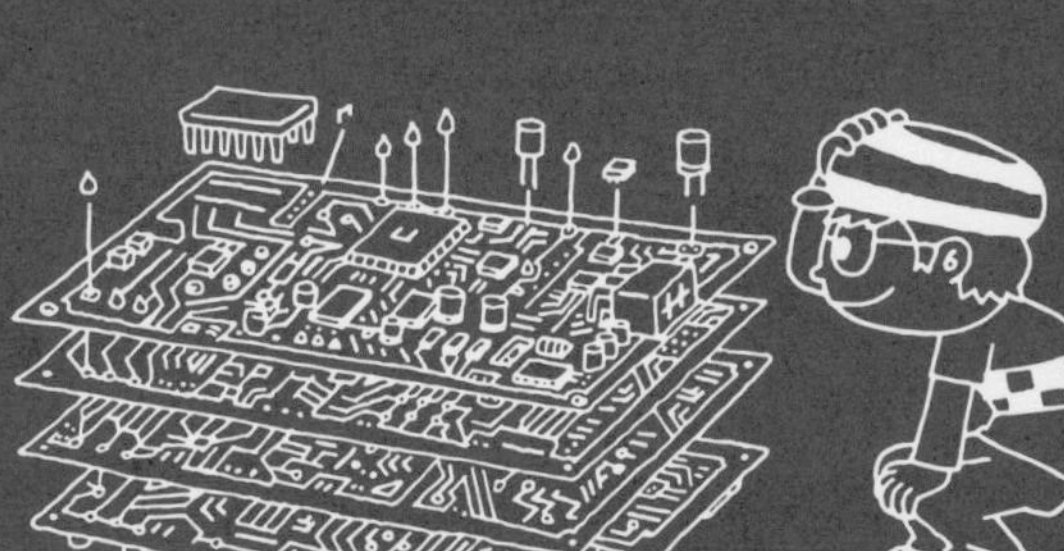

28 導電材料と絶縁材料

絶縁基板の形成

プリント配線板を製作するための板を絶縁基板と言います。この基板はプリント配線板を作る出発材料となるもので、断面は**図1**のように、銅箔などの導電材料と紙、ガラス布などの基材および有機樹脂の絶縁材料より構成されています。絶縁基板の必要特性を表に示しました。銅箔とプリプレグとを加熱加圧して接着して銅張積層板とし、これよりめっきスルーホール法でプリント配線板を作製します。プリント配線板のもう一つのプロセスであるビルドアッププリント配線板用の絶縁基板は、コア材として銅張積層板、その上に積み上げる材料として、フィルム状の絶縁材料を用います。

銅張積層板は**図1**のように、導体箔、樹脂、および、担体となる基材より構成されています。導電材料は導電率などを考えて銅箔を用いています。

銅箔の製造方法として電解法と圧延法があります。

絶縁材料となる樹脂には熱硬化性の①フェノール樹脂、②エポキシ樹脂、③イミド樹脂、熱可塑性の④フッ素樹脂、⑤液晶ポリマーなどがあります。

現在、最も標準的に使われているものがエポキシ樹脂で、耐熱性、誘電率など高度の特性を必要とする場合、高耐熱タイプなどが選択されます。

基材は絶縁基板の機械特性を向上するために用いるもので熱硬化性樹脂を基材にしっかりと固着させて板を構成します。基材としては絶縁性、機械特性などが良いガラス布が用いられています。

多層プリント配線板の接着シートとして、**図2**のようなガラス布に半硬化の樹脂を含浸したプリプレグを用います。

ビルドアップ基板では薄い絶縁材料を積み上げ、その間に導体を形成します。**図3**のような半硬化の樹脂をコーティングした樹脂付き銅箔、および**図4**のような半硬化熱硬化性樹脂フィルムのものがあります。フィルムの荷姿を**図5**に示しました。

要点BOX

- プリント配線板のもとになる絶縁基板
- 絶縁基板の機械特性を向上するために基材に樹脂を固着させたものを使う

絶縁基板

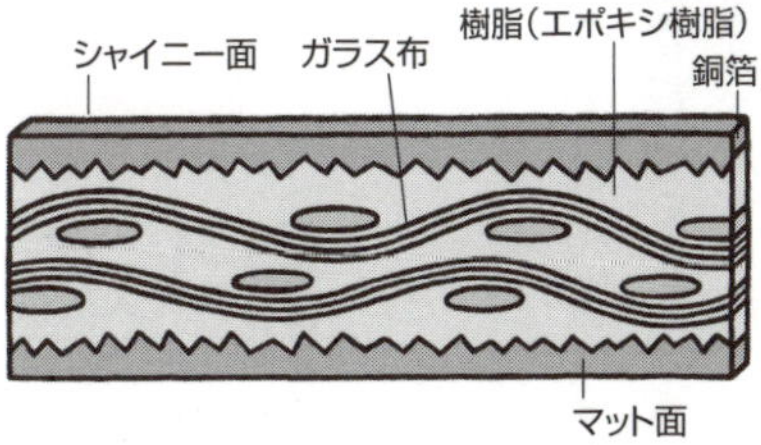

図1　リジッド用銅張積層板の断面

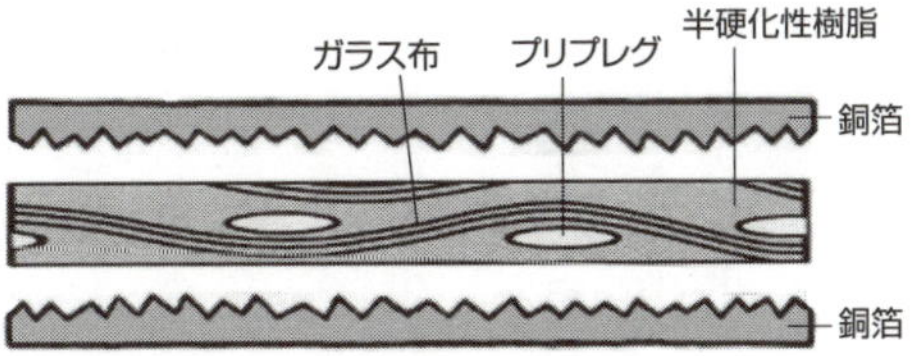

図2　積層板を構成する材料
（銅箔とリジットプリプレグ）

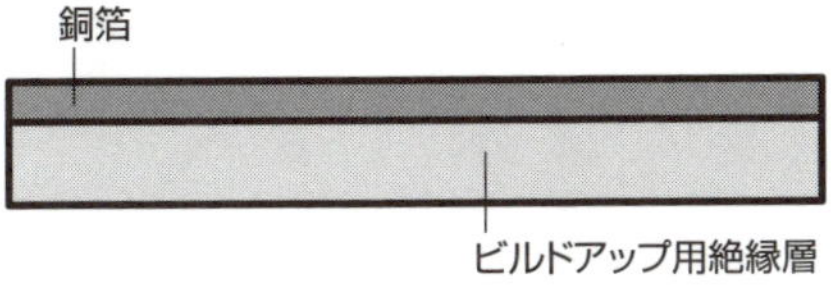

図3　樹脂付き銅箔の断面

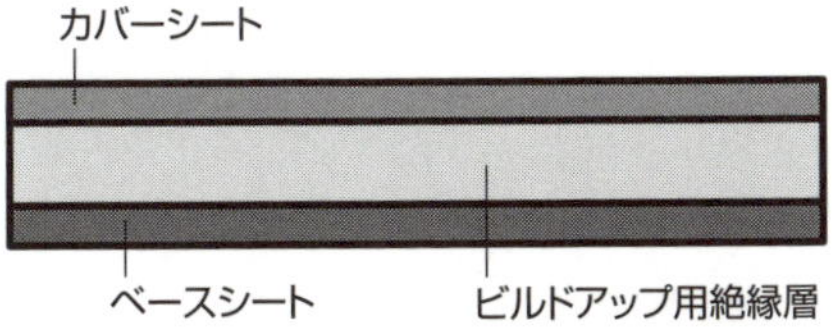

図4　熱硬化性樹脂フィルムの断面図

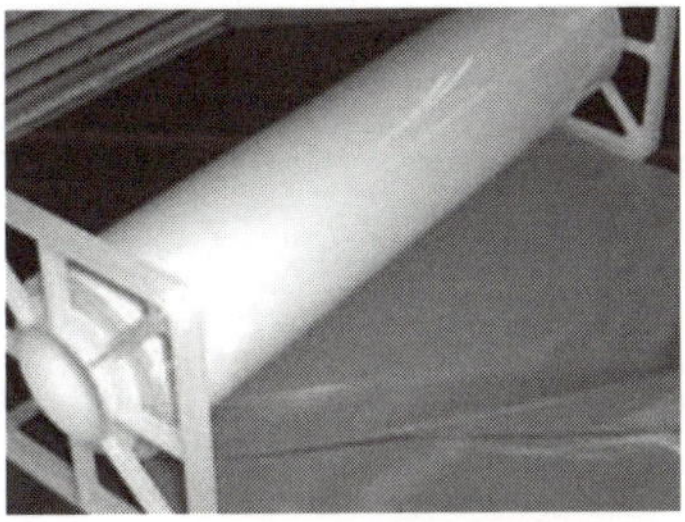

図5　ビルドアッププリント配線板用
絶縁材料の荷姿の例
（熱硬化性樹脂フィルムの構成）

絶縁基板の必要特性

配線板の加工時	・寸法安定性 ・耐熱性 ・平滑性 ・層間接着性 ・平滑面の接着性	・反り、ねじれ ・穴加工性 ・低レジンスミア ・めっき性 ・耐薬品性
部品実装時	・寸法安定性 ・はんだ耐熱性 ・反り、ねじれ ・銅箔の引きはがし強さ ・曲げ強度	
機器動作時	・導体の低抵抗 ・導体間の高絶縁性 ・特性インピーダンス ・伝送速度 ・導体の平坦性	・コネクタ端子部の板厚 ・稼働時の信頼性 ・耐熱性

29 導体材料 銅箔、ペースト

1．銅箔

プリント配線板の導体材料として、最も多く使用されているのは銅です。その理由は三つあります。

(1)電気伝導度が銀に次いで大きい
(2)容易に入手でき、比較的安価である
(3)めっき、エッチングなどの加工が容易である

金属銅は銅箔として、積層板に加工して用います。その製造法には圧延法と、電解法があります。

圧延銅箔は展延性に富み、フレキシブルプリント配線板に使われますが、コストが大きく、リジッドプリント配線板には電解銅箔が使われます。銅箔の厚さ㎛を単位として、3、5、12、18、35、70、140があり、幅が約1mのものまで作られています。

電解銅箔は製造が容易で、厚さ、幅の自由度があり、物性もある程度コントロールできます。電解銅箔の製造装置の概要を図1に示します。調整された電解液の中で、鏡面に研磨したチタンドラムを陰極とし、電解液中で回転して表面に銅を析出させ、所定の厚さで電極より剥離し、巻き取ります。銅箔は電極面と接した方が光沢のあるシャイニィ面、反対側は粗面でマット面となります。このマット面は銅張積層板の樹脂との接着面となり、接着力を大きくするために、さらに図2の装置で表面処理や粗化を行い、次いで、樹脂と親和性の良い亜鉛、ニッケルなどを析出させ、防錆剤などをコーティングしています。これは一般銅箔のプロセスで、その断面を図3(a)に示しました。

しかし、電気特性向上には不向きで、図3(b)に示すようなプロファイルの小さい銅箔が実用化しています。

2．導電ペースト

金属を微細化し、安定剤、担体などでペースト状にしたもので、これをスクリーン印刷、ジェット印刷などで絶縁基板上に導体パターンを形成する方法も開発されています。金属として、金、銀、銅などがあります。

要点BOX

●導体材料として多く使われているのは銅
●リジット板には電解銅箔が使われている
●電気特性を向上するロープロファイル銅箔

導体材料としての銅

銅の電気伝導度、製造工程など

金属の電気伝導度

金属	伝導度
銀	1.63×10⁻⁸Ω·m
銅	1.74×10⁻⁸Ω·m
金	2.3×10⁻⁸Ω·m
アルミニウム（純度99.6%）	3.2×10⁻⁸Ω·m

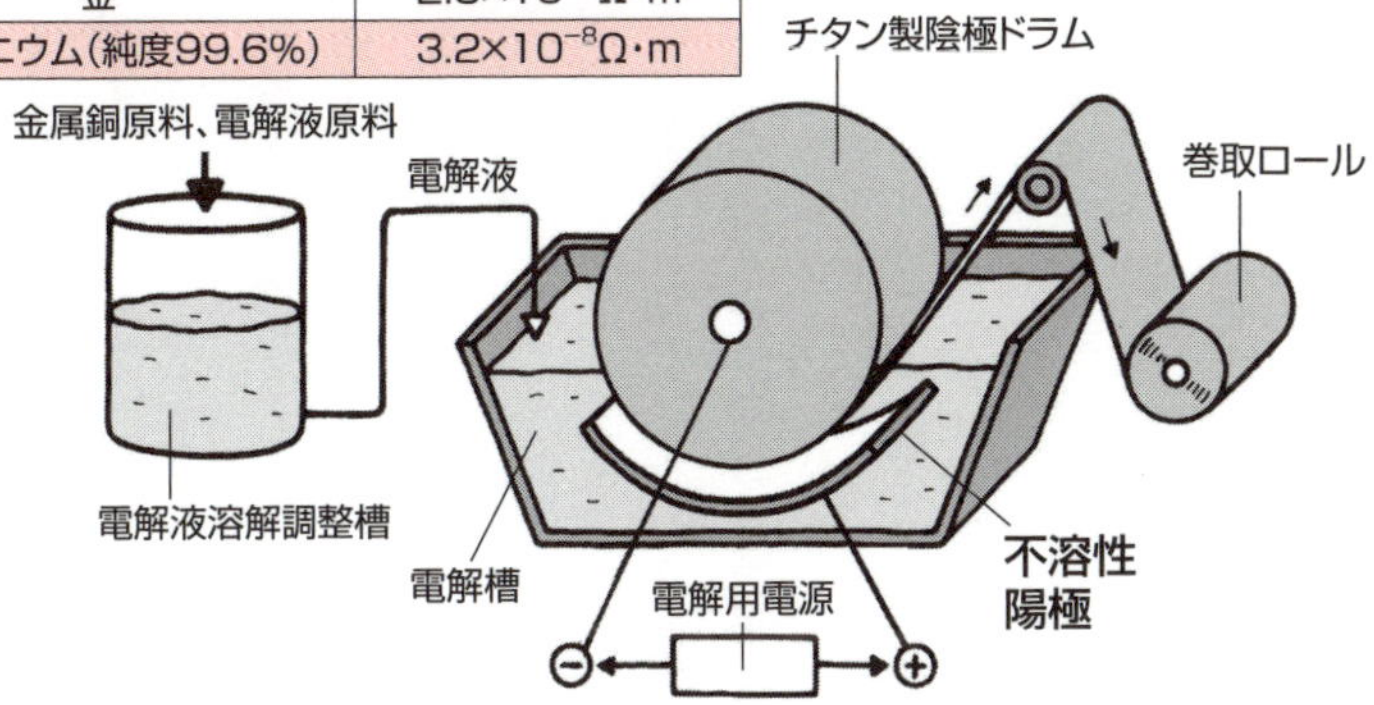

図1　電解銅箔製造工程

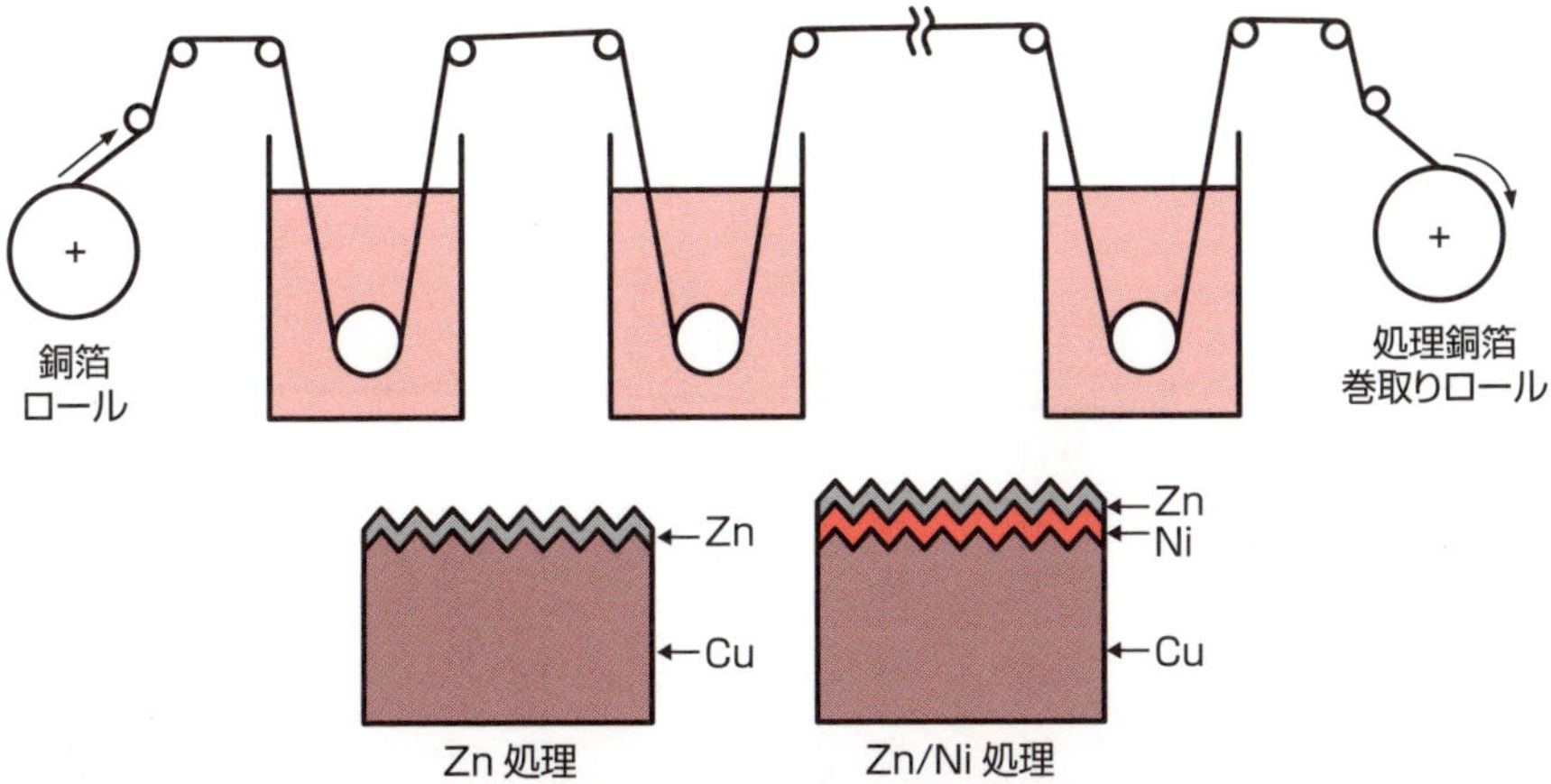

図2　電解銅箔の電解後の表面処理

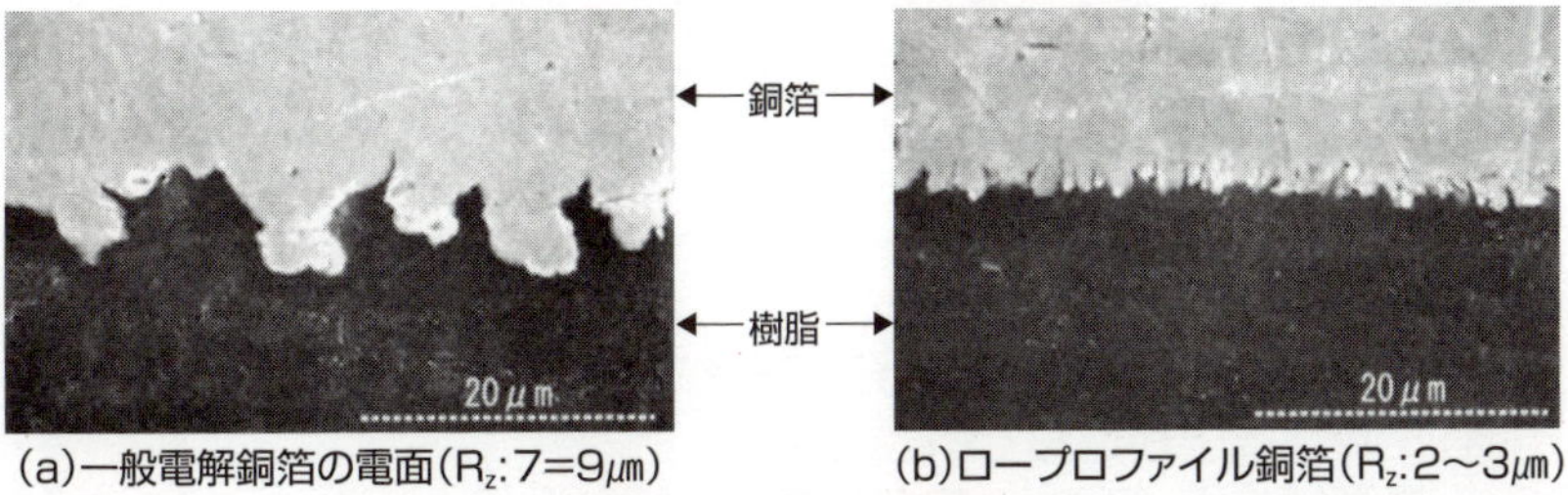

(a)一般電解銅箔の電面（R_z:7=9μm）　(b)ロープロファイル銅箔（R_z:2～3μm）

図3　電解銅箔の断面

30 基材としてのガラス布の材料

基材はガラス布が主な材料

基材は樹脂の担体で、積層板としたときの強度や寸法安定性を保持するために用いるもので、プリント配線板には主にガラス布が使われています。ガラス布（ガラスクロス）は直径3–15μmのガラス繊維を100本以上合わせて紡糸し、撚り合わせたもので、これを縦糸、横糸にして織ったものです。ガラス布はほとんどが**図1**のような平織りです。ガラス布の構成例を**表1**に示しました。

この布にエポキシ樹脂、イミド樹脂などのワニスを含浸、プリプレグを作ります。ガラス布の厚さは20～200μm程度のものがあります。樹脂の特性と合わせて、電気特性、耐熱性、機械的特性を持たせることにより、高度の銅張積層板とすることができます。ガラス繊維の組成と特性を表2に示します。電気絶縁性が重要ですので、アルカリ分の少ない電気特性の良いEガラスが使われています。低誘電率にするためにQガラス、Dガラスがありますが、加工が困難です。最近、EガラスをĐ改良したNEガラスなどが開発されています。また、低誘電率プリント配線板を実現するための**表3**のような低誘電率ガラスが開発されています。

ガラスと樹脂の接着力を向上するために、**図2**のように両者に適合するカップリング剤をガラス繊維にコーティングします。また、繊維束を広げ、樹脂の含浸を良くするために開繊を行います。ガラス布の繊維束を広げるとともに、扁平にし、積層板全面の電気特性を改善も行われています。

ビルドアッププリント配線板の樹脂の構成は種々なものがありますが、銅箔とガラス布で絶縁層を構成する場合には、レーザ穴あけ性をよくするために、ガラス繊維の分布を面全体に均一にした布が有用です。

その他の基材に用いる布としてガラス不織布があります。液晶ポリマーなどの樹脂繊維布は、誘電特性などが特に必要なものに使われています。

要点BOX
- ●銅張積層板には主にガラス布が使われており、特性向上が進んでいる
- ●電気特性、接着力、穴あけ性で対策が進展

表1　ガラス布の構成例

スタイル	密度（本/インチ）			公称厚さ	重量
	縦	X	横	μm	g
101	75		75	24	16.3
106	56		56	33	24.4
108	60		47	61	47.5
1080	60		47	53	46.3
116	60		58	102	105
7628	44		32	173	204.4

青木正光氏資料（2017）より抜粋

図1　平織のガラス布

表2　ガラス繊維の組成と特性

項　目		Eガラス	NEガラス	Dガラス	Tガラス	Qガラス
組成	SiO_2（wt %）	52〜56	52〜56	72〜76	62〜65	99.97
	Al_2O_3（wt %）	12〜16	10〜15	0〜5	20〜25	
	CaO（wt %）	16〜25	0〜10	0.0	0	
	B_2O_3（wt %）	5〜10	15〜20	20〜25	0	
	MgO（wt %）	0〜5	0〜5	0.0	15〜20	
	Na_2O,K_2O（wt %）	0〜1	0〜1	3〜5	0〜1	
	TiO_2（wt %）	0	0.5〜5	0	0	
特性	軟化温度（℃）	840	840	840	840	1670
	比重	2.58	2.58	2.58	2.58	2.20
	誘電率（1MHz/10GHz）	6.6/6.6	6.6/6.6	6.6/6.6	6.6/6.6	3.89
	誘電正接	0.0012/ 0.0066	0.0007/ 0.0035	0.0008/ 0.0056	0.0016/	0.0002/
	熱膨張係数（mm×10^6/mm℃）	5.50	3.40	2.15	2.49	2.20

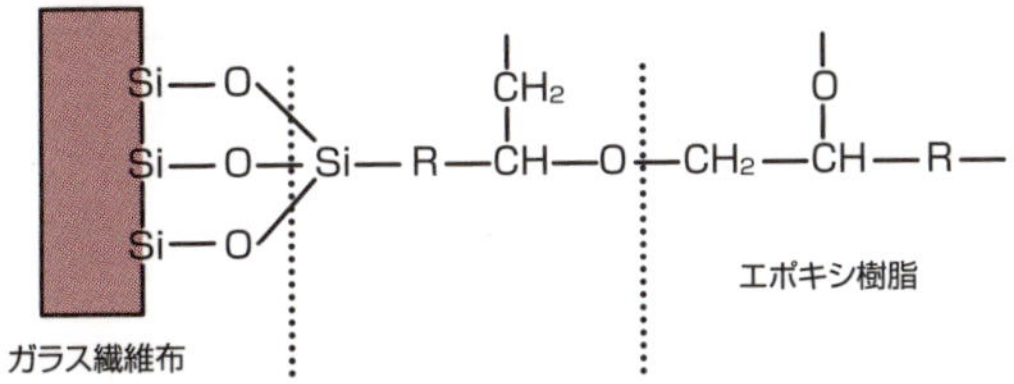

図2　カップリングの機構

表3　低誘電特性のガラス布

高周波誘電特性:誘電率、誘電正接tanδ

			E- Glass	Low-Dk Glass
誘電率Dk	1GHz	Cavity resonator	4.1	3.5
	3GHz		4.1	3.5
	10GHz		3.9	3.3
tanδ Df	1GHz	Cavity resonator	0.0116	0.0107
	3GHz		0.0122	0.0108
	10GHz		0.0138	0.0118

【試験条件】
ガラス布の種類：IPC1280 type　厚さ：0.070mm/シート　樹脂：Low Dk type epoxy resin

31 積層板用絶縁樹脂・熱硬化性樹脂①

汎用に使われているフェノール樹脂とエポキシ樹脂

絶縁基板を構成する絶縁樹脂の必要特性は表1に示します。種類として次のようなものがあります。

①フェノール樹脂、②エポキシ樹脂、③イミド樹脂、④BT樹脂、⑤アリル化フェニレンエーテル樹脂（A-PPE樹脂）、⑥フッ素樹脂、⑦液晶ポリマー、⑧その他です。①～⑤は熱硬化性で、⑥～⑦は熱可塑性です。最も多く使われているものはエポキシ樹脂、低価格品にはフェノール樹脂、耐熱性品としてイミド樹脂、BT樹脂、低誘電率品としてA-PPE樹脂、フッ素樹脂、液晶ポリマーなどが使われています。

ここでは汎用に使われているフェノール樹脂とエポキシ樹脂を記述します。

・フェノール樹脂

フェノール類とホルムアルデヒドをアンモニア触媒で縮重合させ樹脂としたもので、電気絶縁性などは他に比べて劣りますが、コストを優先する電子機器に用いられます（**図1**）。

・エポキシ樹脂

図2(A)のようにビスフェノールAとエピクロロヒドリンを重合した、エポキシ環を持つ樹脂で、これに硬化剤を加えてプリプレグを作ります。さらに、加熱することにより、エポキシ環が開環、三次元構造の熱硬化性樹脂となります。難燃化するために、(B)の臭素化ビスフエノールAを用いたエポキシ樹脂が使われていました。また、(C)のノボラック型エポキシ樹脂を用いたものもあります。最近では4官能基のエポキシ樹脂も使われるようになってきました。

しかしハロゲン化合物はダイオキシンが発生する危険があるという問題でRoHSの規制が法制化され、リン系や窒素系の難燃剤などでハロゲンフリーとしています。エポキシ樹脂を用いた銅張積層板は電気絶縁性、耐湿性、耐めっき性などに優れ、めっきスルーホール両面板、多層板として、高信頼性のプリント配線板とすることができます。

要点BOX
- ●絶縁基板を構成する絶縁樹脂
- ●フェノール樹脂は低価格品用
- ●特性に優れたエポキシ樹脂が最も使われている

図1　重合したフェノール樹脂

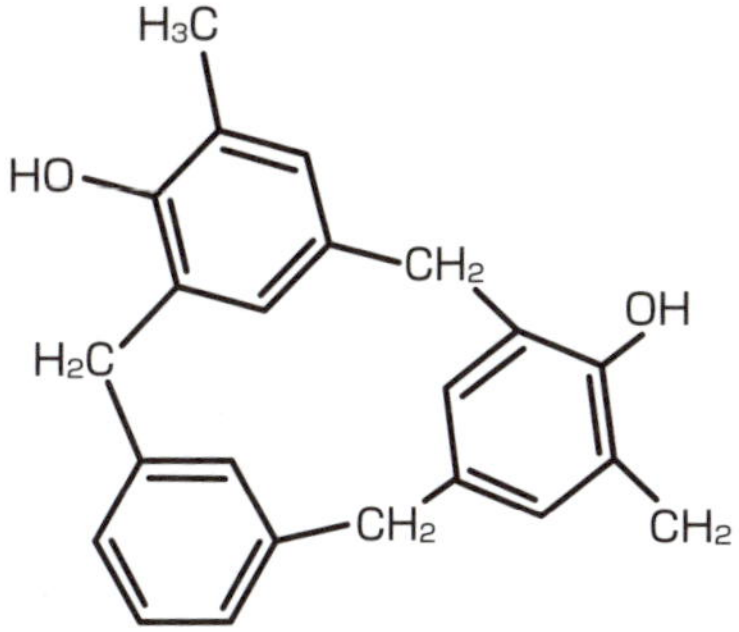

表1　絶縁樹脂の必要特性

■電気特性
- 導体間の絶縁性
- 低誘電率
- 低誘電損失

■機械的特性
- 導体の接着強度
- はんだ耐熱性
- 熱膨張率
- 絶縁基板の曲げ強度
- 寸法安定性

■化学的特性
- 耐エレクトロケミカルマイグレーション
- 耐薬品性･めっき液など処理液への安定性
- 微細有孔度
- 耐燃性

■製造作業性
- 無電解銅めっきの密着性
- 取り扱い性

図2　エポキシ樹脂の構造

FR-4 のエポキシ

(A) ビスフェノールA—エピクロロヒドリン樹脂

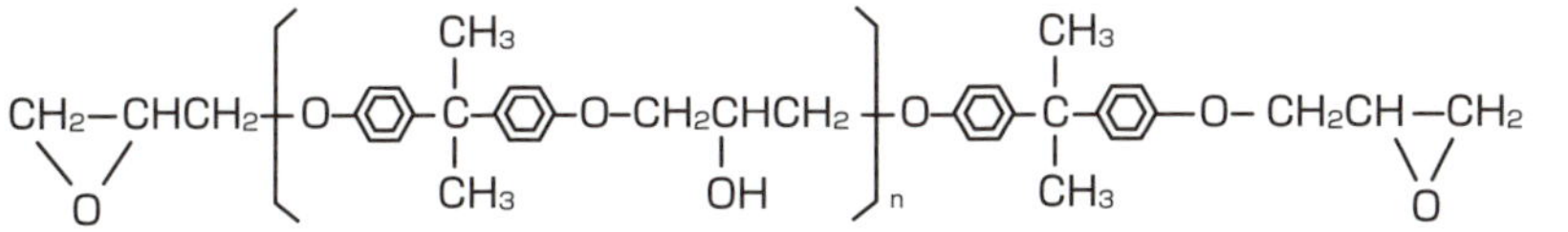

(B) 臭素化エポキシ樹脂

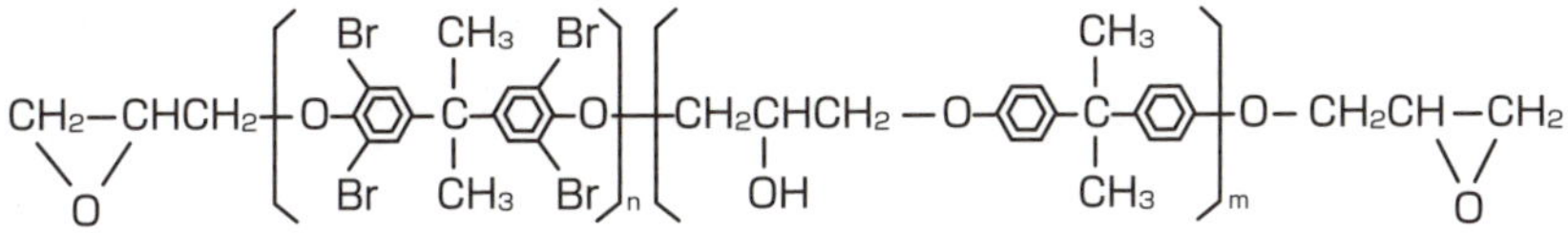

(C) ノボラック型エポキシ樹脂

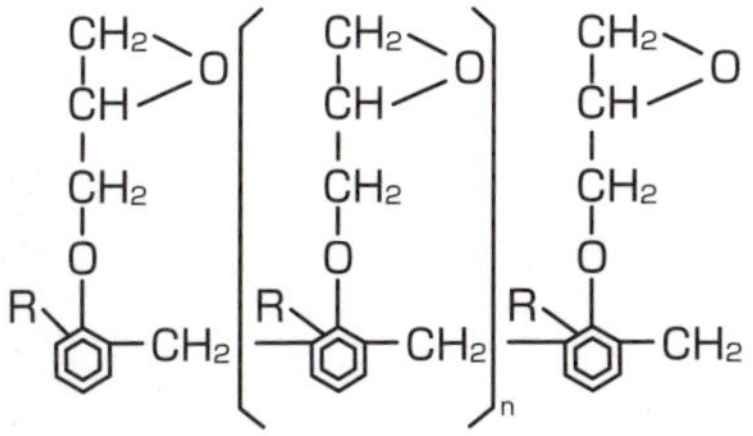

R = H：フェノールノボラック型
R = CH_3：クレゾールノボラック型

4官能エポキシ樹脂

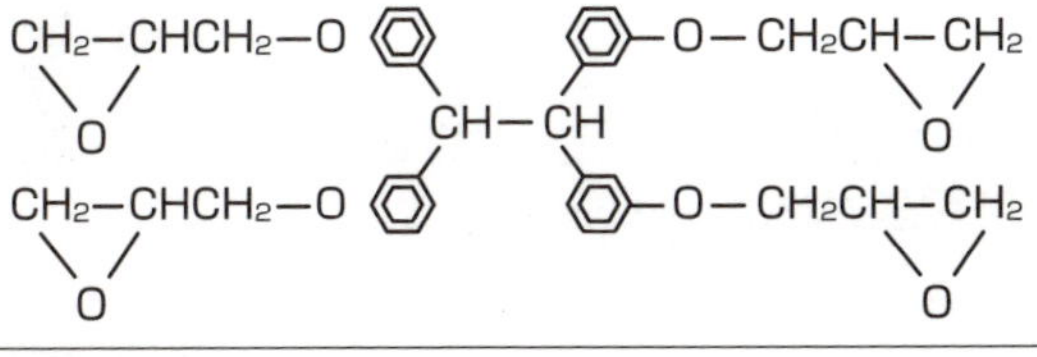

32

積層板用絶縁樹脂・熱硬化性樹脂②

注目される高機能樹脂

汎用樹脂に比し、耐熱性、低誘電率性を持つ樹脂について説明します。

1．イミド樹脂（ポリイミド）

イミド樹脂は図1のように無水マレイン酸とジアミノジフェニルメタンのようなジアミン化合物とを重合した樹脂で、熱硬化性イミド樹脂となります。ケルイミドが代表的なものです。高価で、吸水性がやや大きいが、電気絶縁性、誘電特性、耐熱性や高温寸法安定性などに優れています。付加価値の大きい高密度・高多層プリント配線板用の材料、あるいは高温の鉛フリーはんだ用として耐熱性を求める場合の絶縁材料に適しております。

2．ビスマレイミドトリアジン樹脂（BT樹脂）

ビスマレイミド類とトリアジン化合物を重合して作られた樹脂で、日本で開発されたものです。ポリイミド樹脂と同様に電気特性、耐熱性に優れた特性を持っており、LSIのパッケージ基板（インターポーザ）などに用いられています。図2に推定される構造式を示しました。

3．アリル化フェニレンエーテル樹脂（A-PPE樹脂）

図3に示したように、熱可塑性樹脂のポリフェニレンエーテルをアリル化することで熱硬化性樹脂にしたものです。この樹脂は誘電率がほかの樹脂に比べて低く、電気特性、耐熱性、耐薬品性などに優れており、低誘電率材積層板として注目されています。他にPPEと他の樹脂との共重合で誘電率を改善しているものがあります。

最近では大電流制御のため、SiCを用いたインバータの開発が著しく進んできています。この素子は高温下で動作しますので、耐熱性絶縁基板の要求が高まってきました。現在、開発中のものが多く、定まったものはまだありませんが、特殊な硬化剤によるエポキシ樹脂などが報告されています。耐熱性が要求に合わない場合にはセラミック基板の適用も考えられます。

要点BOX

- 耐熱性樹脂の代表的なものはポリイミド、BT樹脂、低誘電率性として開発されたA-PPE樹脂

図1　イミド樹脂

(a)イミド樹脂の出発材料

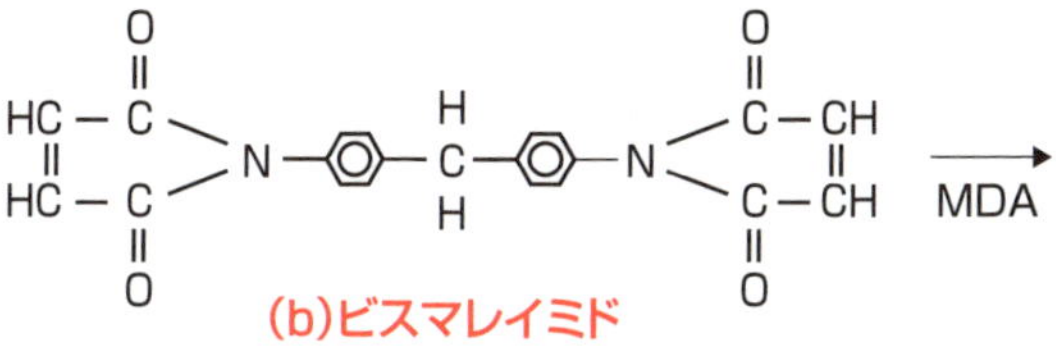

(b)ビスマレイミド

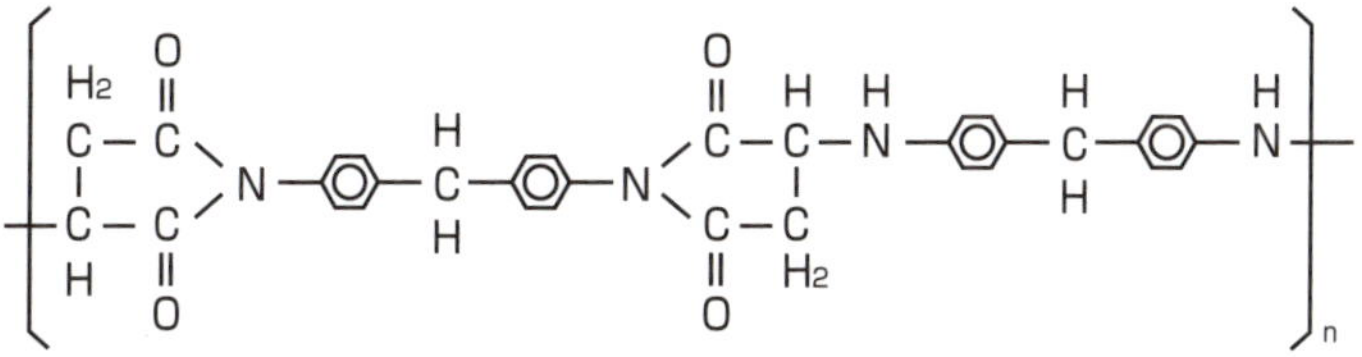

(c)ケルイミド（PABM）

図2　ビスマレイミドトリアジン樹脂

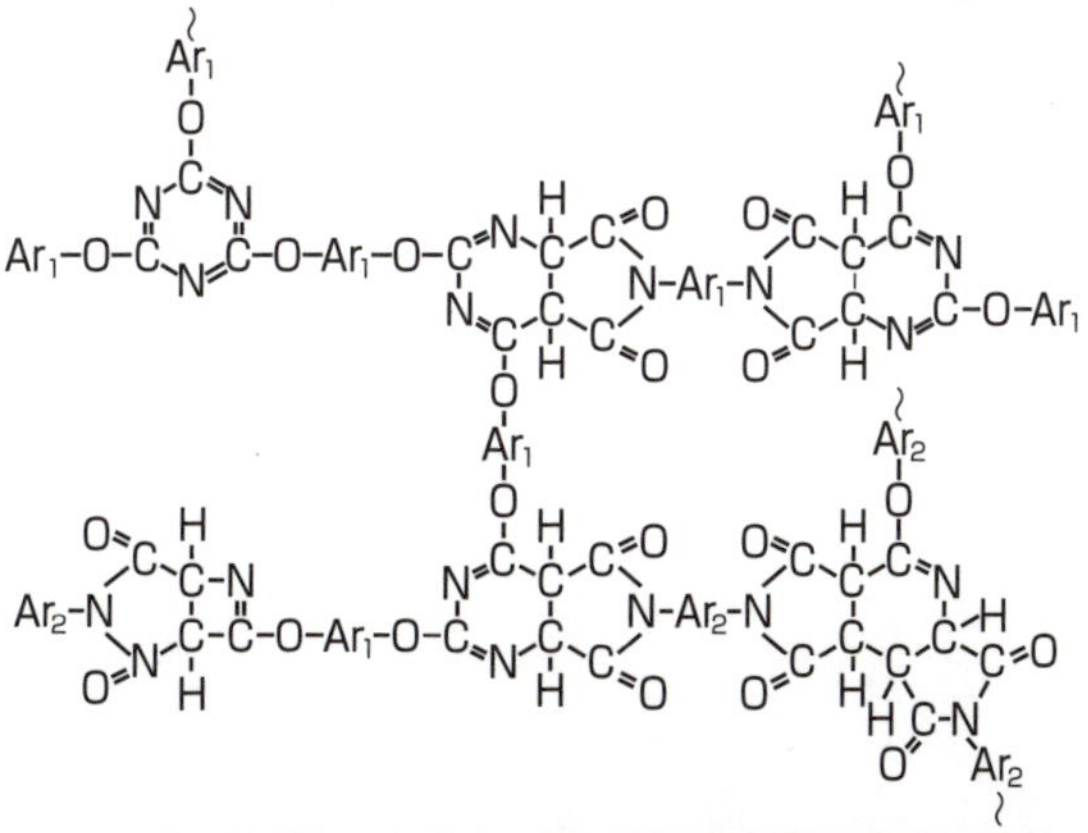

図3　アリル化フェニレンエーテル樹脂

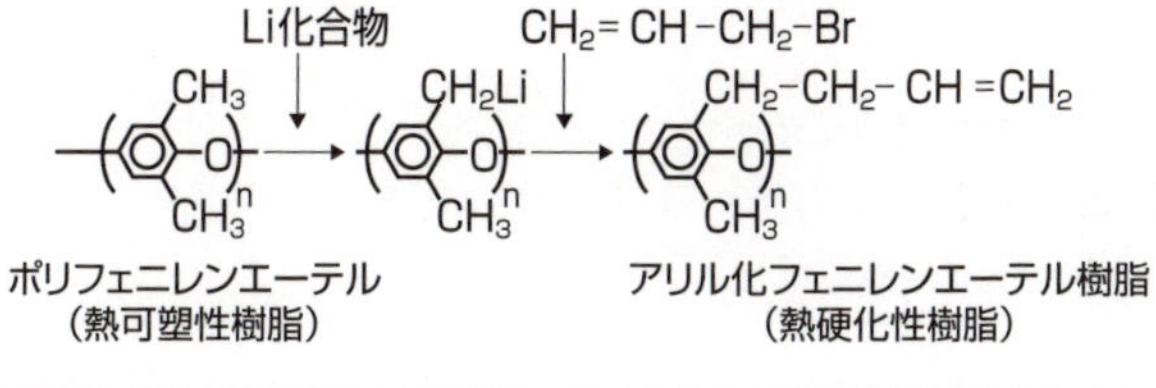

33 積層板用絶縁樹脂・熱可塑性樹脂

熱に強い熱可塑性の配線板用樹脂材料

プリント配線板に使われる樹脂には熱硬化性樹脂が適しています。しかし、一部ではエンジニアリングプラスチックと言われる耐熱性熱可塑性樹脂を用いたプリント配線板が考えられています。その材料としてテトラフルオロエチレン樹脂（PTFE）、液晶ポリマー、ポリエーテルエーテルケトン、ポリエーテルスルフォン、などがあります。

1．テトラフルオロエチレン樹脂

低誘電率、低誘電損失、絶縁特性に優れた材料ですので、超高速、高周波用のプリント配線板として用いられます。この材料の溶融温度は400℃と非常に高いものです。多層化の場合、ボンディングシートとして同系の樹脂で溶融温度の低いものを用います。しかし、熱硬化性樹脂と異なり、作業温度は高温になりますので、高温の熱プレスを必要とします。

2．液晶ポリマー

液晶ポリマーにはいくつかの種類があり、図に耐熱性のある二種の化学式を例として示しました。この種のものは低誘電率、低誘電損失の特性を持ち、また、柔軟性のフィルムとなり、フレキシブルプリント配線板材料として開発されています。

3．その他の耐熱性熱可塑性樹脂

プリント配線板用に開発された、ポリエーテルエーテルケトン、ポリエーテルスルフォンを示しました。

いずれにしても、多層板を作製する場合、層間を接着するためのボンディングシートが必要です。原則としてボンディングシートはパターンを形成している絶縁基板材料よりも溶融温度の低いものを使用するのが一般的です。これは、パターン形成した絶縁基板を溶融させないためです。したがって、プリント配線板全体の耐熱性は、ベースの材料の耐熱性と異なり、ボンディングシートの耐熱性となり低くなります。一部には絶縁基板自体を軟化させて接着させている例もあります。

要点BOX

- ●耐熱性のある熱可塑性樹脂の材料
- ●高速、高周波用のテトラフルオロエチレン樹脂
- ●有力候補の液晶ポリマー

テトラフルオロエチレン樹脂

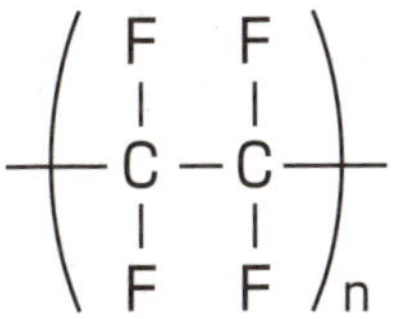

液晶ポリマーの構造式(例)

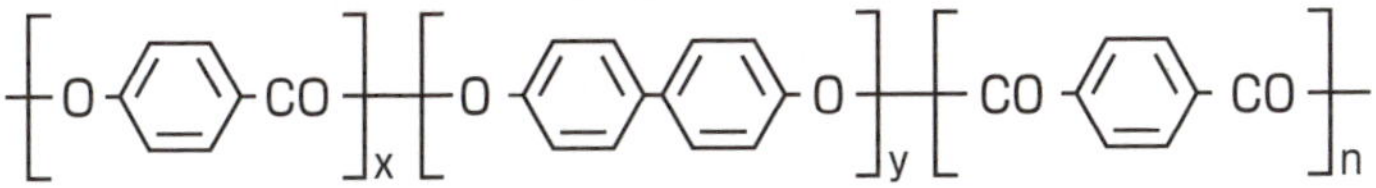

Type2：耐熱性 300℃以上
(フェノールおよびフタル酸とパラヒドロキシ安息香酸との重縮合体)

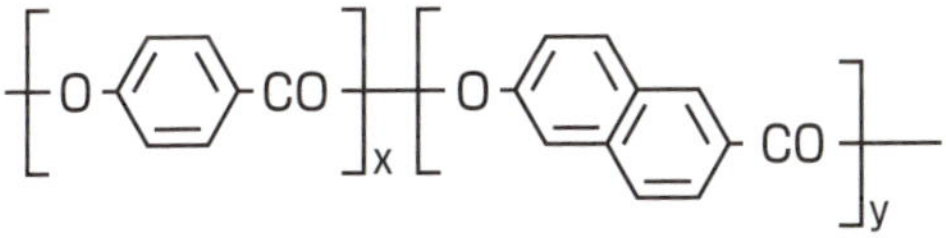

Type3：耐熱性 240℃以上
(2、6-ヒドロキシナフトエ酸とパラヒドロキシ安息香酸との重縮合体)

ポリエーテルエーテルケトン(PEEK)の構造式

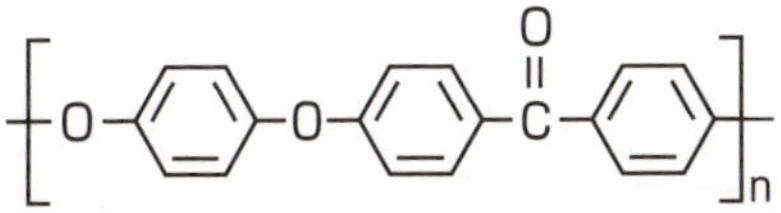

ポリエーテルスルフォン(PES)の構造式

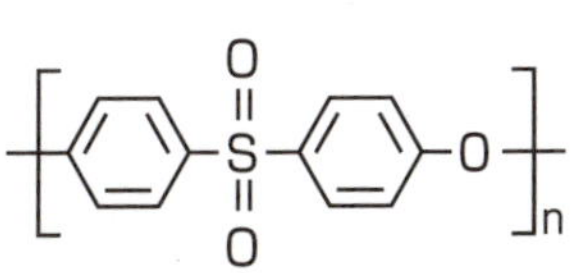

34 リジッド用銅張積層板の種類

剛性のあるプリント配線板

1　紙基材フェノール樹脂銅張積層板

紙を基材とし、フェノール樹脂を用いて銅箔を接着した銅張積層板です。銅箔との接着を良好にするために、銅箔に接着剤をコーティングしたものを用います。

この材料には片面板と両面板があります。紙基材はめっきには不向きですので、めっきスルーホール板はほとんど作られていません。また、電気特性、機械的特性などもガラスエポキシ材に比べ劣ります。しかし、積層板の価格が安いので、比較的低コストの電子機器に適用されています。

2　ガラス布基材エポキシ樹脂銅張積層板

ガラス布を基材とし、エポキシ樹脂の銅張積層板で、めっきスルーホール法による多くの両面、多層のプリント配線板の絶縁基板として使われている最も普及している材料です。電気特性、機械的特性などが優れています。両面プリント配線板、多層プリント配線板の出発材料として主要なものです。

銅張積層板は図1のように、基材に樹脂を含浸、加熱して樹脂を半硬化状態としたプリプレクを作ります。これを、図2のように銅箔とプリプレグを編成し、高温で加熱、加圧して樹脂を溶融・硬化させて銅張積層板とします。その特性例を表に示しました。現在では、さらに高度の特性を持つエポキシ積層板が開発されています。

3　ガラス布基材耐熱性樹脂銅張積層板

耐熱性樹脂として、イミド樹脂、BT樹脂、A-PPE樹脂の銅箔積層板があります。多くの特性が良く、使いやすい材料です。

4　ガラス布基材熱可塑性樹脂銅張積層板

熱可塑性樹脂の積層板は熱硬化性樹脂積層板に比し少ないが、必要に応じ作られています。代表的なものは四フッ化エチレン樹脂(テフロン)の積層板です。電気特性に優れており、耐熱性の良いものです。多層板作製のためにプリプレグも作製されています。

要点BOX
- ●銅張積層板は樹脂、基材、銅箔により構成する
- ●紙基材フェノール樹脂は低コスト用
- ●プリント配線板の代表的樹脂材料はガラスエポキシ

図1　プリプレグの塗布乾燥装置（トリーター）

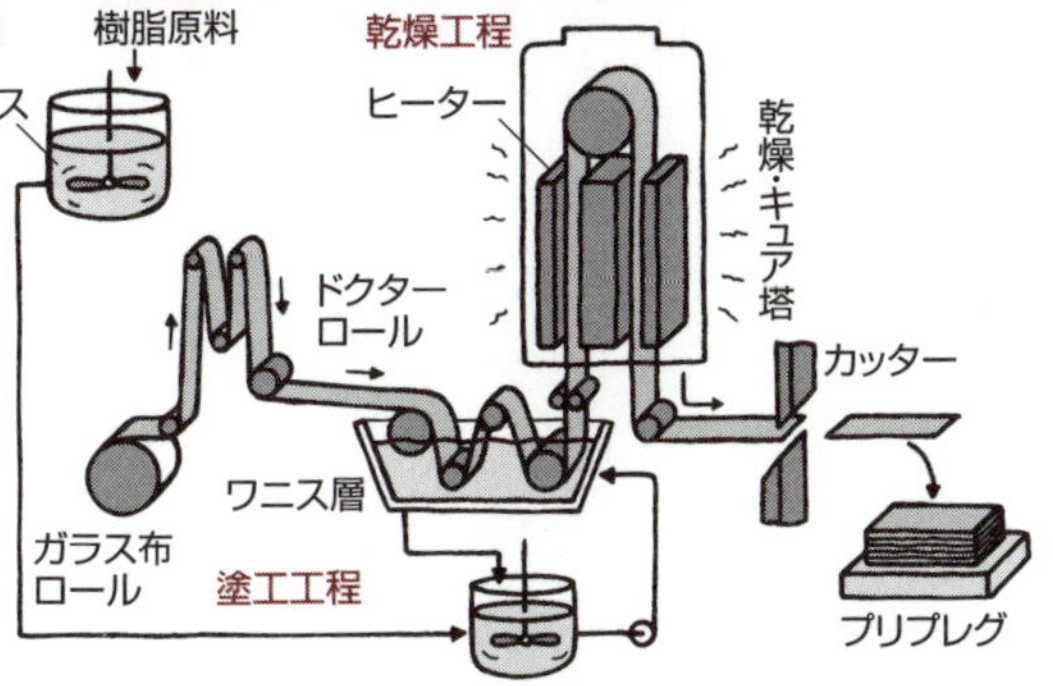

図2　銅張積層板の製造装置

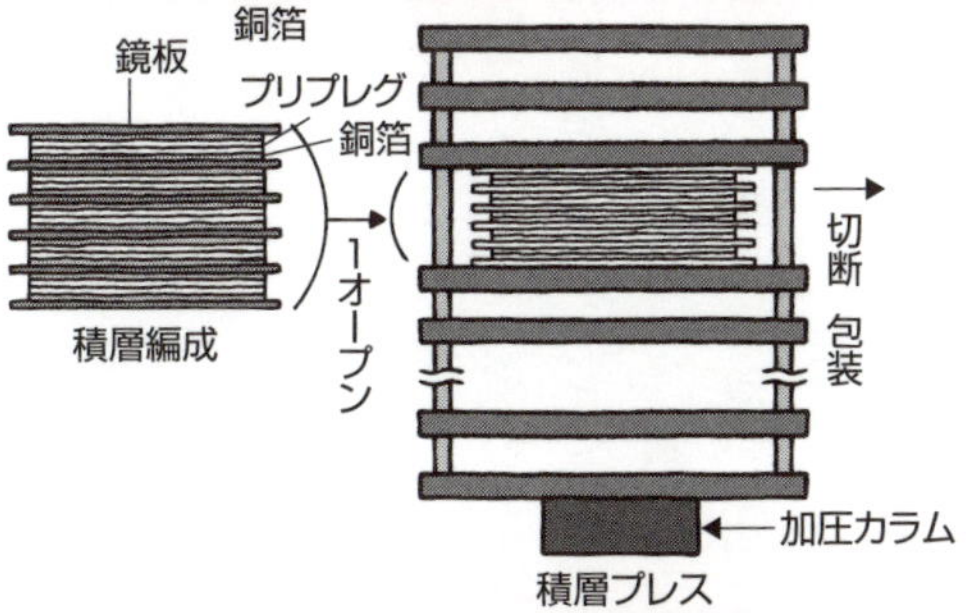

多層プリント配線板用銅張積層板の特性例

エポキシ樹脂積層板

種類	樹脂系	難燃性	ガラス転移点（℃）	はんだ耐熱性	熱膨張係数（Z方向）		吸水率（%）	誘電率	誘電正接
					α_1:ppm/℃	α_2:ppm/℃		(1MHz/1GHz)	(1MHz/1GHz)
汎用エポキシ樹脂積層板 G-10	エポキシ樹脂系 G-10	94HB	DMA：130	>300sec (260℃)	50		E-24/50+D-24/23：0.09	C-96/20/65：4.3/-	C-96/20/65：0.020/-
汎用エポキシ樹脂積層板 FR-4	エポキシ樹脂系 FR-4	94V-0	DMA：150～190 TMA：120～150	>120sec (260℃)	65	250	PCT 4hrs: 1.00～1.10 E-24/50+D-24/23：0.06	C-96/20/65：4.4～4.8/ 4.3～4.8	C-96/20/65：0.013～0.017 0.014～0.025
高Tg エポキシ樹脂積層板 FR-4 (FR-5)	エポキシ樹脂系 FR-4	94V-0	DMA：205～215 TMA：173～183	>300 (260℃)	50～60	250	PCT 5hrs：0.56	C-96/20/65：4.7/-	C-96/20/65：0.015/-
高Tg 低熱膨張率エポキシ樹脂積層板 FR-4	エポキシ樹脂系 FR-4	94V-0	TMA：170～175 DMA：195～200	>120sec (260℃)	40	250	0.05～0/07	C-96/20/65：4.6～4.8/ 4.2～4.6	C-96/20/65：0.014～0.015/ 0.019～0.026
高Tg 低誘電率エポキシ樹脂積層板 FR-4	エポキシ樹脂系 FR-4	94V-0	TMA：185～195	D-2/100 >20 (260) PCT4/121 >20 (260)	50～15		0.05～0/07	3.5～3.7/ 3.4～3.6	0.0025～0.0045/ 0.0045～0.065
ハロゲンフリーエポキシ樹脂積層板 FR-4	ハロゲンフリーエポキシ樹脂系 FR-4	94V-0	DMA：170 DSC：148	>120 (260℃)	40			C-96/20/65：4.9 / 4.6	C-96/20/65：0.01/0.01
ハロゲンフリー耐熱エポキシ樹脂系積層板 FR-4	ハロゲンフリーエポキシ樹脂系 FR-4	94V-0	TMA：170～220	異常なし (D-2/100+S-20s/260℃)	16～30	85～120	E-24/50+D-24/23：0.16	C-96/20/65：4.7～5.3/-	C-96/20/65：0.006～0.015/-

35 ビルドアッププリント配線板用の絶縁基板

高密度配線を実現する材料

ビルドアッププリント配線板はコア基板に絶縁層と導体層を交互に積み上げて、多層プリント配線板としします。リジッドプリント配線板の一つで、層間距離が小さく、銅張積層板とは異なるものを使います。

絶縁材料は樹脂（Bステージ）付き銅箔（極薄銅箔）、極薄銅箔とプリプレク、および、熱硬化性樹脂の三種類です。コア基板は薄い両面または、多層プリント配線板を用います。樹脂付き銅箔は銅箔に樹脂をコーティングし半硬化させたものです。

銅箔／プリプレグや薄葉積層板／プリプレグ、樹脂付き銅箔は、従来の銅箔とプリプレグを組み合わせたもので、熱硬化性樹脂フィルムは保護フィルムで挟み込む三層構造としています。これらの材料はハロゲンフリー、耐熱性、低熱膨張率のものがそれぞれ作られています。これらはコア基板に形成した後は、ほぼ同じようなプロセスで作られます。

1　樹脂付き銅箔

従来の銅張積層板に用いられている銅箔、特に極薄銅箔に熱硬化性樹脂で半硬化のBステージの樹脂をコートしたものです。その構造を**図1**に、その特性を**表1**に示しました。銅箔の厚さは12㎛や3㎛があります。製造は穴あけを除き、従来の多層板の製造プロセスを用いることができます。取り扱いが容易で、銅箔の密着性もこれまでの銅張積層板と同程度のものとなります。

2　銅箔／プリプレグ

薄い銅箔と薄いプリプレグを別々に用意し、プレスにより両者をコア材に積層し、絶縁層を形成します。積層後は樹脂付き銅箔と同じ構成です。絶縁層がガラス布で補強され、強度が大きくなります。

3　熱硬化性樹脂フィルム

この樹脂は銅箔がなく、フィルム状でラミネートします。**表2**に樹脂の特性を**図2**に構造を示しました。

要点BOX
- ビルドアップ基板は層間距離が小さく、一般の銅張積層板とは材料が違う
- ハロゲンフリー、耐熱性、低熱膨張率がポイント

ビルドアップ用絶縁基板の構造と特性

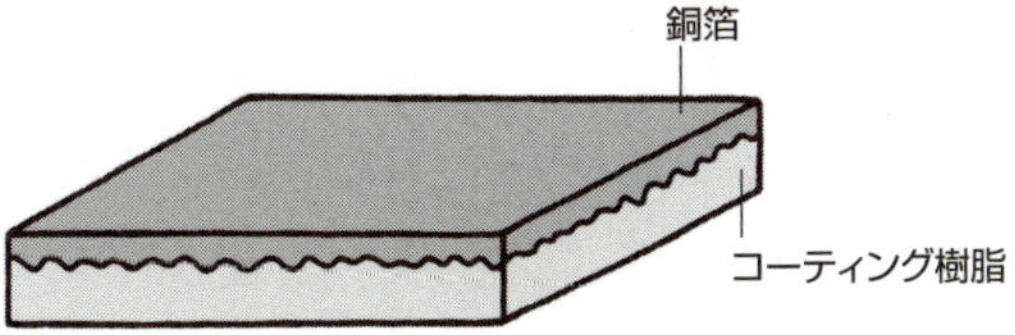

図1　ビルドアップ用樹脂付き銅箔

表1　ビルドアップ用樹脂付き銅箔の特性

	樹脂	絶縁厚さ(mm)	ガラス転移点(℃)	はんだ耐熱性(260℃ 秒)	熱膨張係数		誘電率(1MHz /1GHz)	誘電正接(1MHz /1GHz)
					α1:ppm/℃	α2:ppm/℃		
汎用樹脂付き銅箔	エポキシ系樹脂付き銅箔	0.035 ~0.080	TMA:125~130	>120	40~60	150~180	3.6~3.2 / 3.1~3.2	0.02~0.05/ 0.023~0.025
耐熱性樹脂付き銅箔	高耐熱性エポキシ樹脂系樹脂付き銅箔	0.040 ~0.080	TMA:160~170	>60	20~30 (30~120℃)	135	3.6~3.8 / 3.3~3.7	0.009~0.027/ 0.015~0.017
ハロゲンフリーエポキシ樹脂付き銅箔	ハロゲンフリーエポキシ樹脂付き銅箔	0.040 ~0.080	TMA:120~160	>120	35~40	140	3.6~3.8 / 2.8~3.7	0.009~0.027/ 0.0025~0.015
耐熱性ハロゲンフリーエポキシ樹脂付き銅箔	耐熱性ハロゲンフリーエポキシ樹脂系	0.035 ~0.08	TMA:200		30	100	- / 3.2	- / 0.012
耐熱樹脂系樹脂付き銅箔	高耐熱性樹脂系-1		TMA:185~190	>120	40~60	90~130	- / 3.4~3.9	- / 0.016~ 0.017
	高耐熱性樹脂系-2		DMA:2150	>120	40~80		2.9~3.1 / -	0.02 / -

表2　ビルドアップ用硬化性樹脂の特性

樹脂	形状	ガラス転移点(℃)	はんだ耐熱性(260℃ 秒)	熱膨張係数		吸水率 D-24/23(%)	誘電率(1MHz / 1GHz)	誘電正接(1MHz / 1GHz)
				α1 : ppm/℃	α2 : ppm/℃			
エポキシ系	非感光性　液状	DMA : 125~130		70~80	145~160		3.9 / 3.5	0.034 / 0.022
耐熱性エポキシ系	非感光性　フィルム	TMA : 156		x-y : 46	x-y : 120	1.1	3.1 (5,8GHz)	0.019(5,8GHz)
ハロゲンフリーエポキシ系	非感光性　フィルム	TMA : 155~165	> 60	45~75	120~135	1.8 (D-1/100)	3.8 / 3.4	0.017 / 0.023
耐熱・低プロファイルエポキシ系	非感光性　フィルム	TMA : 153		x-y : 39	x-y :117	1.0	3.2 (5,8GHz)	0.017(5,8GHz)
耐熱/低プロファイル低CTEシアネートエステルエポキシ樹脂系	非感光性　フィルム	TMA : 162		x-y : 20-21	x-y : 67	0.5	3.3 (5,8GHz)	0.0074-0.0076 (5,8GHz)

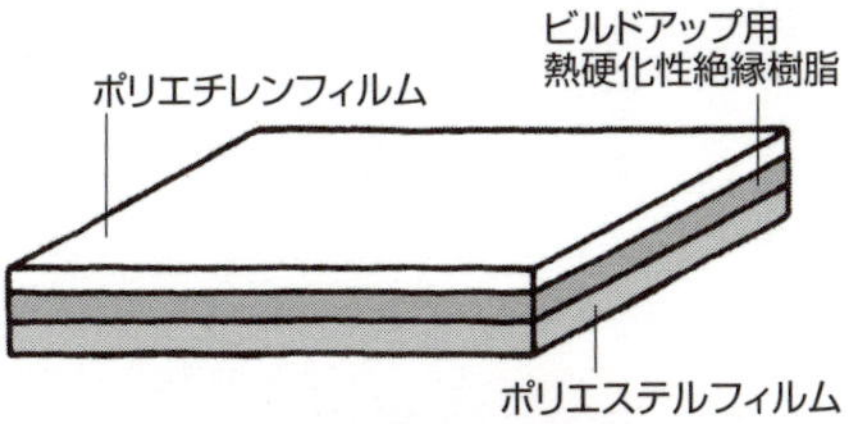

図2　ビルドアップ用熱硬化樹脂フィルムの構造

36 フレキシブルプリント配線板用の絶縁基板

柔軟なプリント配線板を作る材料

柔軟性のあるフレキシブルプリント配線板の絶縁材料として、ポリエステルフィルム、ポリイミドフィルムやLCPフィルムがあります。ポリエステルフィルムは熱可塑性材料ではんだ付けができません。導電性ペーストなどでプリント配線板とします。

耐熱性、はんだ付け性、寸法安定性、加工性などを必要とする場合にはポリイミドフィルムを用い、このフィルムに銅箔を積層します。使用する銅箔は柔軟性ある圧延銅箔あるいは柔軟性のある電解銅箔を用います。

フレキシブルプリント配線板ではベースの樹脂を含めコーティングされている層の数により、三層式と二層式に分類されます。三層式は銅箔を接着剤により接着するもの、二層式は接着層なしで積層するものと定義されています。

1．三層構造銅張ポリイミドフィルム

接着剤層により銅箔とポリイミドを接着したもので、図1のようにフィルムに接着剤をコートし、銅箔と張り合わせたものです。接着層にはエポキシ系樹脂またはアクリル系樹脂が使われています。

2．二層構造銅張ポリイミドフィルム

耐熱性など要求で接着剤層のないものが求められ、図2～4に示す二層構造のものが開発されています。

〔耐熱性熱可塑性ポリイミド接着法〕耐熱性のある熱可塑性ポリイミドの接着材層を設け、図2のように銅箔を溶融接着したものです。熱可塑性ポリイミ層はベースとフィルムと同化しています。

〔スパッタ法〕図3のようにポリイミドフィルムに真空中でCr—Cuなどをスパッタして導通化し、銅めっきしたものです。銅の厚さは1～2μm程度で、パターンめっき法でファインパターンを作ることができます。

〔キャスティング法〕図4のように銅箔の上にポリイミド系樹脂をキャスティングしてフィルムを形成したものです。

要点BOX

- 柔軟性のあるフレキシブル基板の材料はポリエステルフィルムとポリイミドフィルム
- 積層フィルムの構造として三層式と二層式がある

フレキシブル用の絶縁基板の構造

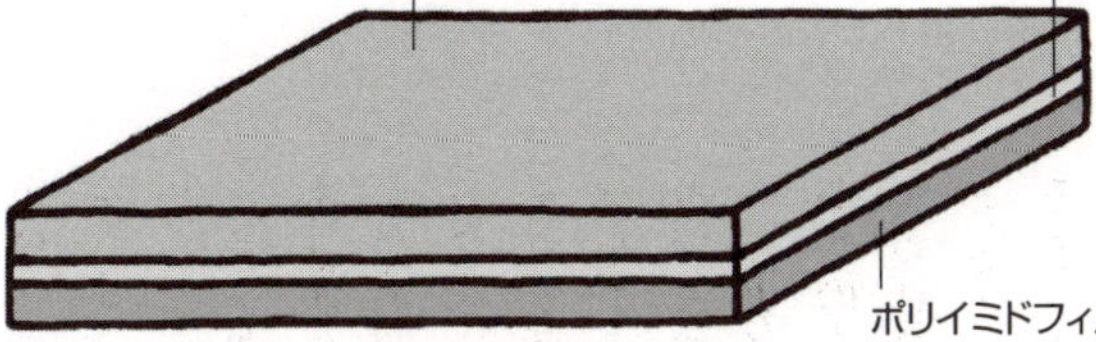

図1　三層構造銅張ポリイミドフィルム

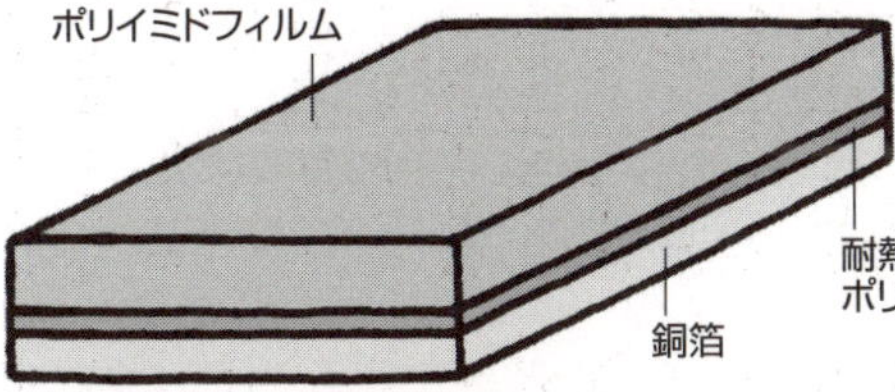

図2　耐熱性熱可塑性ポリイミド接着法

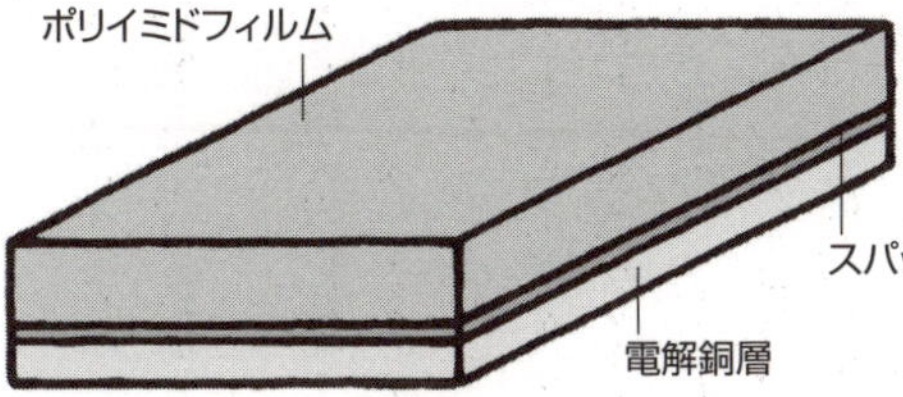

図3　金属スパッタ銅電着法

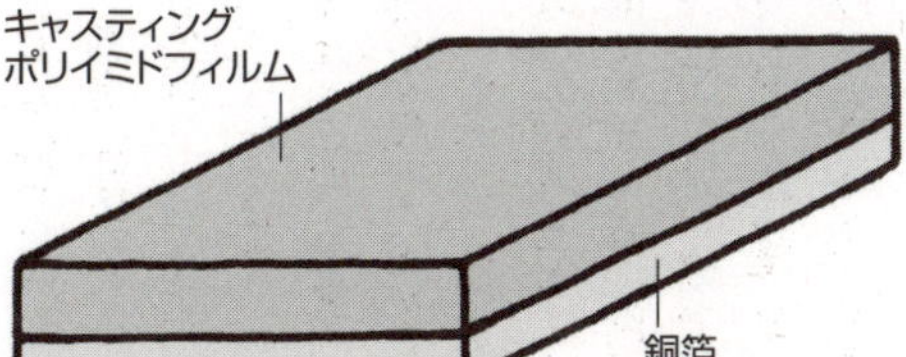

図4　ポリイミドキャスティング法

Column

デジタル社会の落とし穴

全てのものがインターネットに接続されるIoT時代と言われてから数年、漸くそれを活用した事例が多々紹介されるようになり、デジタル・トランスフォーメーション（デジタル革新）といった考え方と共に、理想の社会実現イメージが各社から発表されています。

電子機器開発の現場では、デジタル化により様々なメリットが生まれてきています。実験により蓄積してきたノウハウをベースとして試作を繰り返して改良し、量産モデルの製造に移行していく製品開発の方法は、デジタルツインと言われる高精度な解析モデルによるシミュレーションで置き換えられ、モノづくりは量産前の確認のための試作だけで、量産に移行できる時代となってきました。

製品開発の現場が便利になっていく一方で、デジタルデータを見る「人の感性を養うこと」が必要となっています。これは新人の頃、実験結果より導き出される係数を計算した折、計算結果を先輩に伝えたところ、

先輩「どうやって計算したんだ?」

私「電卓で計算したので結果は合ってます。」

何の迷いもなく新人の私は答えていました。これは後々までの笑い種となっています。どんなに正確な手段で導かれたものであっても、実際の結果との相違があっては何の役にも立ちません。自分自身で、どのような結果が予測されるかを理解した上での判断が必要です。シミュレーションにより試作回数の削減や、障害のメカニズムが解析でき、作り直しの手間と費用が削減できて便利になる反面、感性が養われません、解析モデルの精度向上のための努力が必要となります。デジタル化すれば全て解決することにはなりません。

最近では、空調機の温度もデジタル表示となっており、一見絶対的な正しい温度と思いがちです。しかし、測定に使われるセンサはバラツキがあり、経年劣化や特性ドリフトがあり、また、空調の温度設定が吹き出し気流の温度なのか居間の温度なのかの理解も必要です。一般的に、測定器では、定期的な校正が行われて正しい計測が可能ですが、身の回りのセンサは、良い精度は不要でしょうが常に正しい値かを認識して計測値を取り扱う必要があります。

IoTの進展で様々なセンサが組み込まれ、今まで以上に周囲の状況把握や予測・分析ができるようになった反面、その取得データの意味や精度がどの程度か、認識することが重要です。

第5章

プリント配線板の設計と製造工程

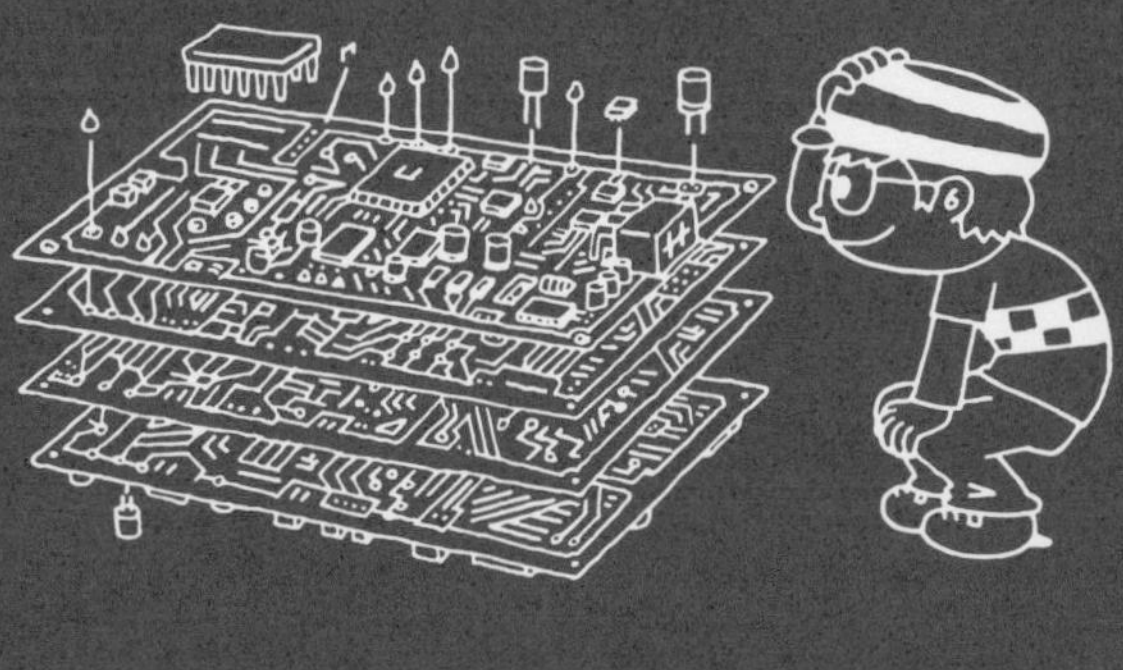

37 回路設計とデータ作成

CADとCAM

プリント配線板の製造にあたり、最初に設計を行います。ユーザーが使用する電子機器・装置の仕様に従い、ユーザーとプリント配線板メーカーが共同で論理回路図を作ります。これから、CAD、およびCAMというコンピュータを用いたシステムで、回路設計、実装設計、および、製造用データを作成します。その流れを**図1**に示しました。

論理回路図を基にして、実際に使う部品を含めた回路設計を行い、部品の配置、実装方式などの実装設計、層構成や配線ルールを決める配線設計へと進み、同時に基板材料の選定や製造プロセスの選択も行います。さらに、回路の電気シミュレーションや熱解析なども行い、必要があればデータの修正を行います。このようにして、設計情報ファイルができあがります。ここまでをCADシステムで行います。CADシステムで作成された製造工程で使用する製品基板データの例を**図2**に示します。

この設計情報ファイルをもとに、CAMシステムで、製造工程で使用できるデータに加工します。

①アートワークマスクデータは、導体（内層、外層、エッチング、めっき用）パターン、ソルダーレジスト、ソルダーレジスト上に描くマーキングパターンなどの露光や印刷用マスクを作るためのものです。最近普及している直描方式の露光機のためのデータも作成します。

②穴加工用データは、スルーホールやビア穴加工を行うNC装置を制御するデータです。

③外形加工用データは、プリント配線板の最終工程でプレス打ち抜きやルータで外形加工するためのものです。

④自動検査用データは、内層パターンや完成後の布線自動検査に用いる配線データ、光学的自動外観検査機用のデータなどです。

このほか、部品実装用データも作成します。

要点BOX

●部品の配置、接続、配線パターン、電気特性、EMCや熱対策用まで、CADで設計・開発用情報ファイルが作られ、CAMで製造用データに加工される

図1　プリント配線板の設計・データ作成の流れ

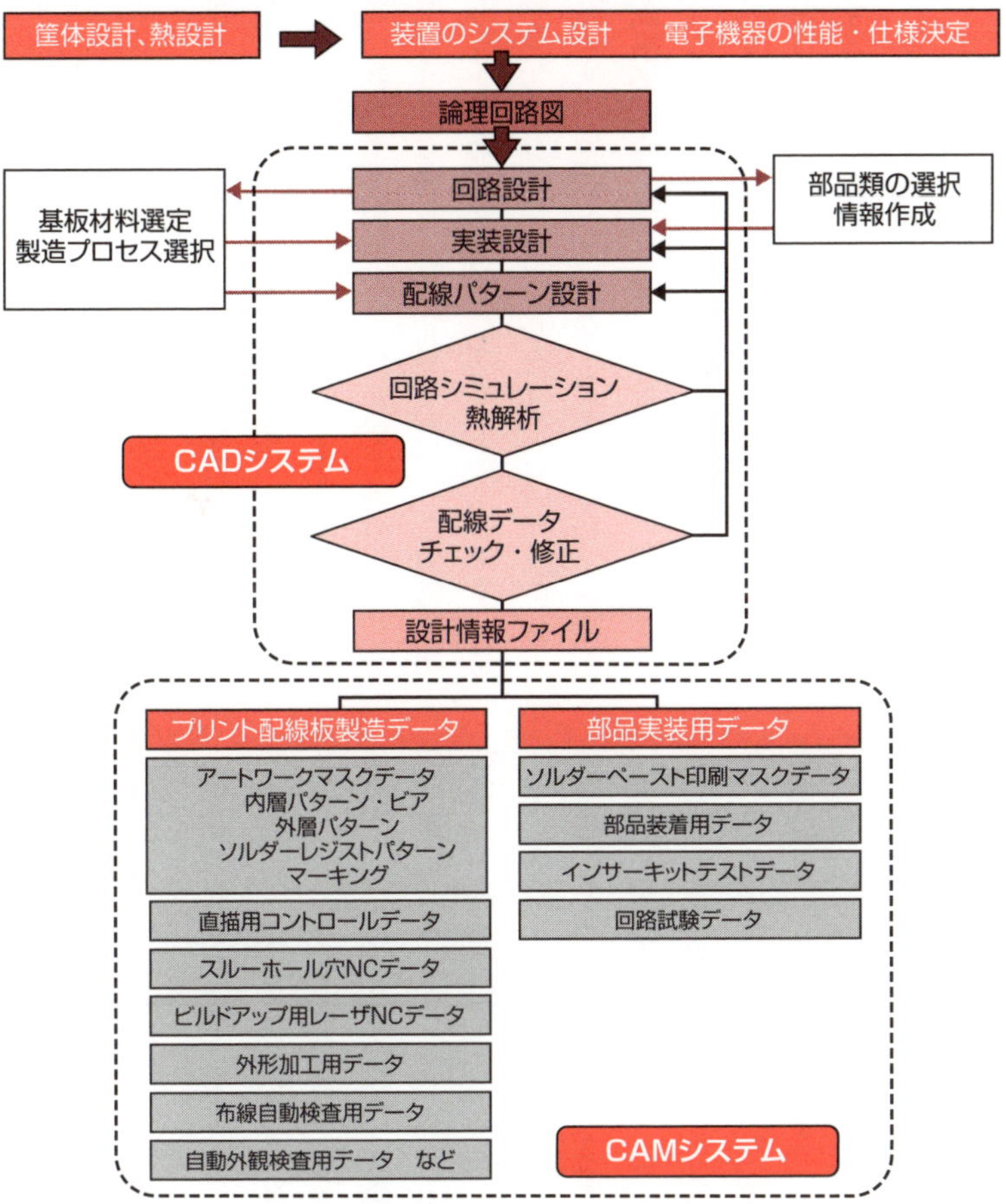

図2　CADで作られた配線の例

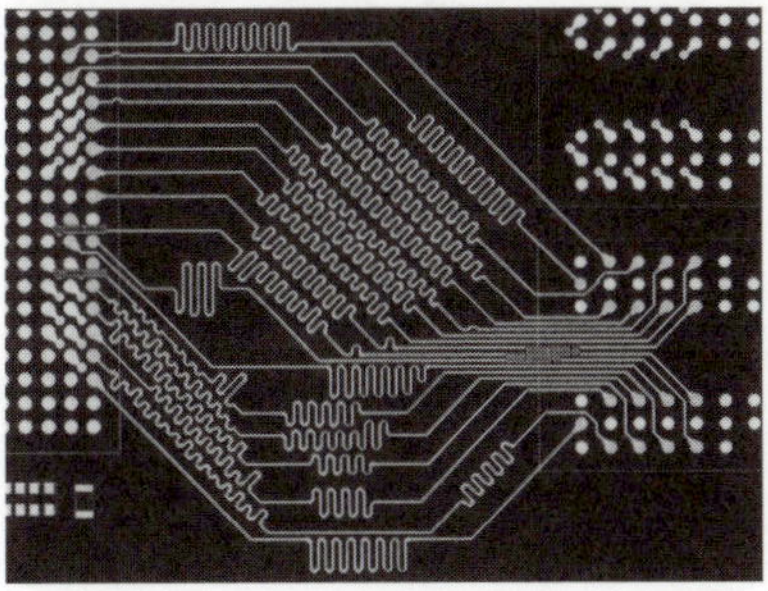

CADは多くの機能を備え、プリント配線板の設計、シミュレーションを可能にしています。CAD設計の一例として、等長用「ミアンダ回路（蛇行回路）の設計」を示します。
「入門　プリント基板の回路設計ノート」（日刊工業新聞社刊）より

38 アートワーク工程

マスクフィルムを作る工程

プリント配線板の製造では、量産性の改善のために内層、外層の導体パターンを製造用パネル（ワークパネル）に同じパターンを配置して作ります（面付けと言います）。これを、製造パネルに形成した感光性レジスト層のマスクを通して露光しますので、この露光用マスクフィルムを作製する工程がアートワークです。特に微細なパターンでは、フィルムに代わりガラス乾板が使われます。微細でないパターンではスクリーン印刷が用いられることもあります。導体パターンだけでなく、ソルダーレジストやマーキングのパターンの作製もアートワークです。以下はフィルムについて説明します。

マスクフィルムの作製では、銀塩フィルムを用い、CAMシステムで作成したデータにより専用の描画機でレーザによりパターンを露光します。レーザソースから出たビームをオンオフしながら、フィルム上を走査することで直接的に像を描画します。5～10分／枚程度で描画可能です。

描画の前後を含めた工程の流れを図1に示します。塵が付いてマスクの欠陥にならないよう、すべて高レベルのクリーンルーム内で作業します。また、マスクフィルムの伸縮を抑えるため、作業現場と同じ恒温恒湿の環境とします。レーザ描画・現像・定着は暗室で行い、検査は明室で行います。検査でパターンのショート、断線、欠けなどの検出とパターン幅、間隙や位置精度の測定などを行います。

露光・現像の完了したマスクパターンの例を図2に示しました。製造に用いるマスクのパターンには、導体パターンの他に、位置合わせ、工程内評価用など様々な補助パターンが含まれます。

一方、最近は、製造パネルに塗布したレジストにレーザビームで直接描画することが可能なダイレクトイメージング（DI）装置も普及しました。この方式では描画データを直接作成しますので、アートワークでマスクフィルムを作製する必要がありません。

要点BOX

- ●マスクフィルムを作る工程がアートワーク工程
- ●露光現像が完了すればマスクパターンの完成
- ●DIではマスクが不要となる

図1　アートワークの作成工程

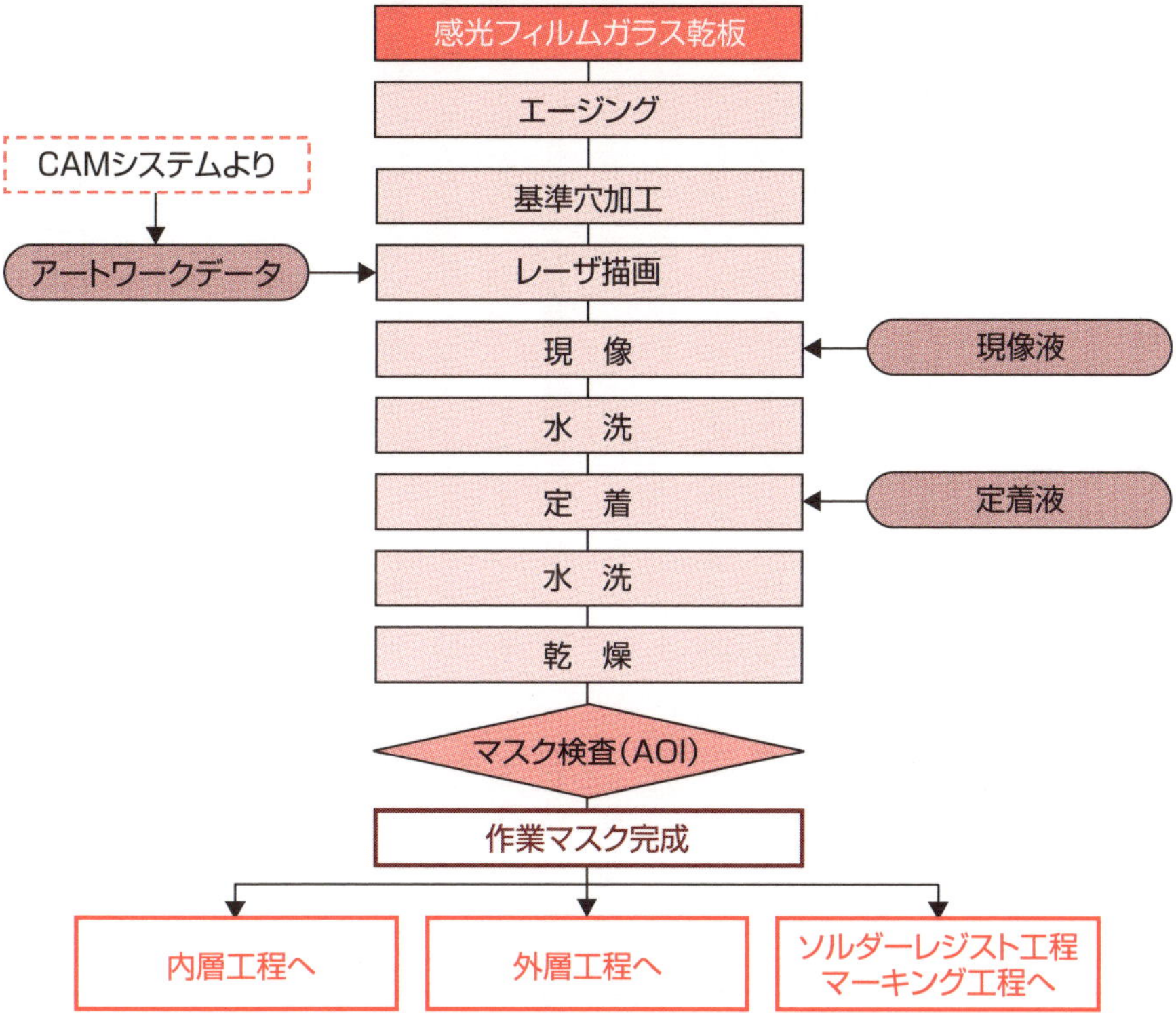

図2　完成したマスクパターンの例

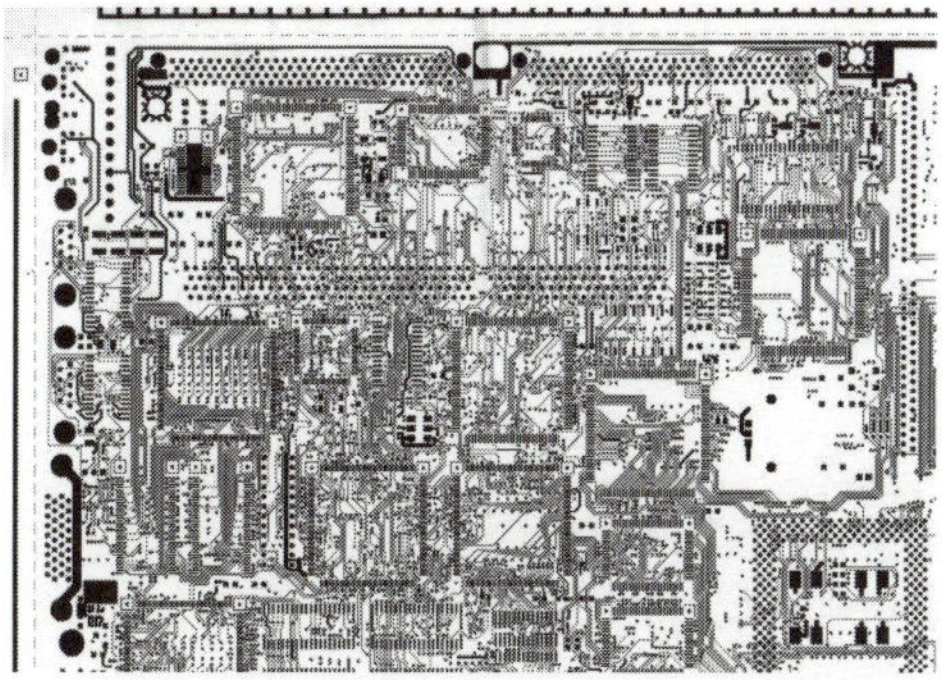

39 多層板の内層形成

内層パターンの作製工程

多層プリント配線板の作製は内層のパターンの作製より始めます。内層用の材料としては、通常薄葉のガラス布基材の銅張積層板を用います。この銅張積層板の表面の銅箔に導体のパターンを形成する工程を内層作製工程と言い、完成したものを内層コア材と言います。これを次の積層工程で多層プリント配線板の内部に組み込みます。

IVH（Interstitial via Holes）を持つ多層プリント配線板は、別途作製した両面板や多層板をさらに内層に組み込むものです。ビルドアッププリント配線板では、外層として作製したパターンの上にさらに配線層を形成します。

図1に内層作製の工程を示しました。この工程は光を用いるのでフォトエッチング法と言い、高い精度のパターンを形成できます。内層用積層板の銅箔は、レジストが均一にラミネートされるよう、始めに表面をクリーニングするための研磨等の前処理を行います。

この銅箔上に感光性レジストを塗布またはラミネートし、マスクフィルムを用いて露光、現像、エッチング、剝離を行い、導体パターンを形成します。

完成したコア基板の例を**図2**に示しました。このプロセスは、片面基板や非めっきスルーホール両面板の製造工程でも同様です。

銅張積層板は銅箔が両面または片面に張られた樹脂板で、設計の段階で板厚、銅箔厚、絶縁層となる樹脂やガラス布の種類や厚さなどを選択します。完成した多層プリント配線板は薄くなる傾向にあり、内層コア材の銅張積層板の厚さは最小0・03㎜程度、銅箔は、内層用でキャリアのないものでは最小9㎛程度のものがあります。

エッチングレジストの形成方法としては、上図の感光性レジストによるものの他にインクをスクリーン印刷するものがあり、主に片面板などコスト重視の工程に使われています。

要点BOX
- ●多層板は内層のコア基板より作製する
- ●フォトエッチング法で作られる

図1　内層パターンの作製工程

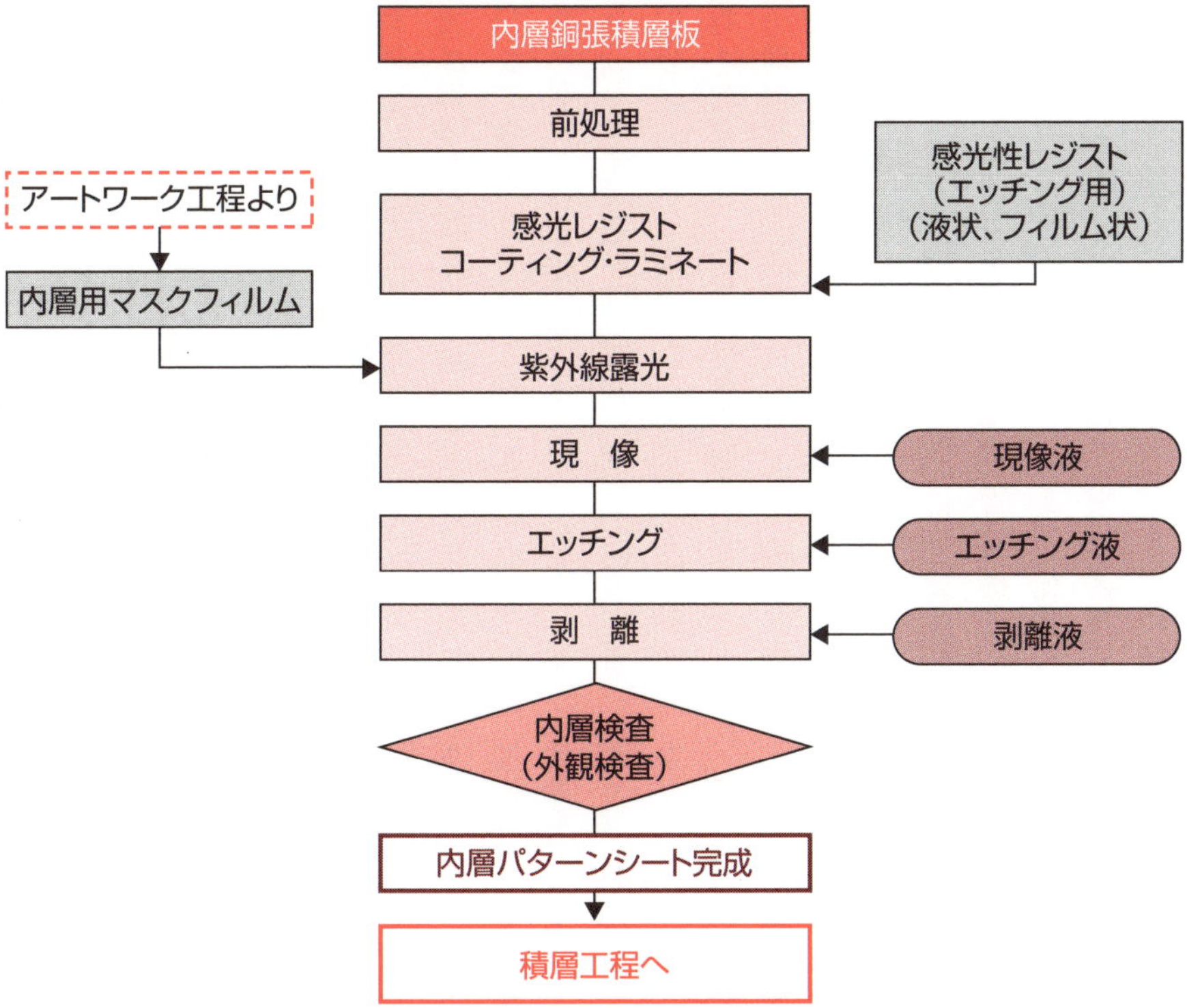

図2　内層パターン完成コア基板

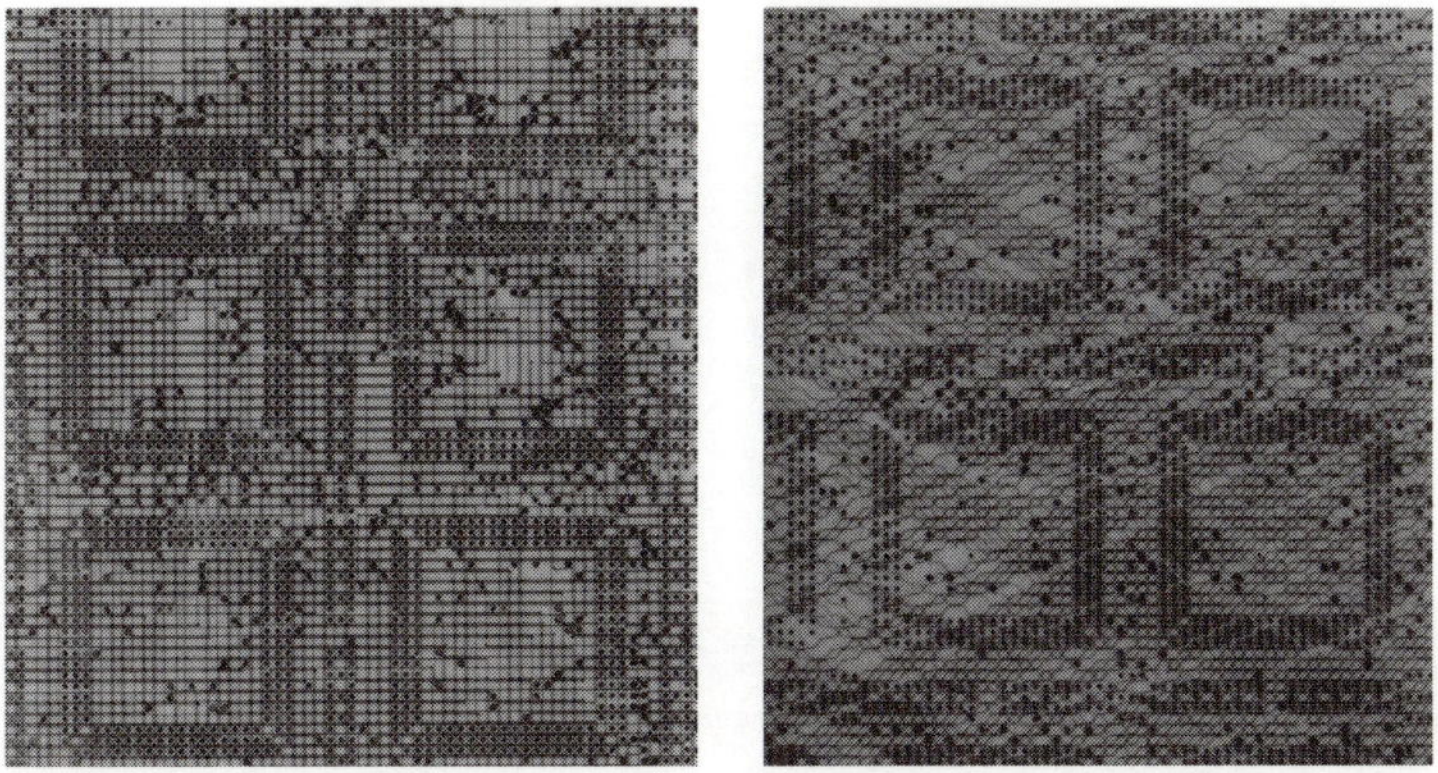

(a)内層パターン（直交パターン）　(b)内層パターン（斜めパターン）

40 内層作製のための前処理

レジストの密着性を向上させるために、銅張積層板を規定の大きさに切断した後、銅箔表面の汚れ等を落とすため前処理を行うことが必要です。

前処理は機械的研磨と化学的洗浄があり、量産時は水平コンベア装置で行います。銅箔表面には、凹凸や大きな疵《きず》があったり、変色や付着物の汚れが付いていることがあります。通常は、最初に機械的研磨で著しい疵や汚れを除去、平滑化し、引き続き化学的洗浄で残存する酸化膜、指紋、変色を除去します。

各種の前処理方法を表1に示します。一般的な機械的研磨はバフロール、ブラシスクラブですが、微細な研磨剤を水と噴出させるジェットスクラブは粗度が0.3μm以下と小さく、均一度の高い面が得られます。その機構を図1に示します。薄い積層板は機械的研磨で処理すると、寸法の変化が生じますので化学的洗浄のみを行います。また、高周波対応の配線板では銅箔面も平滑とすることが重要なので、化学研磨の程度も抑えるようにします。

化学的研磨の液は硫酸-過酸化水素混液または、過硫酸塩水溶液を用い、その後希硫酸で洗浄します。さらに水洗、純水洗浄で処理液を十分除去し、急速に乾燥して水滴の跡が残らないよう完全に乾燥させます。吸水ローラは水滴を残さなくするのに効果がありますが、ローラからの汚染に気をつけなければなりません。

このように前処理したパネルはコンベアでクリーンルームとした暗室に送り、感光層の形成を行います。従って、乾燥からクリーンルームに入るまでの間にホコリなどが付着して、配線パターン形成の支障とならないよう、環境の管理には注意が必要です。

微細配線の場合、銅表面の研磨状態が不均一になると、後続の工程で感光レジストの密着性が低下し、結果として導体パターンの欠陥になりますので、研磨状態が均一となるよう管理が必要です。

研磨と洗浄

要点BOX

- 多層板の作製は内層から始める
- 銅箔表面の疵《きず》や汚れなどは機械研磨、ミクロなものは化学研磨を行う

表1　内層コア基板のパネルの前処理
（機械研磨と化学研磨）

研磨方法／項目	機械研磨			化学研磨
	バフロール	ブラシスクラブ	ジェットスクラブ	
銅表面傷方向性	有	無	無	無
レジスト密着性	良	良	良	良
操作性	○	○～△	○～△	○～△
経済性	○	○～△	△	△
長所・短所	①スルーホールの肩がだれやすい ②スクラッチが発生しやすい	①細線の密着性に優れる ②砥粒が残る場合がある	同左	①薄板基板に適する ②表面粗度の選定がやや難しい

注）○は容易で安価、△はやや煩雑でやや管理が難しい

図1　ジェットスクラブ機の研磨機構

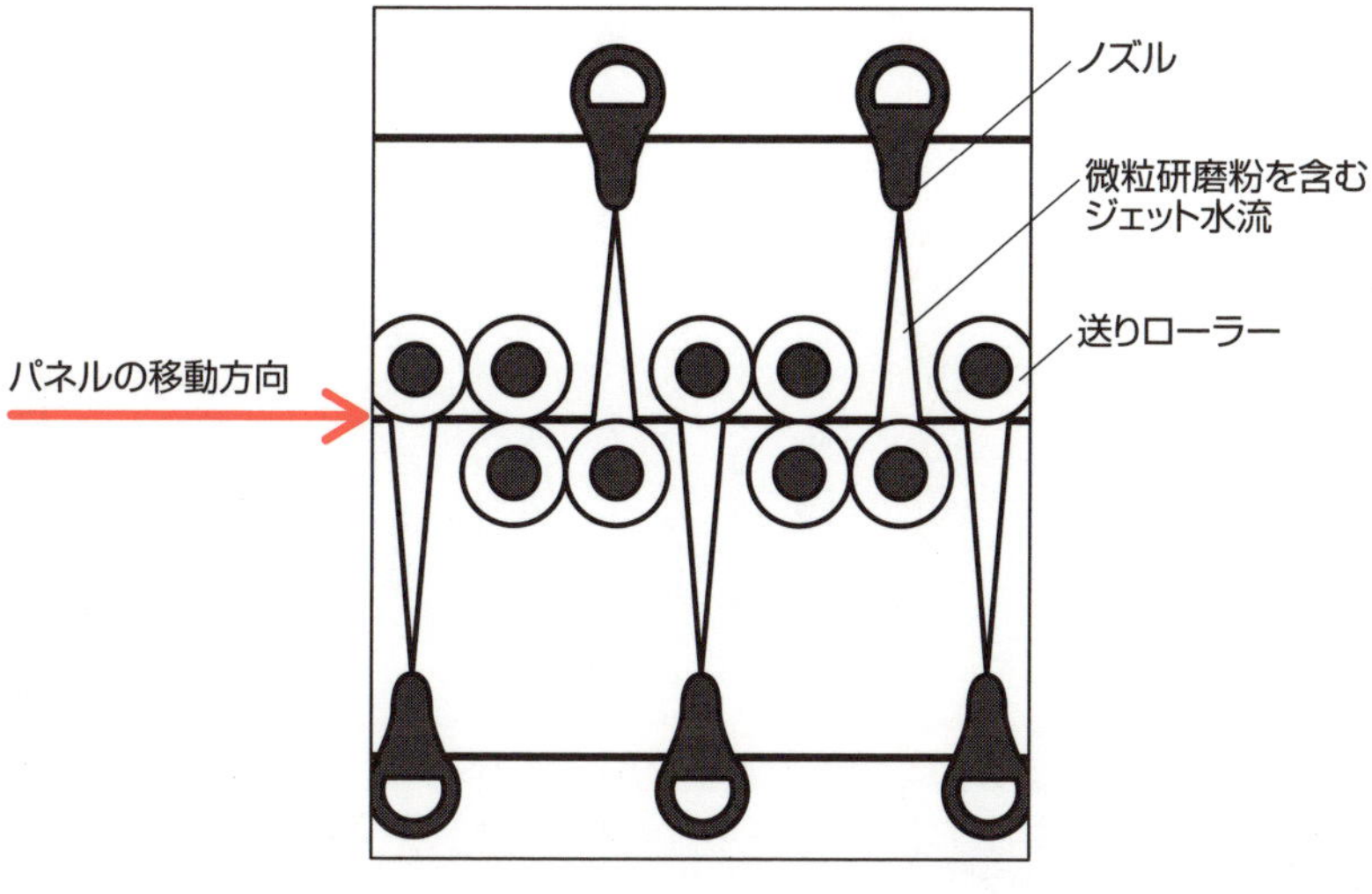

41 感光性レジスト層の形成

感光性レジストの種類

導体パターンを形成するには、まず前処理の完了した製造パネルに感光性のレジストを塗布またはラミネートします。ラミネートとは、フィルム状の材料を基材に張り合わせることです。感光性の材料を使うので、レジストが感光する紫外線をカットした蛍光灯を使用したイエロールーム内で行います。マスクを通して、紫外線でレジストを露光し、未露光のレジスト部を溶解除去する現像により、エッチングで残すべき導体のレジストパターンを作製します。

感光性レジストには、液状のものとフィルム状のものがあり、また、露光・硬化のタイプにより、紫外線で重合し硬化するネガ型と、紫外線照射部が溶解するポジ型があります。ほとんどの場合ネガ型のレジストが使われています。また、膜厚が一定で取り扱いがやさしいドライフィルムが多く使われています。

感光性レジストの種類と特性を**表1**に示しました。

レジストの適用方法を**図1**に示しました。(a)はドライフィルムのラミネート、(b)は液状レジストのコーティング法のうちのディップコーティング法を示しています。(c)電気泳動法(Electrophoretic Deposition, ED)はレジストを電解槽で付ける方法ですが、大掛かりな装置が必要なため、導入は少なくなっています。

ドライフィルムのラミネートは、PETフィルムを剥がし、熱ロールで製造パネルに圧着します。温度、速度、圧力などを、レジストの特性に合わせて設定します。

液状レジストの塗布方法で、ディップコートはレジスト液に浸漬し、引き上げながら膜厚を均一にします。他の塗布方法としてロールコートがあり、2本のロールにより、表裏にレジストをコーティングする方法です。いずれも温度、濃度、粘度などの管理が重要です。この作業は、塵があると欠陥を生じますので、塵を極力減少させたクリーンルームで行います。

要点BOX
- ●感光性レジストには液状とフィルム状がある
- ●前処理で整面した製造パネルに感光性レジスト膜を形成する

表1　感光性レジストの特徴

レジスト	ドライフィルムレジスト	液状レジスト	電気泳動(ED)レジスト
性状	フィルム状感光レジストをPETフィルムでサンドイッチ	液状	液状の感光性レジストを水に懸濁させコロイドとしたもの
コーティング方法	ラミネータでPETフィルムを剥がしながら熱ロールで圧着	ディップコート(両面) スプレーコート ロールコート(両面) カーテンコート 押し出しコート スピンコート	電解槽中で製造パネルに電圧をかけると、電気泳動により表面にレジストが析出
現像	弱アルカリ性水溶液	弱アルカリ性水溶液	弱アルカリ性水溶液
コスト	低	低〜高 (レジスト種による)	高(製造装置が特殊)
適用	一般向け(最も普及)	高解像性 (低レジスト厚)	凹凸の多い表面に均一な膜厚でレジスト形成可能

図1　感光性レジストのラミネート、コーティング法

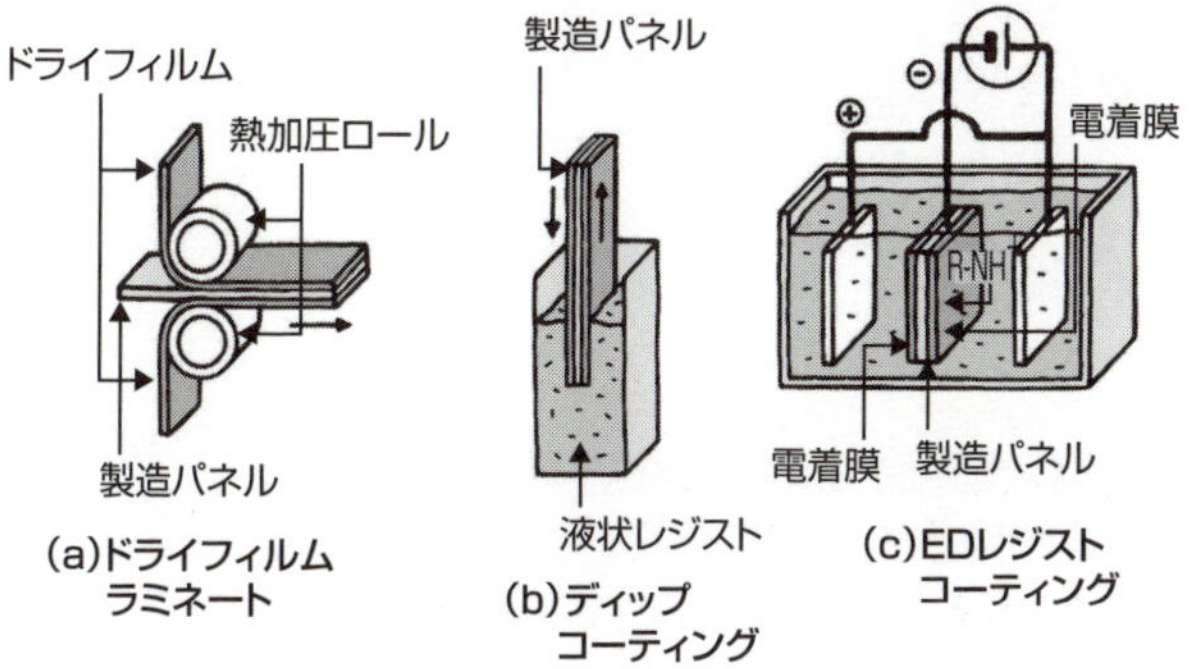

42 マスクの露光と現像

パターンの形成

製造用パネルに形成した感光レジスト膜に、紫外線(UV光)を照射してパターンとなる潜像を形成し、現像することでエッチングレジストパターンを形成します。

パターンの形成にはアートワークで作製したマスクを用います。マスクは、通常の精細度のプリント配線板ではフィルムを用いますが、ビルドアップ配線板のような高精細のものではガラス乾板を用いる場合もあります。マスクは真空で製造パネルに密着させ、紫外線で露光します。

露光は、通常、**図1**のような自動露光装置内で行います。装置内に基板がロードされて露光ステージ上に固定され、アライメントマークを読み取って位置を合わせ、マスクを密着させて露光します。UV光は、マスクパターンが忠実に再現されるよう、**図2**のように水銀ランプの光源からレンズと放物面鏡を組み合わせて平行光を作り出して照射します。また、露光量、露光時間により現像後のレジストの断面の傾斜形状が変わるので、適正な設定を行い、ランプの劣化等による変化に合わせて定期的な校正をすることが必要です。

最近は、マスクを作製せずに、アートワークのデジタルデータによりレーザで直接レジストに露光するダイレクトイメージング(DI)が普及しています。マスクを作る必要がないので省力、低コスト化が可能で、少量多品種、短納期の生産に適しています。DI式の露光機で得た比較的高精細なレジストパターンの現像後の例を**図3**に示します。レジストは特定波長のレーザ光に高感度で反応するよう設計、調製されています。

有機レジストの現像は、水平コンベア式の現像機を用い、一般的なネガ型レジストでは1~3%程度の炭酸ナトリウム水溶液をスプレー噴射して行います。液の成分濃度、温度、スプレー圧などもパターンの断面形状に影響するので適切に管理します。現像は明室でその後のエッチング、剥離と連続で行うのが一般的です。

要点BOX
- ●露光量、露光時間の正確さが重要
- ●レジスト現像はスプレーで行う
- ●処理液が次工程に残らないように水洗する

図1　露光装置

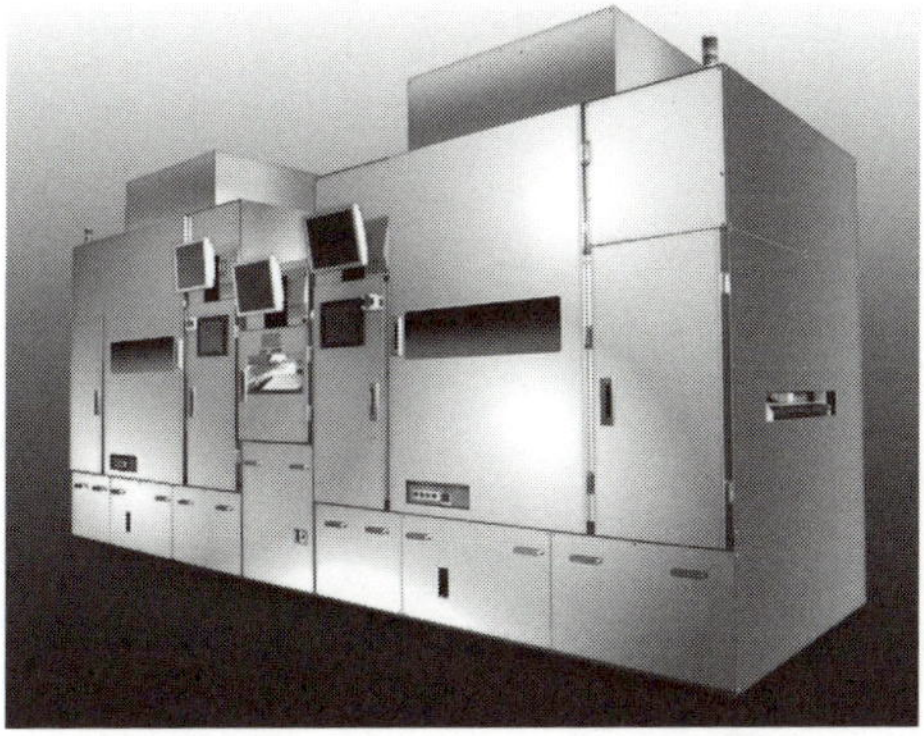

自動のコンタクト式露光機。パネルにマスクを密着し、露光を表裏で2度行います。

写真提供：(株)オーク製作所

図2　平行光の露光方法の例

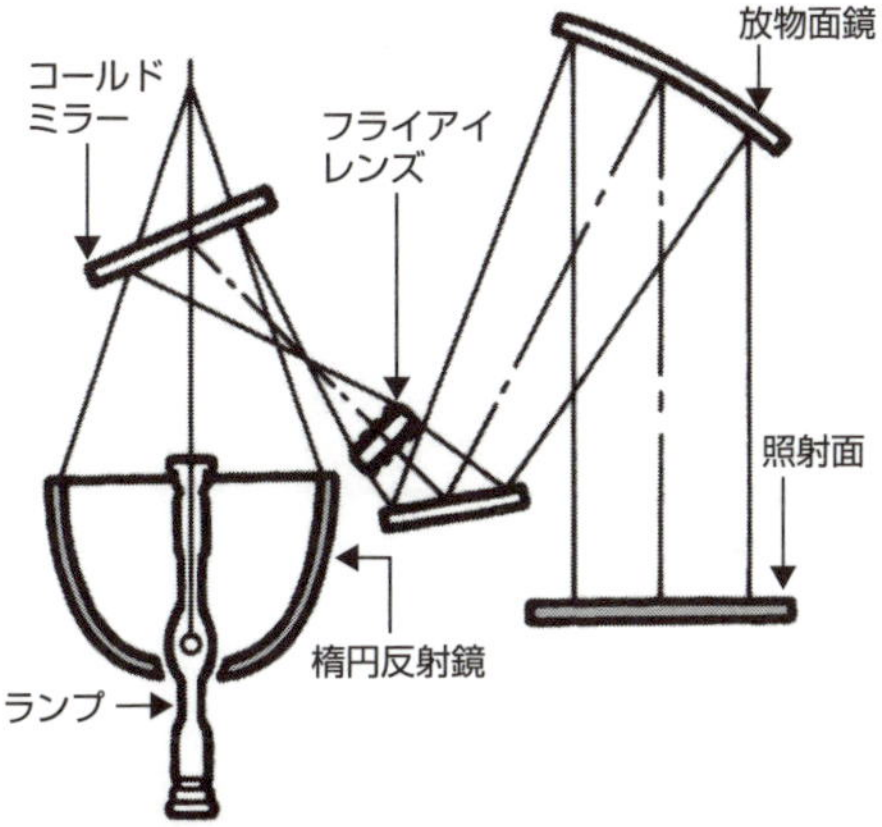

図3　直描式露光機で得た現像後のレジストパターン

ライン/スペース=30/30(μm)

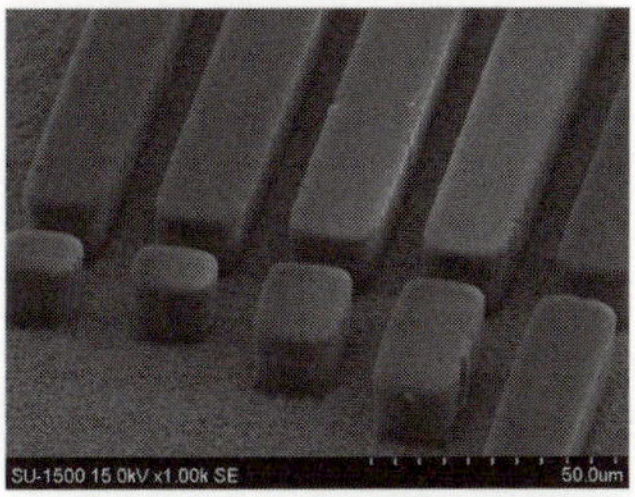

ライン/スペース=20/20(μm)

写真提供：日立化成(株)

43 エッチング工程

エッチング液（エッチャント）とエッチング性能

エッチングとは、レジストで覆われず露出した銅箔を化学的に溶解することで、使用する液はエッチャントと言い、金属銅を酸化、溶解する成分を含有します。その種類には、塩化第2鉄、塩化第2銅水溶液、アルカリエッチャントなどがあります。これらの特徴を**表1**にまとめて示しました。その選択は、エッチング性能、レジストや設備との適合性、コストなどによります。エッチング性能は、エッチングが過不足なく、回路の線幅が設計通り形成されていることが重要です。

エッチングは銅箔に対し、厚さ方向だけでなく幅方向にも進む（サイドエッチ）ため、**図1**のように台形の形状になり、過剰になるとレジスト幅に対し銅回路幅が狭小化します。これをエッチングのプロセス管理により、できる限り設計通りに形成できるようにします。最近はエッチング液への添加剤が進歩し、サイドエッチングが少なくなってきました。

エッチングのプロセスは、水平コンベア装置内で行われ、搬送される基板にエッチャントを上下よりスプレーします。装置内の構造例を**図2**に示します。過不足ないエッチングのためにはエッチャントの銅酸化溶解能、スプレー条件（圧力、方向等）、および搬送速度との適合が必要です。エッチング後の液を急速吸引することで精度の向上を図っております。エッチャントは、温度、成分濃度、溶解した銅濃度、粘度などで酸化溶解能が変わるので、維持管理することが重要です。

銅パターンが形成できた後、レジストは剥離液をスプレーして除去します。剥離液は、一般的には高アルカリ性水溶液を用います。最近は、剥離片を微細化するよう有機アミン系剥離液も使われます。剥離片の再付着を液管理によって防止します。

通常、レジストの露光後は、現像、エッチング、剥離工程を**図3**のような設備で連続して行い、十分な洗浄、乾燥を経て、保管、検査します。検査は、外観、寸法、および一部で電気検査になります。

要点BOX
- ●銅箔を酸化、溶解するエッチング液
- ●エッチング性能に合ったエッチング液がある
- ●回路線幅が設計通り形成されることが重要

表1　エッチャントの特徴

エッチャント	塩化第二鉄	塩化第二銅	アルカリエッチャント
液性	酸性	酸性	弱アルカリ性
適用	有機レジスト	有機レジスト	メタルレジスト(Sn、はんだ)
液の成分	塩化第二鉄 塩酸 添加剤	塩化第二銅 塩酸 酸化剤(塩素酸塩、過酸化水素)	塩化第二銅 アンモニア 塩化アンモニウム 添加剤(変色防止剤、pH緩衝剤)
エッチングの反応	$2FeCl_3 + Cu$ $\rightarrow 2FeCl_2 + CuCl_2$	$CuCl_2 + Cu \rightarrow 2CuCl$	$Cu + Cu(NH_3)_4Cl_2 \rightarrow$ $2Cu(NH_3)_2Cl$
反応速度管理因子	$FeCl_3$濃度 液比重 塩酸濃度 $CuCl_2$濃度 液温	$CuCl_2$濃度 CuCl濃度 液比重 塩酸濃度 液温	Cu濃度 液比重 アンモニア濃度 pH 液温度
再生法	$2FeCl_2 + 2HCl + O \rightarrow$ $2FeCl_3 + H_2O$	$6CuCl + ClO_3^- + 6HCl \rightarrow$ $6CuCl_2 + Cl^- + 3H_2O$	$4Cu(NH_3)_2Cl + 4NH_4Cl +$ $4NH_3 + O_2 \rightarrow$ $4Cu(NH_3)_4Cl_2 + 2H_2O$
	他よりも再生難のため業者引取りでリサイクル	塩素酸塩等酸化剤で再生 電解による再生も可	スプレーでの使用時に空気中の酸素により再生

図1　パターンエッチングにおける形状の変化

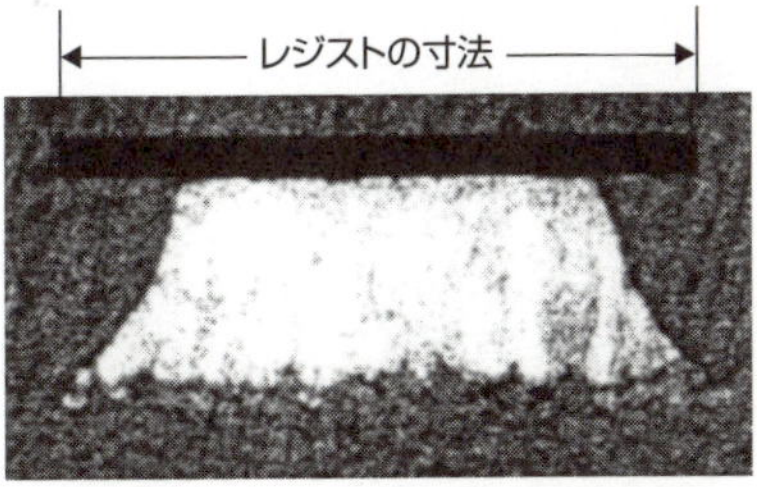

(a)エッチングの終了時の形状

(b)過剰のエッチング時の形状

図2　エッチング装置の構造

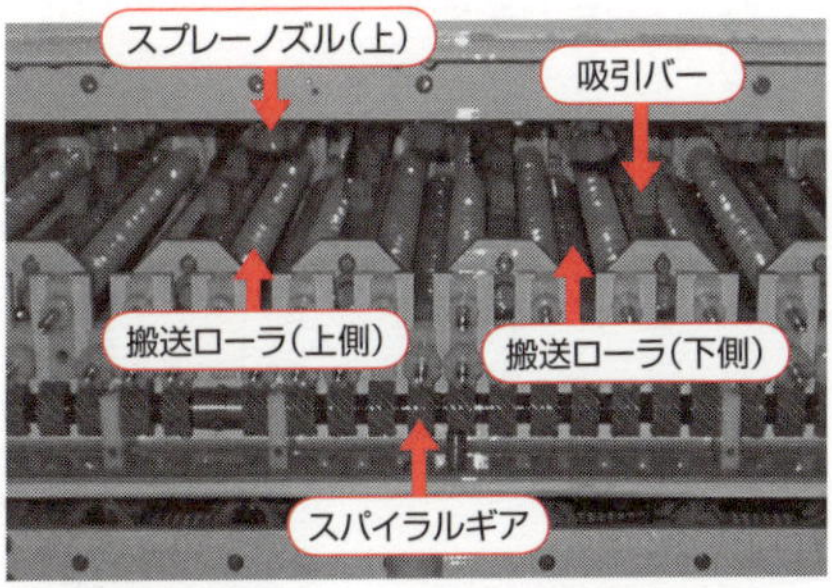

基板は上下の搬送ローラの間を水平搬送され、上下のスプレーからエッチャントを噴射します。
これは真空吸引方式で、上面のエッチャント溜りを負圧で吸引する機構を持ちます。

写真提供：(株)ケミトロン

図3　現像-エッチング-剥離一貫ラインの例

写真提供：(株)ケミトロン

44 積層工程

多層板積層工程と穴加工

積層工程は多層プリント配線板を製造するための特有の工程です。多層積層の方法は導体層を板の内部に設けるため、**図1**に示すように、内層工程で作製した内層パターンを持つコア材と接着シートであるプリプレグと銅箔を重ね合わせ、積層プレスで加熱と加圧を行うことで接着し一体化する方法です。その後、積層型を解体、基準穴あけなどを行います。積層時、配線層のパターンの位置合わせが重要です。位置合わせ法を**図2**に示しました。内層と外層の配線層間の導通は、その後のめっきスルーホールで行います。

内部にIVH (Interstitial Via Holes) を設けるためには、予めスルーホールで配線層間を接続した基板をコア基板または内層基板として使用します。その外層に銅箔＋プリプレグを積層します。内層基板は複数使用される場合もあり、その間はプリプレグで積層します。

多層プリント配線板では、内外層のパターンの位置が整合していることが肝要です。パターンの精細度が以前よりも向上しているため、その重要性も高まっています。内層相互の位置を合わせるためには、内層基板に予め基準穴を設けます。位置合わせの方法としては、⑴ピンラミネーションと⑵マスラミネーションがあります。

ピンラミネーション法は、内層用基板に開けた基準ピンの穴に基準ピンを挿入し、層間の位置を合わせる方法で積層型にも同じ穴を開けます。内層パターンで位置の変動が少なくなるように、マスクフィルムの寸法を予め補正することがあります。

マスラミネーション法では、ガイドピンを設けず内層基板に設けた基準穴を積層後にX線で読み取り、外層の基準穴加工をします。内層基板が複数の場合は、それらの基準穴に、はと目を通し固定して積層します。

要点BOX
- ●多層プリント配線板特有の積層工程
- ●積層プレスで内層を一体化する
- ●内層相互の位置合わせをする基準穴加工

図1　多層積層の工程

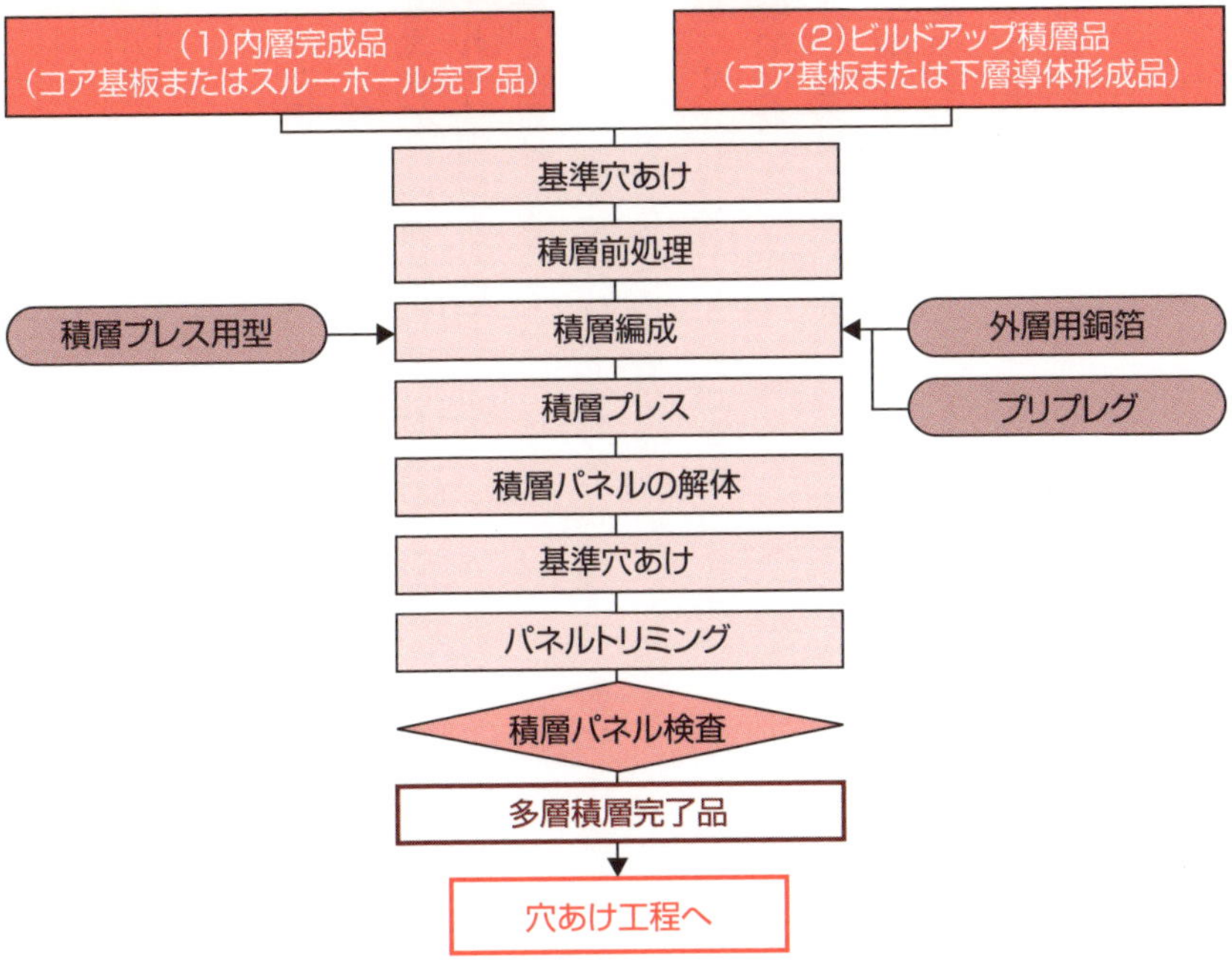
(1)内層完成品
(コア基板またはスルーホール完了品)
(2)ビルドアップ積層品
(コア基板または下層導体形成品)
基準穴あけ
積層前処理
積層プレス用型
積層編成
外層用銅箔
プリプレグ
積層プレス
積層パネルの解体
基準穴あけ
パネルトリミング
積層パネル検査
多層積層完了品
穴あけ工程へ

図2　積層における位置合わせ法

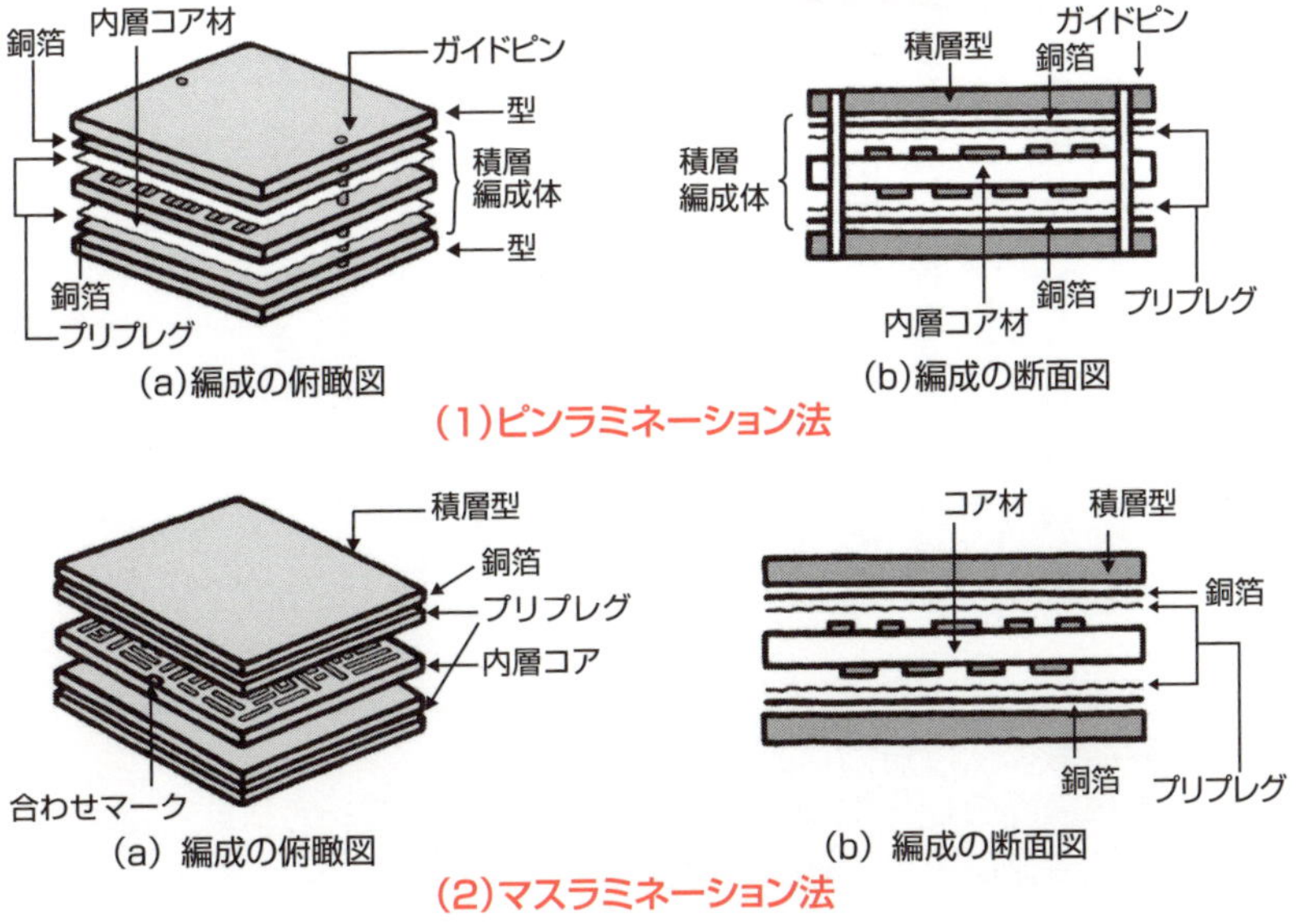
銅箔
内層コア材
ガイドピン
型
積層
編成体
型
銅箔
プリプレグ
(a)編成の俯瞰図
積層型
ガイドピン
銅箔
積層
編成体
銅箔
内層コア材
プリプレグ
(b)編成の断面図
(1)ピンラミネーション法
積層型
銅箔
プリプレグ
内層コア
合わせマーク
(a) 編成の俯瞰図
コア材
積層型
銅箔
銅箔
プリプレグ
(b) 編成の断面図
(2)マスラミネーション法

45 積層前処理と積層編成

エポキシ樹脂と銅は強力な密着力のある接着ができません。接着力を確保するために、銅表面に次のような黒化処理や微細エッチングなどの処理を行います。これらは銅表面の粗度を高めてアンカー効果により樹脂と密着性を高めるものです。

黒化処理は銅表面を強アルカリ酸化性溶液で酸化して、**図1**のような針状の黒色酸化銅層を形成させるものです。処理液は、亜塩素酸塩を主体とし、60～95℃で行っています。一般的にエポキシ樹脂はアルカリ性の薬液に弱いので、浸漬時間など十分に注意が必要です。この方法では、めっきスルーホールの酸性薬液を用いる工程でランド上の酸化銅層が侵されて銅の色になるピンクリングという現象が起こります。高密度配線では腐食の恐れがあるため、別の処理法を用いるようになっています。

その一つとして、**図2**のように、銅表面を特殊なエッチングで微細な凹凸を付ける処理法が使われています。処理液の種類や条件を選択することにより、粗度や粗面状態の異なるものを得ることができます。プリント配線板として信号の伝送特性向上のためには、平滑面に近づける必要がありますので、より微細なエッチング面としながら密着性が損なわれないように考慮しています。また、絶縁樹脂により密着性は変わるため、それに応じた処理の選択をすべきです。

多層プリント配線板を構成するには、内外層のパターンを設計の指定通りに組み込むことが必要です。これを積層編成と言い、図面の通りに信号、電源、グラウンドの導体層を配置し、指定された導体層間隙となるように絶縁材料を選択します。

編成は**図3**(a)のように、ステンレス製の積層型に内層材、プリプレグ、銅箔を積み上げてブロックとし、図3(b)の熱プレスの熱板間に置き、加熱、加圧を行い積層します。2組以上重ねて積層する場合、製造パネルの大きさを揃えることが必要です。

黒化処理、銅表面エッチング、積層編成

要点BOX
●積層前に接着力を高める処理を行う
●銅表面の黒化処理または微細エッチングを行う
●積層プレスする前に積層編成を行う

図1　黒化処理の表面

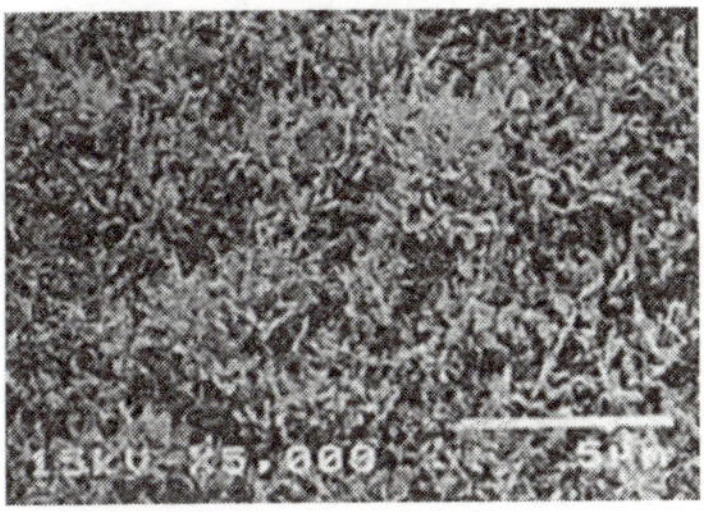

図2　微細粗化銅表面の状態

処理前　CZ-8100 エッチング量 1.5μm　CZ-8101 エッチング量 1.0μm　CZ-8201 エッチング量 0.5μm

写真提供　メック（株）

図3　積層編成と積層プレス

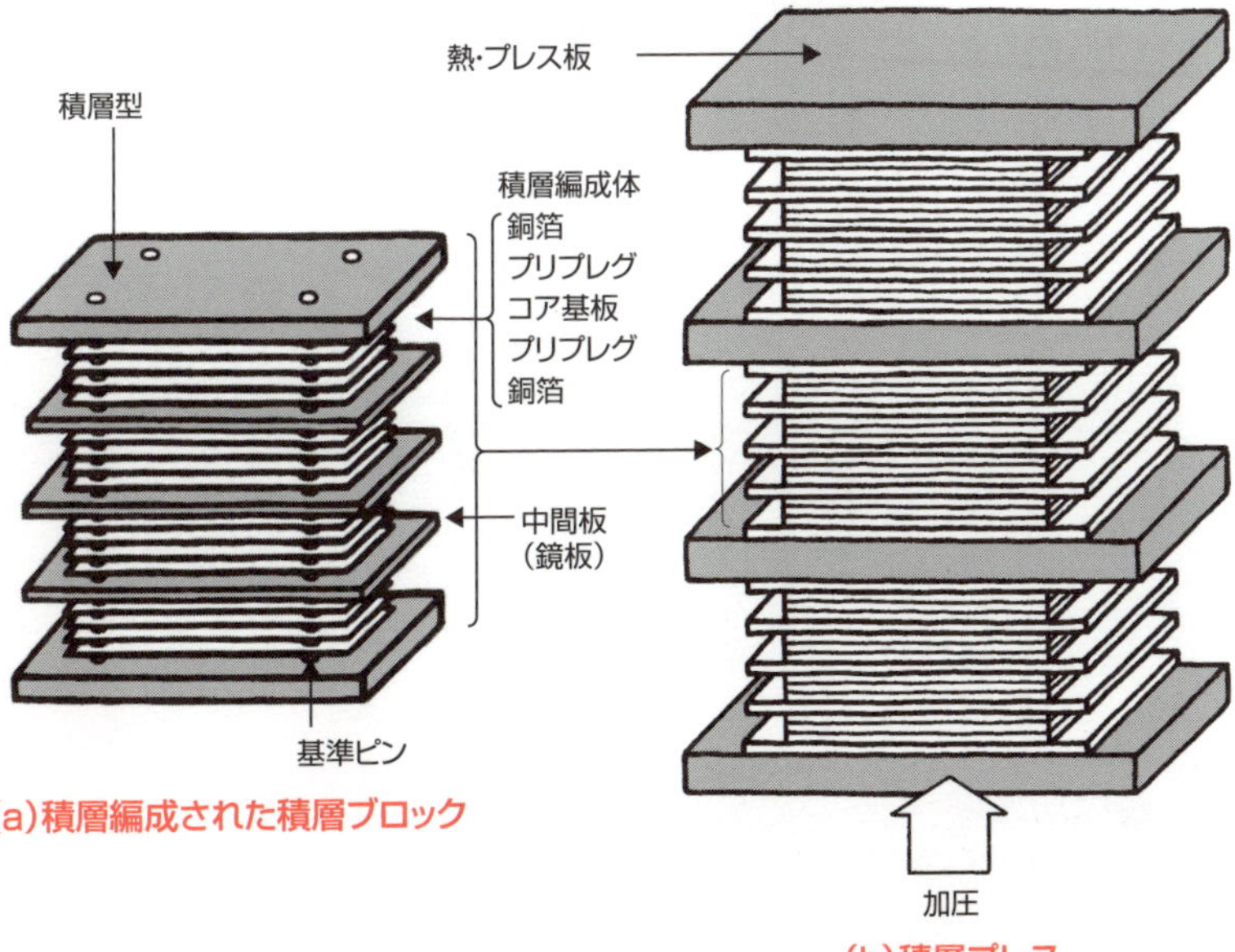

(a)積層編成された積層ブロック

(b)積層プレス

46 積層のための接着シート

プリプレグの特性

内層基板、銅箔を積層接着するためにプリプレグという接着シートを使います。これは、ガラス布にコア材と同質の樹脂を含浸させ、加熱によりBステージと言われる半硬化の状態とした樹脂のシートです。このプリプレグをさらに加熱すると、一旦溶融後、完全に硬化しますので、内層材や銅箔の間に挟んで全体を加熱することで、それらが接着され多層基板として一体化されます。

プリプレグの加工上の特性としては、樹脂含量、樹脂流れ、硬化速度、揮発分や動的粘弾性特性などがあります。プリプレグは半硬化の中間製品のため、保管環境で特性が変化します。特に湿度に大きく影響を受けるので低湿度、低温の環境下に保管し、使用前には特性のチェックが必要です。保管期限も厳密に管理します。保管日数の経過で硬化時間が短くなる傾向があります。

プリプレグが加熱されてから硬化までの粘度の変化を動的硬化特性といいます。図1に昇温時の加熱時間と粘度の関係を示しました。硬化の反応は発熱反応で、温度により図2のように変化します。半硬化樹脂は加熱により溶融が始まり粘度が低下しますが、時間と共に重合が進んで最後は固化します。

プリプレグの樹脂は脆いので、切断などで微細な粉が飛散しやすく、付着すると欠陥の原因になります。そのため、切断等加工時は取り扱い上の注意が必要です。プリプレグは銅張積層板のプリプレグと同様の工程で作られ、そのままのロール状あるいはカットシートの形態で供給されています。前記のように保管中に特性の変動が考えられますので、ロール毎に特性測定し、これを積層条件に反映させます。

プリプレグの特性としては、硬化後、材料としての誘電率、絶縁抵抗、曲げ強さなどがあり、これらは加工上の樹脂特性と強く関連しますので、それに合った積層条件設定が必要です。

要点BOX

- 内層基板、銅箔を接着するために接着シート(プリプレグ)を用いる
- プレプレグは脆いので取り扱いに注意する

図1　プリプレグのフロー特性

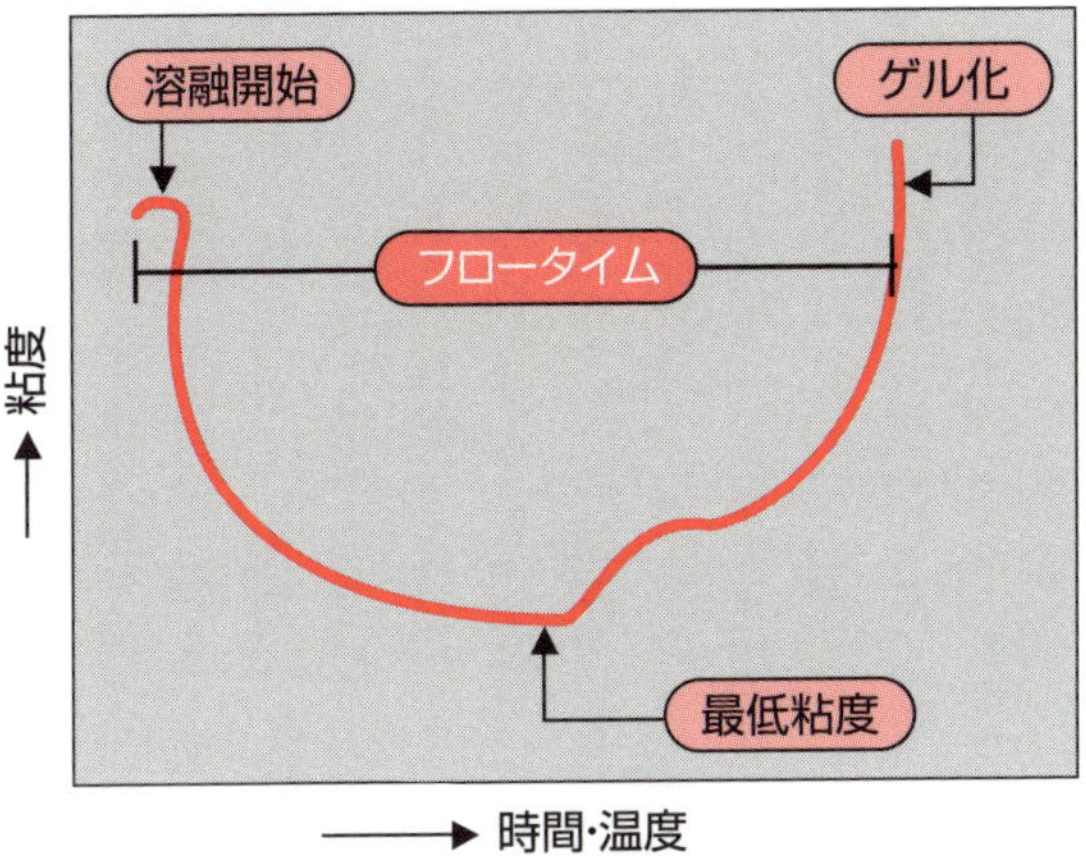

図2　示差熱分析(DTA)によるプリプレグの吸発熱曲線

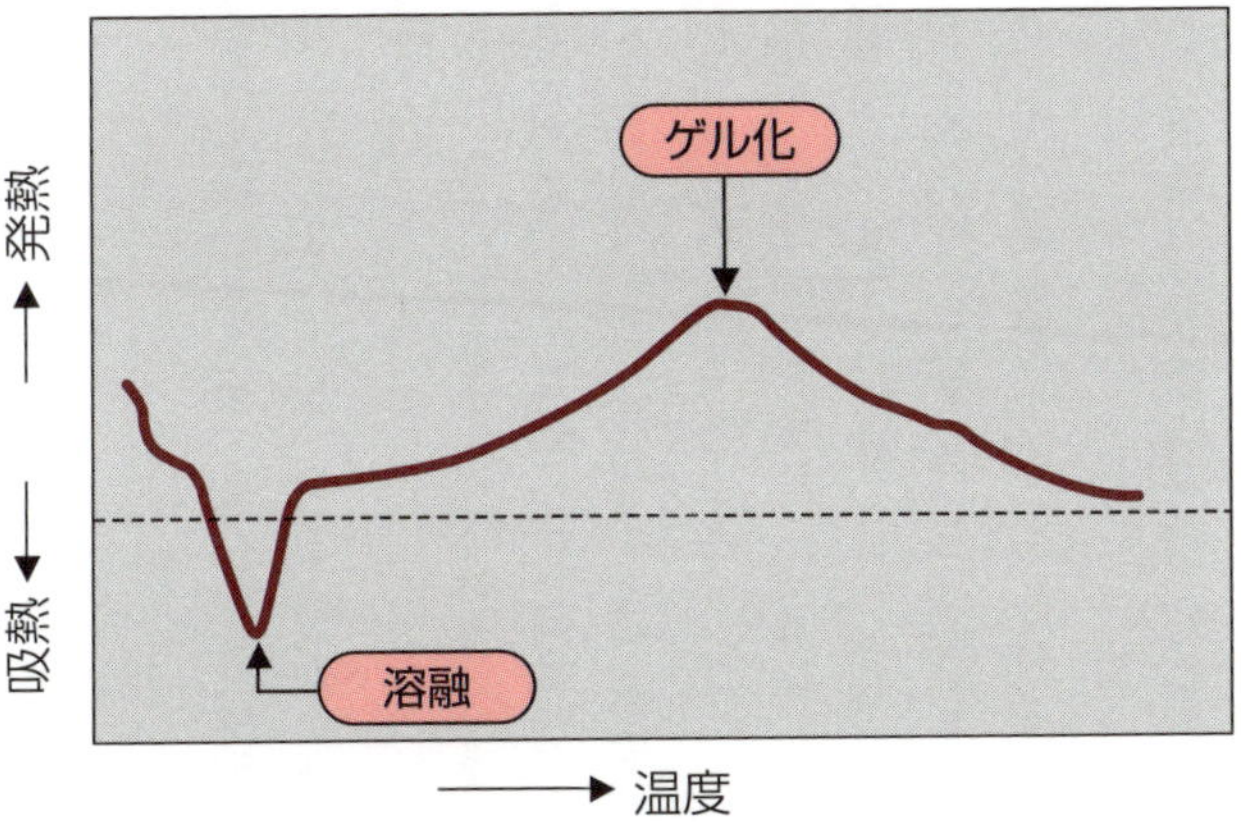

47 積層プレス加工と後処理

編成品の一体化と解体、検査

積層型の中に編成した多層積層編成ブロックは図1のように、積層プレスの熱板に載せ、加熱加圧を行って接着して一体化します。加熱加圧条件の一例を図2に示しましたが、使用するプリプレグの特性で異なります。最近の積層プレスはロード、アンロード装置により自動で動作するようになっています。

積層はボイドを防ぐために真空積層プレスを用います。真空にした後、加圧することで気泡を除去します。これによりボイドを防ぎ、板厚や寸法変化を小さくすることができます。

積層が終了した後は、冷却するのを待って取り出します。量産の効率を上げるため、ある程度温度が下がったところで冷却プレスに移動させて冷却する方法が行われます。

積層が完了、冷却した後、プレスから取り出し、基準ピンのあるものはピンを抜き、積層型と製造パネル間に置いた中間板を取り外します。このように積層編成を解体した後、はみ出した樹脂を取り除くため外形加工を行い、さらにその加工部のコーナーを面取り加工します。

次に、次工程の基準とするための基準穴を開けます。基準穴の位置は、X線により内層パターンの基準マークを読み取り、ドリル加工を行います。基準穴加工機の例を図3に示しました。

積層の完了後、次工程に送る前に、外観と寸法の検査を行います。外観では、キズ、へこみ、打痕、ガラス織目の浮き出しなどを検査します。寸法では、パネルサイズ、板厚、また、そり、ねじれなども検査します。

この段階で、必要に応じ、製品の一部か、同じ工程を経て別に用意されたテスト用サンプルを用いて断面観察などの破壊検査を行い、積層された板の内部に発生している層間剥離やボイドなどの欠陥も検査します。

要点BOX
- ●加熱加圧で一体化する
- ●積層後は冷却して解体する
- ●外観検査と破壊検査を行う

図1　真空積層プレス(熱板タイプ)

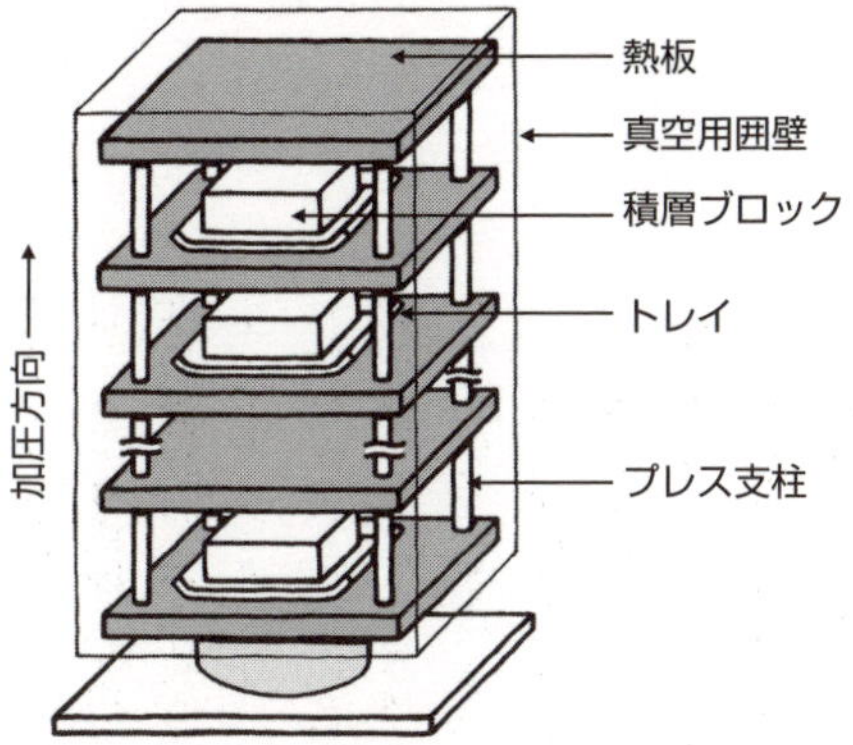

図2　積層条件の例

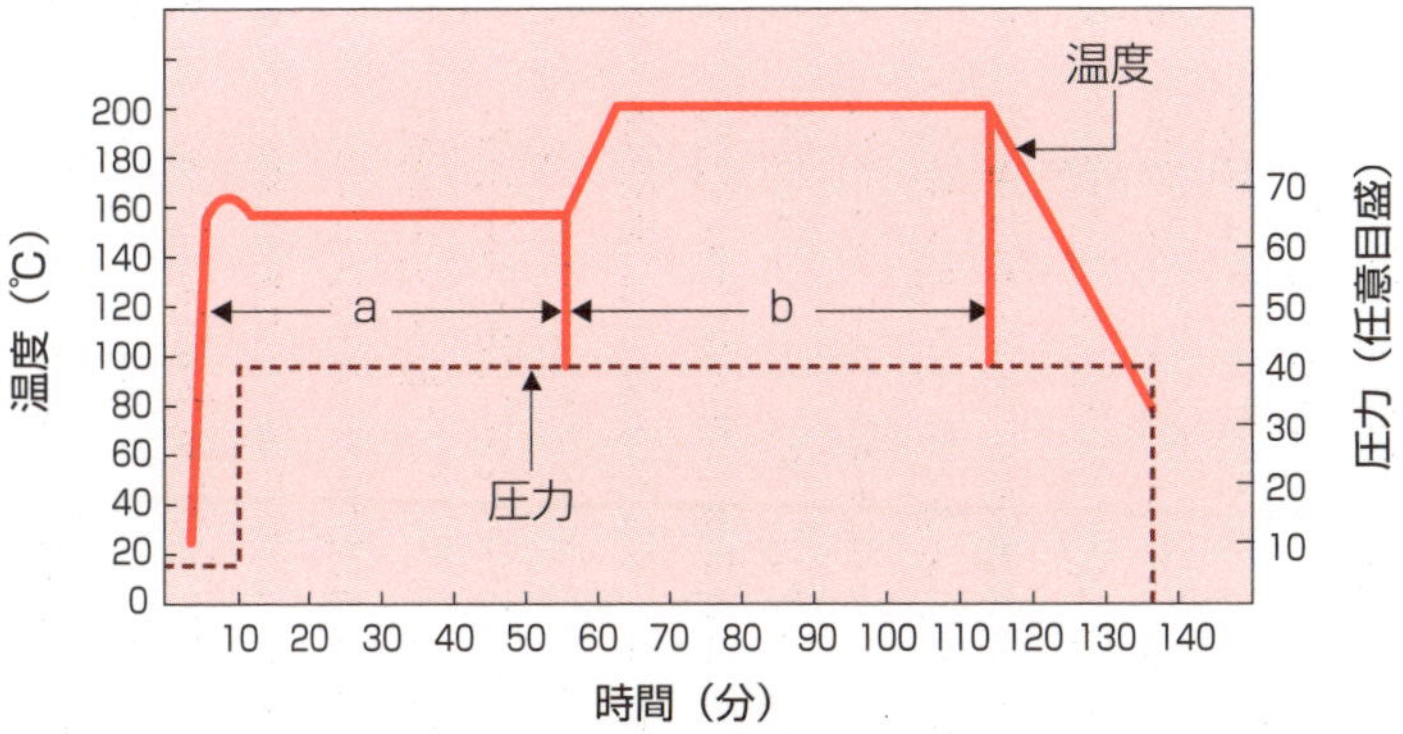

図3　X線基準穴加工機の例

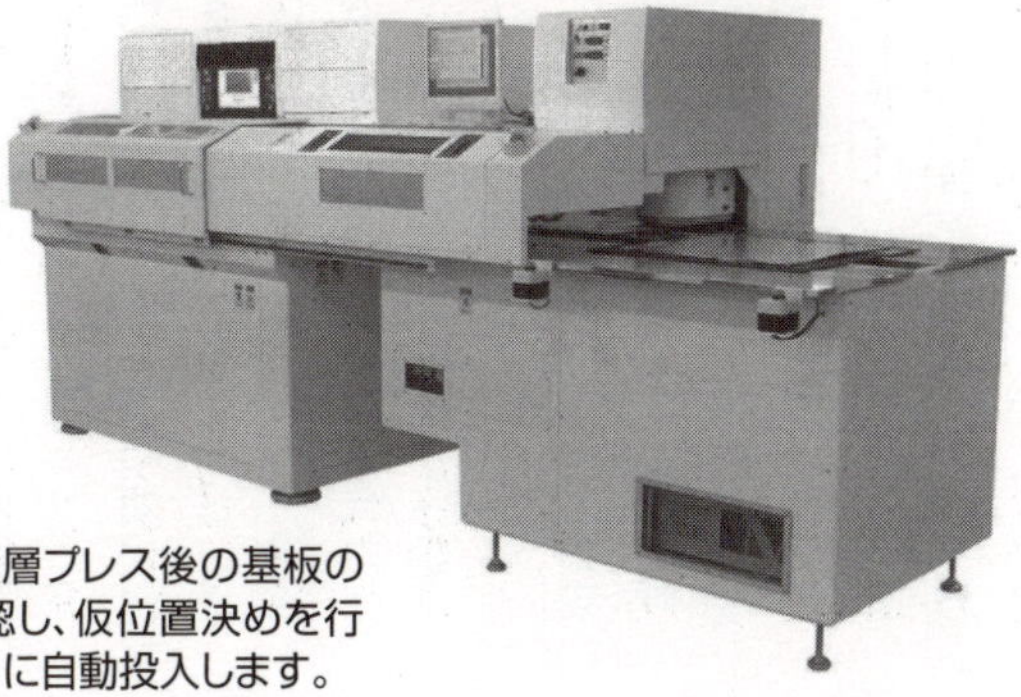

X線カメラにより積層プレス後の基板のガイドマークを確認し、仮位置決めを行い、穴あけ機(左側)に自動投入します。

写真提供(株)ムラキ

Column

水平分業か？垂直統合か？

現代のパーソナルコンピュータ原型のウィンドウズ・ベース国際標準パソコンが日本で発売されたのは1990年代頃からで、それまでは各社が独自の技術で製品開発を行い、技術ノウハウは自社内に留める戦略が主流でした。ところが、日本でもこのパソコン（IBM PC／AT互換機）が主力となると、使用部品が共通化され、部品供給メーカーも多くなり、競争により価格が安く品質の良い部品が調達可能となり、専門分野向けPCを除いて国際標準パソコンへの切り替わりが加速しました。

国際標準パソコンになり、パソコンはどのメーカーから購入しても同じとなり、必要な機能・性能ならば安いパソコンが求められました。これは、電子機器全般に言えますが、国内メーカーは、製造を人件費の安い海外生産に切り替えを加速し、それが水平分業の典型である量産製造専門メーカー（EMS）を発達させることにもつながっています。

これまで電子機器の企画・製造・販売まで、一貫して自社内で行なったクローズした垂直統合から、量産製造を海外メーカーに委託する水平分業の仕組みが生まれました。水平分業が主流となると、汎用部品を組み合わせた製品開発手法が生まれ、専門とする水平分業メーカーが生まれました。これまで日本人が得意としていた技術を組み合せて最適化した製品開発を行なう従来手法から、開発期間とコスト削減が可能な標準部品による水平分業を各社が採用するようになりました。

水平分業の考え方は、半導体チップの開発変遷にも適用できます。半導体黎明期には、単一機能の実現に複数の半導体チップを組み合わせました。その後、集積度が向上すると、複数機能を単一パッケージに実装する技術が生まれ、さらに処理速度の向上が要求されると、複数チップで分散処理するマルチチップ手法が採用されました。この考え方は、垂直統合と水平分業の考えと相通じると考えます。その時代の技術レベルに合わせ、統合と分業が繰り返されるのです。

これから、IoTの時代が到来してエッジコンピューティングと呼び情報を収集しAI機能で必要情報を取捨選択する機器が必要とされます。水平分業でセンサ専業メーカー等が生まれ、これら技術を複合的に利用し、データの「見える化」をするため、日本人が得意とした垂直統合手法が再び必要となる時代と考えます。

第6章

多層化プロセスのための穴加工とめっきと試験

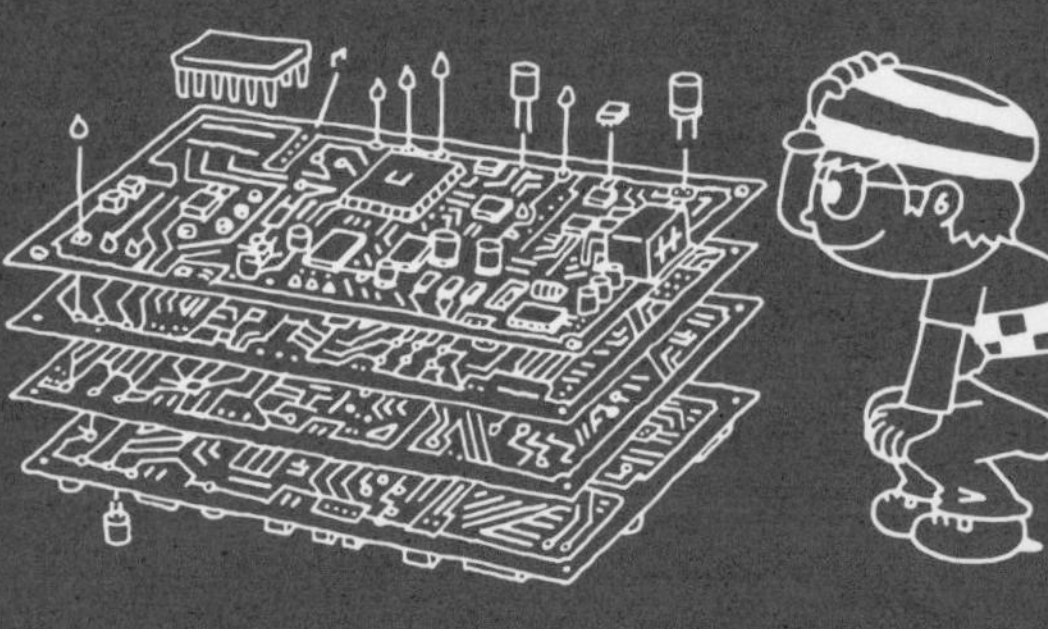

48 機械式ドリルによる穴あけ

めっきスルーホール法

両面および多層プリント配線板は、内外の導体パターン間を板厚方向に接続するために板を貫通する穴をあけ、壁面にめっきをします。これをめっきスルーホール法と言います。

接続の穴は、部品リードを挿入する穴と、パターン間の接続のみの穴があり、前者を部品挿入穴、後者を接続ビア（Via）と言います。部品挿入穴の径は部品のリードの径により決まります。接続ビア径は接続のみですので、加工可能な微細な径とします。表面実装基板では、ほとんどの穴は接続ビアで、最近では、0.1㎜以下の径のドリルも量産されています。

めっきスルーホール法では、導体パターンを接続する位置に、機械式ドリルで穴をあけます。その位置は、CAMシステムで作られた数値制御データ（NCデータ）で制御します。

穴あけ装置の例を図1に示します。この主な構成は、図2のように製造パネルを固定するステージ、ドリルを装着し回転するスピンドル、ドリルをNCデータにより基板上の適切な位置に正確に制御移動させる機構からなります。さらに、ドリルの交換や、破損ドリルの検出、基板の自動ロード、アンロードの機構も有します。NCデータには、穴あけデータとしてドリル径、ドリルの回転速度、送り速度、ドリルの交換回数なども装置に入力します。これらの因子は加工時の切削性や位置ずれや、穴の品質（穴径や位置精度、穴壁の凹凸、スミアの程度など）に影響し、生産性を勘案し適切に設定します。

通常、穴あけの作業は図3の工程で、図4のように、製造パネルの上下にエントリーボード、バックアップボードとスタックし、基準穴でステージに固定します。穴径が小さい場合は、製造パネルは1枚で穴あけを実施しますが、通常は2枚以上重ねます。穴あけ後は、装置より取りはずし解体後、穴数のチェック、疵などの外観チェックを行い、次工程へ送ります。

要点BOX
●めっきスルーホール法では、導体パターンを接続する位置に機械式ドリルで穴をあける

図1 穴加工装置の外観

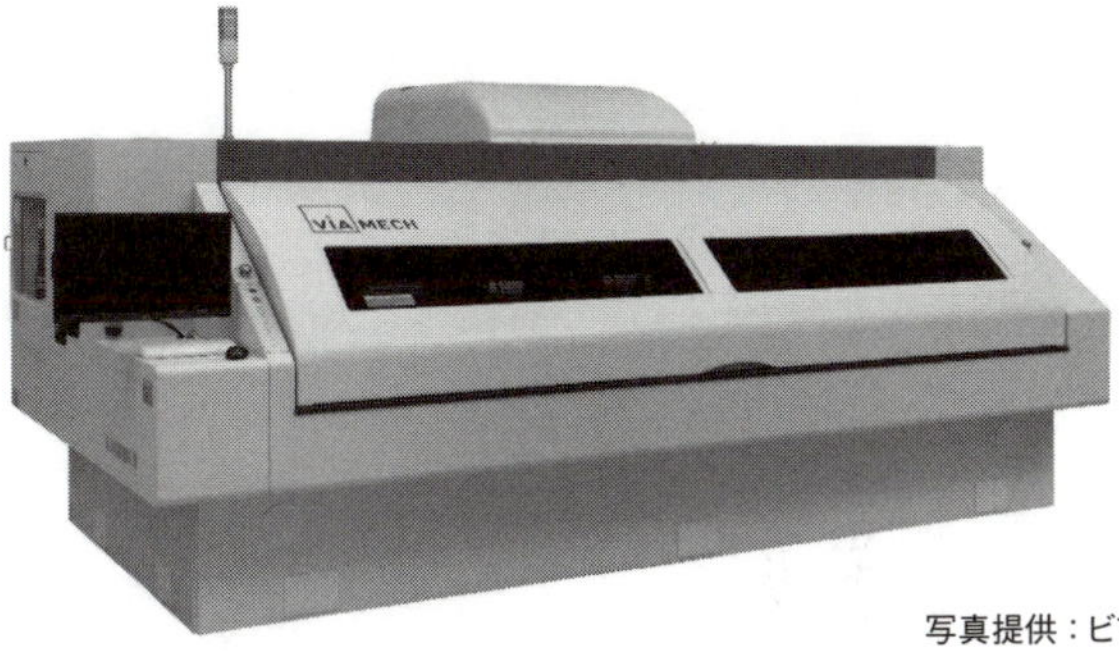

写真提供：ビアメカニクス(株)

図3 穴加工の工程

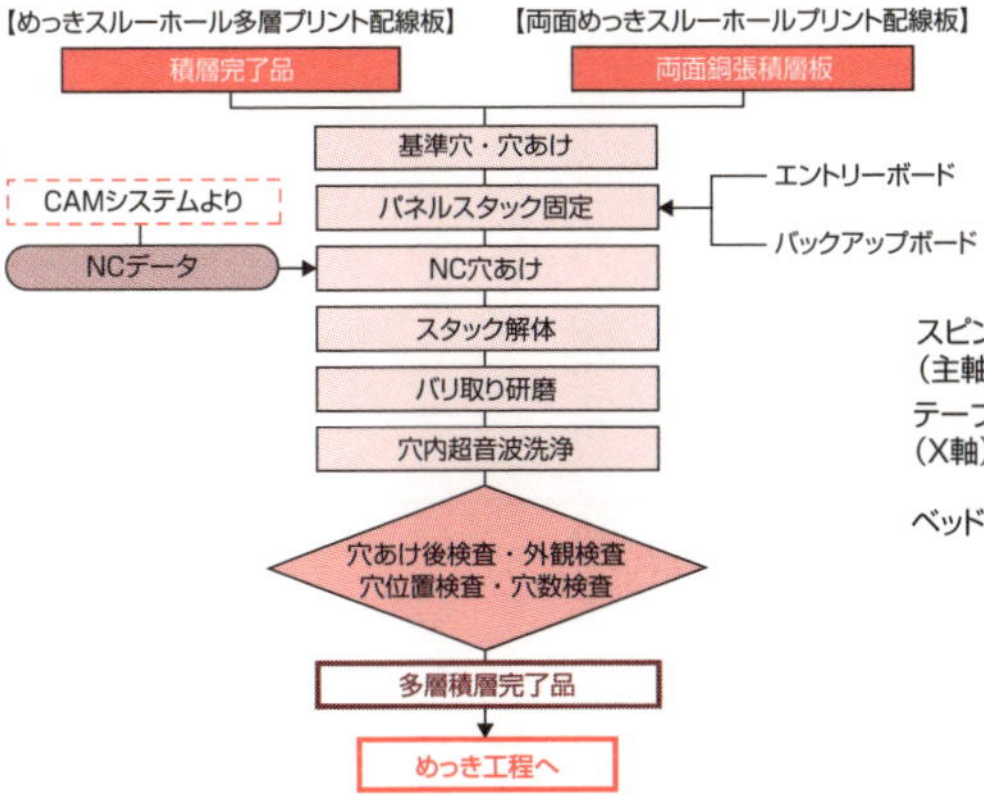

図2 数値制御穴加工装置

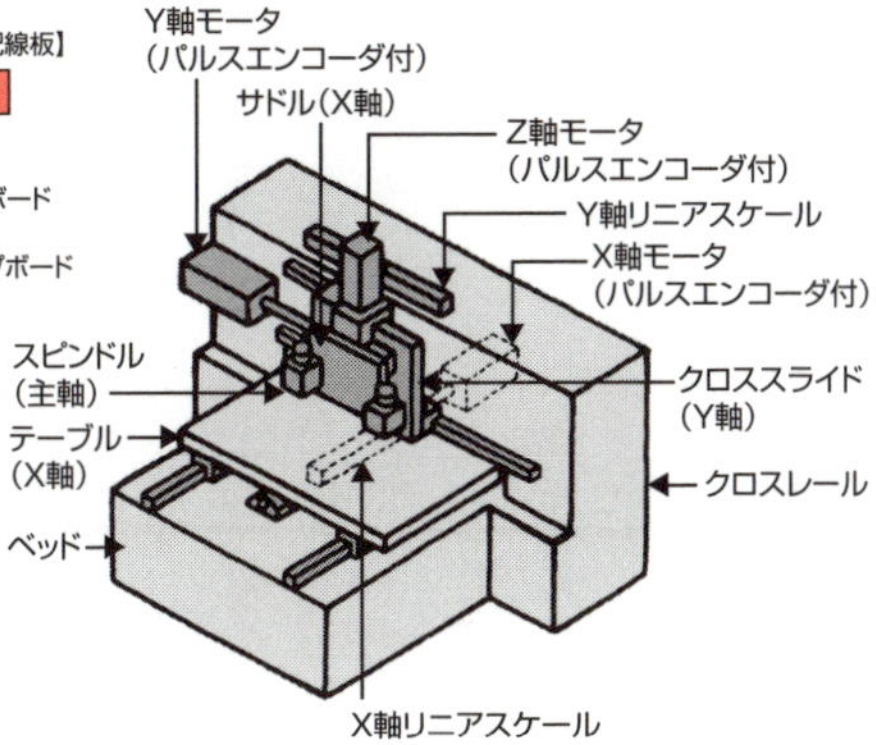

図4 穴あけ加工するパネルのスタック

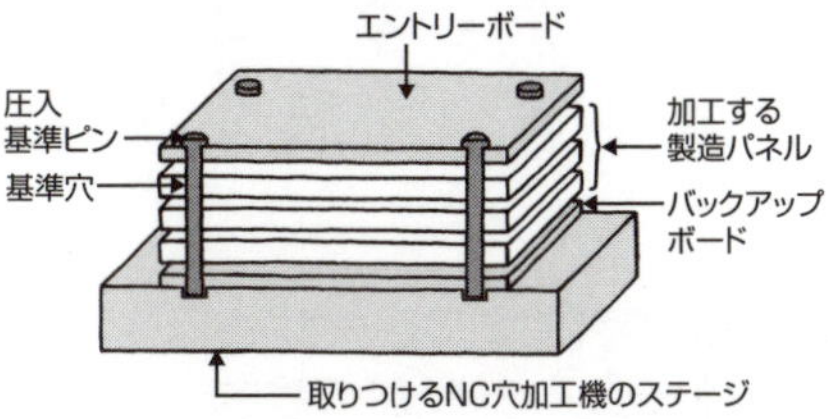

49 レーザドリルによる穴あけ

ビルドアップ工法でのブラインドビア加工

機械式ドリルによる製造パネルへの穴加工は、スルーホールやバックドリル（次項で説明）に用いられています。これに対して高密度配線が要求されるビルドアップ工法においては、層間を接続するビアは微細なブラインドビアが必要であり、レーザドリルで開けています。その径は仕様によりますが、最小は量産においても、50㎛かそれ以下となっています。ブラインドビアの形状の例を**図1**に示します。積層する材料は、銅箔とプリプレグ、樹脂付銅箔、ビルドアップ用樹脂フィルムの場合があり、厚さが異なりますが、厚さ／ビア径比は1を超えない程度にされます。形状は、通常ややテーパーが付くようにします。

レーザドリル加工機の例を**図2**に示します。プリント配線板の用途では、波長9・4㎛のCO_2レーザが一般的で、樹脂やガラスにおける吸収率が高いのに対しビア底の銅の吸収率が数%であるため、ブラインドビアの加工がしやすいことが利点です。一方、さらに小径が必要な場合には、波長355㎚のUVレーザが用いられる場合があります。これは、銅への吸収率も高いため、樹脂付銅箔をラミネートしてダイレクト加工することも可能ですが、穴底の銅のダメージを軽減するような条件に設定します。CO_2レーザでも、表面の銅箔を黒化処理、または硫酸過酸化水素系薬液による粗化をしてダイレクト加工する場合もあります。

製造パネルに対してレーザ光を照射する機構は、**図3**のようになります。レーザヘッドから発振されたレーザは、レンズと加工径の調整を行うアパーチャなどから構成される光学系、および高速で多ビーム化を行うビームスイッチング、高速高精度で位置決めを行うガルバノスキャナ、ビームを目的の位置に均一に結像する$f\theta$レンズで構成されます。加工の速度は、ガルバノスキャナの速度で決まり、現在は1万穴／秒レベルの加工も実現されています。広い面積に対しては機械的にガルバノスキャナのスキャン位置を移動させます。

要点BOX
- ブラインドビアの穴加工はレーザで行う
- 波長9.4μmのCO_2レーザが一般的

図1　CO_2レーザ加工機によるブラインドビア加工　加工径35μm

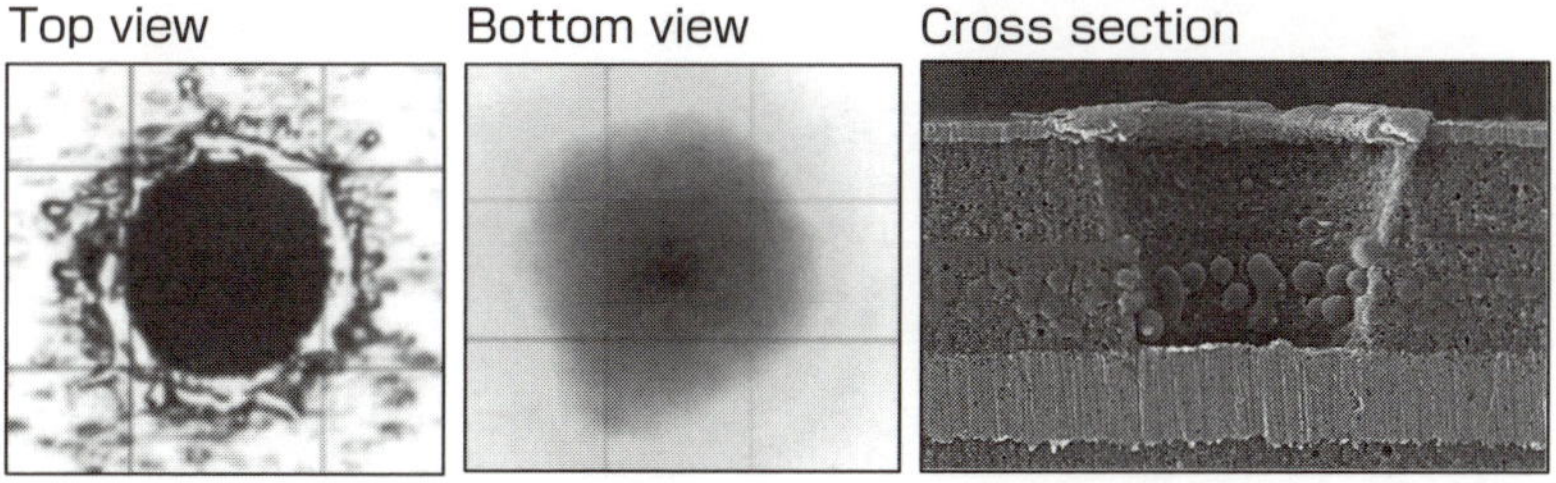

資料提供：ビアメカニクス(株)

図2　CO_2レーザ加工機の例

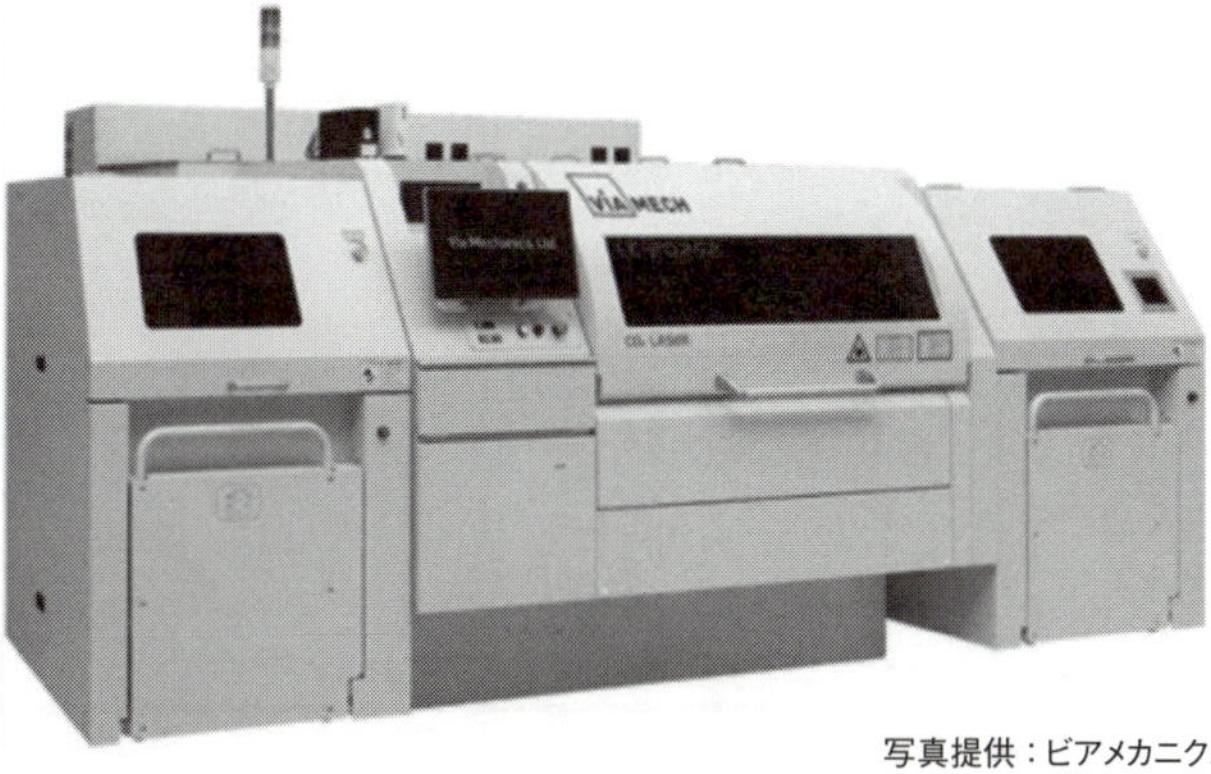

写真提供：ビアメカニクス(株)

図3　製造パネルに対するレーザ光照射の機構

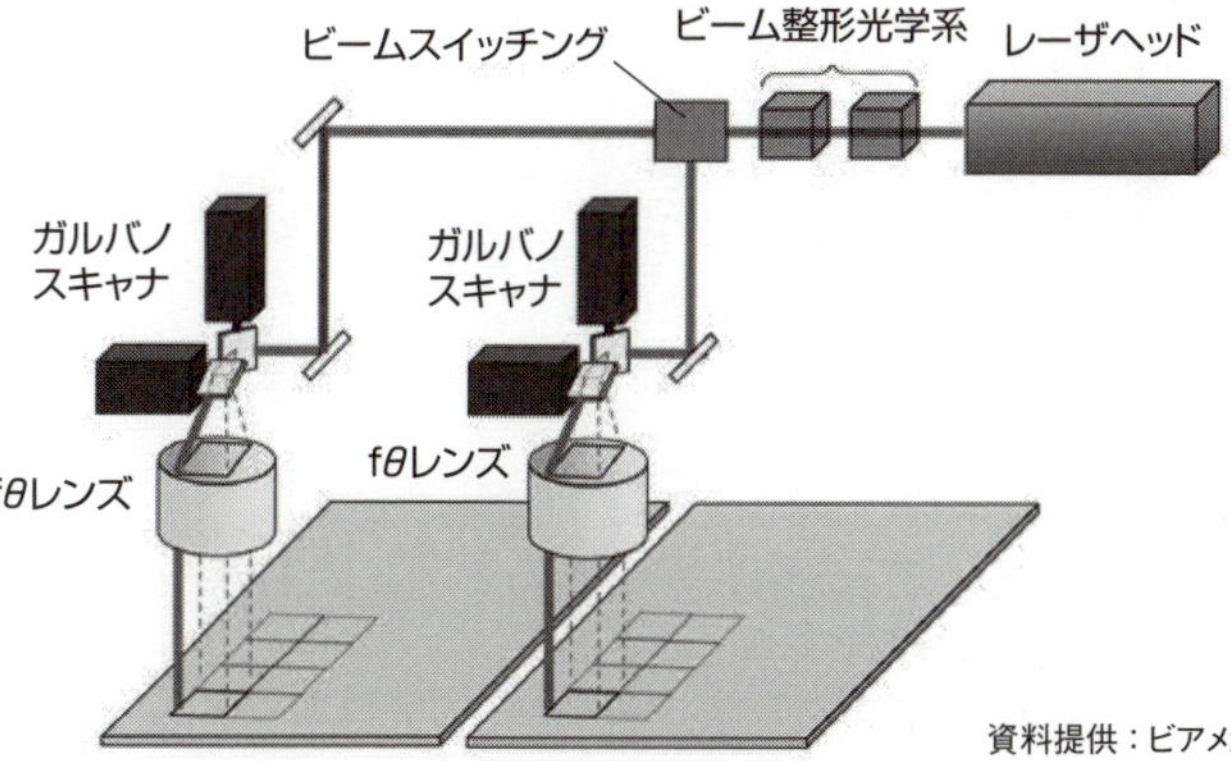

資料提供：ビアメカニクス(株)

50 穴あけ加工の後工程

デスミア、キャビティ加工、バックドリル

1．デスミア

スルーホールやブラインドビアを加工すると、ドリルやレーザの熱で加工部の樹脂が溶融、銅箔上に固化しスミアが発生します。これが内層の銅上に残留すると、後のめっき層との接合不良となりますので、これを除去する工程をデスミアと言います。一般的なデスミアの工程は**図1**で、加工されたパネル全体を過マンガン酸塩溶液に浸漬してスミアを酸化分解する化学処理を行います。その前に、アルカリ性有機溶剤による膨潤、処理後残留したスミアの酸化物を除去する中和処理を行います。処理の前後のスミアの状態を**図2**に示します。デスミア処理が不足するとスミアが残留しますが、過多の場合は穴壁の樹脂が後退、プリプレグのガラス繊維が突出など、ビア穴品質の劣化につながるので適正な条件設定が必要です。

2．キャビティ加工

部品内蔵基板では、**図3**、**図4**のように内層基板にキャビティを形成し、そこに部品を実装してキャビティとの間隙を埋めて平坦化した後、積層する場合があります。キャビティ加工の方法は、ルータ、パンチング、レーザがあり、加工部の大きさ、精度、全体工程との整合性等により選択します。例えば、多層基板の表層にザグリを入れる場合はルータを使い、積層材にフィルムを使う場合はパンチングで行います。キャビティ内部に樹脂埋めした部品の端子の接続は、端子部の樹脂にレーザで穴あけしてビア加工します。

3．バックドリル

めっきスルーホールができた後に行う工程で、機械式ドリルでスタブとなる部分を穴あけし、切削除去するものです。スタブは**図5**のように内層回路と接続されず突出したスルーホールの部分で、これにより高周波信号のスルーホールの伝送特性は大きく劣化しますので、表層から接続された内層のスタブになる部分を除去すると、伝送特性は著しく改善します。

要点BOX

●穴加工で生じたスミアを除去するデスミア工程
●部品内蔵基板用のキャビティ加工
●スルーホールができた後に行うバックドリル

図1　デスミア処理の工程
（銅張積層板―めっきスルーホールの場合）

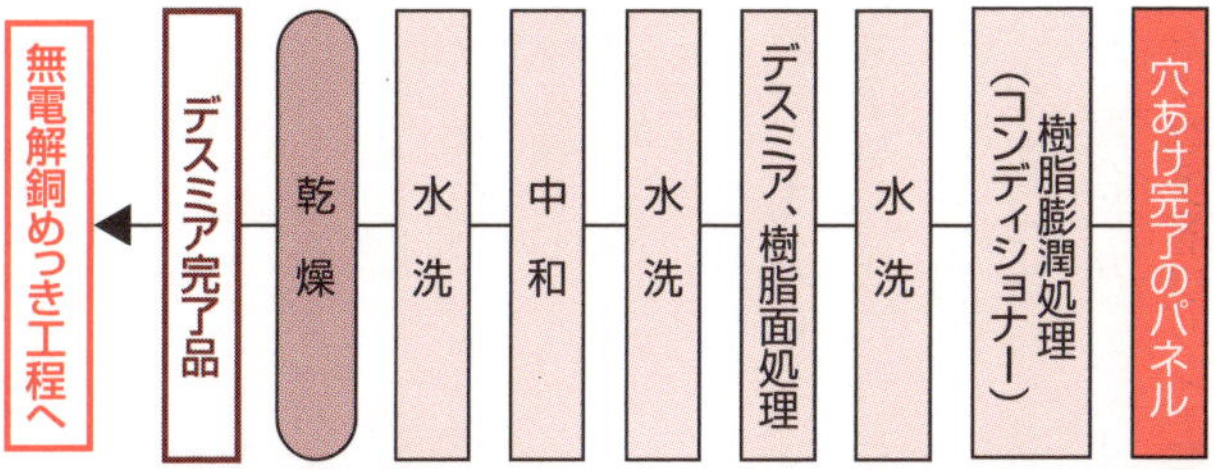

図2(a)　デスミア処理による銅箔端面の清浄化

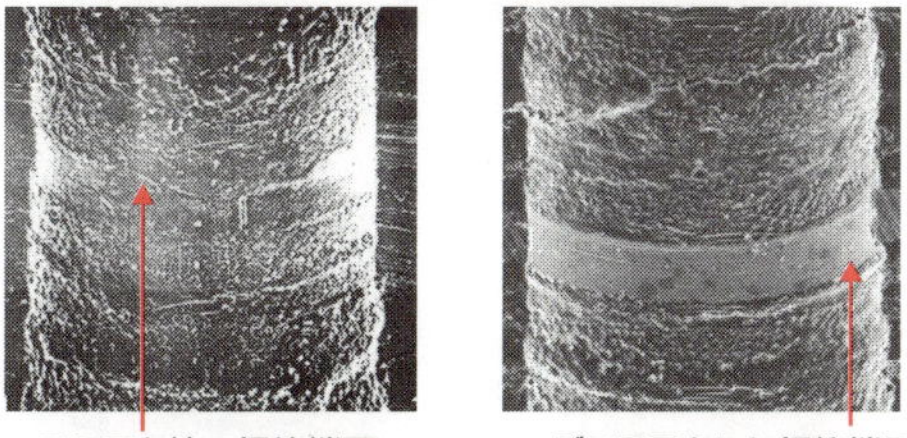

スミアを持つ銅箔端面
(a)デスミア処理前

デスミアをした銅箔端面
(b)デスミア処理後

図2(b)　樹脂スミアによるスルーホールの接続不良の例

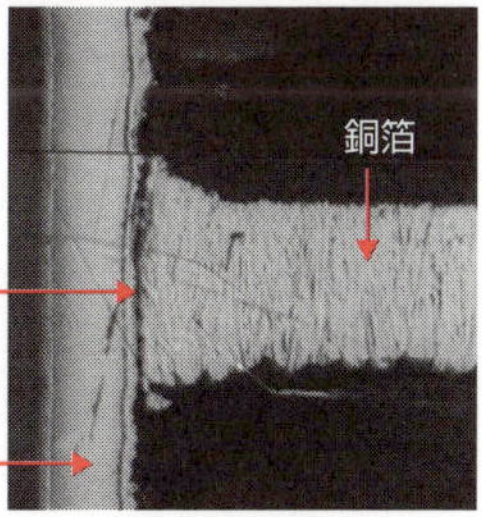

図3　部品内層基板の概略図

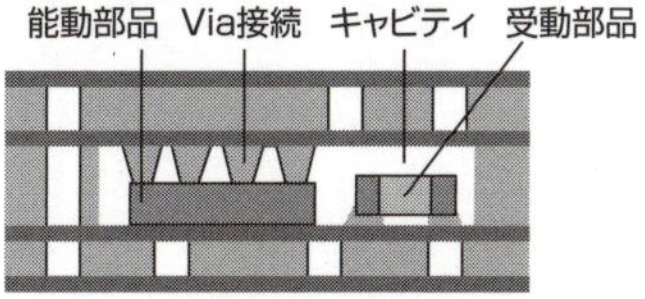

出典：エレクトロニクス実装学会誌、19(1) 53 (2016)

図4　キャビティに内蔵された部品

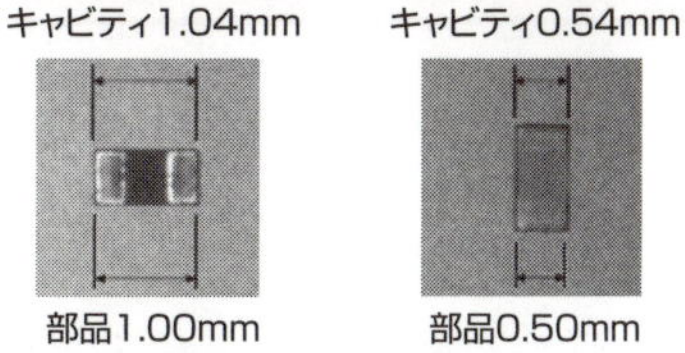

出典：エレクトロニクス実装学会誌,17(5) 422 (2014)

図5　バックドリル加工によるビアの伝送特性

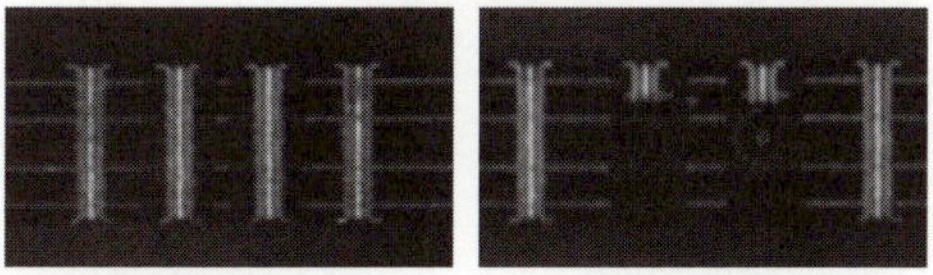

B：表層～内層(L3)
バックドリルなし(スタブ大)

C：表層～内層(L3)
バックドリルあり(スタブ小)

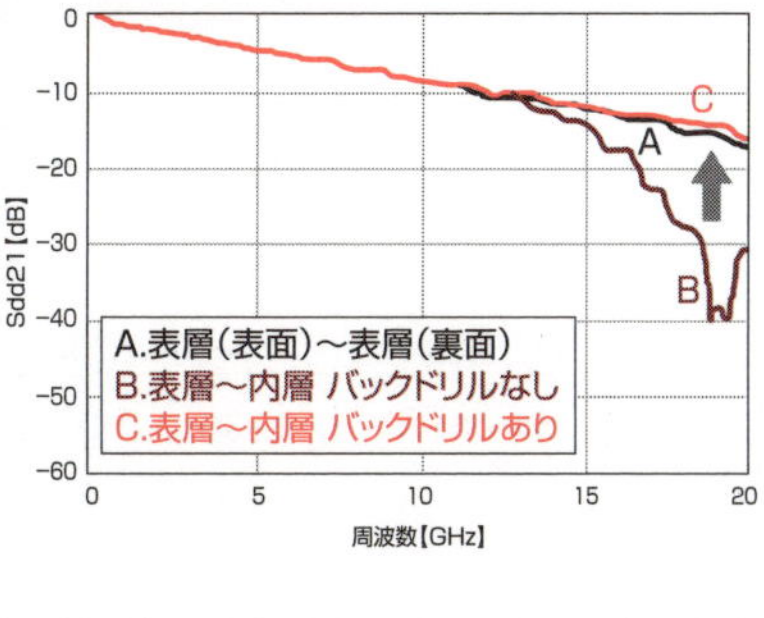

バックドリル工法によるビアスタブ除去により、15GHz以上の周波数において20dB程度伝送特性を改善することができました。

資料提供：RITAエレクトロニクス

51 プリント配線板に用いられるめっきの役割

要求特性とめっきの品質

プリント配線板の製造では、めっきは非常に重要であり、表と図に示すように層間や搭載部品間の接続用導体の形成、および入出力端子の表面処理に用いられます。めっき金属は、導体形成はほとんどの場合銅であり、接合用の端子表面処理には、金、ニッケル、錫が主に使われます。めっき方法には電解めっき、無電解めっきの両方があります。

プリント配線板の技術発展により、配線密度の増大に伴う線幅やビア径の狭小化、インピーダンスコントロールの重要性による導体膜厚の均一化、さらには、部品接合端子では、はんだやワイヤボンディングなどによる接合の信頼性維持など、要求特性にめっきの品質が関わる度合いが一層高まってきております。

両面、および多層プリント配線板では、層間を接続するスルーホールを銅めっきで形成します。これは、あけた穴の壁面を無電解銅めっきで導電化し、電解銅めっきで必要な膜厚に成長させます。ビルドアップ配線板でもブラインドビア内に銅めっきを行いますが、表層に銅箔のないビルドアップ樹脂の場合は、ビア内を含めて表層も無電解銅めっきで導電化してから電解銅めっきを施します。

端子の表面処理は、その目的仕様により多様な方法があります。目的としては、保管期間中、または実装時の高温の環境における表面酸化からの保護、実装におけるはんだやボンディングワイヤなどの材料との強固な接合などです。仕様では、端子部に給電できない場合は、無電解めっきを使います。電解めっきが必要な場合は、予め給電用の配線パターンを入れておき、最終処理でそれを除去します。さらに、コストは最も重要な要素の一つであるため、仕様に合ったできるだけ安価な方法を選択します。銅表面酸化防止では、有機膜を付ける耐熱プリフラックス仕上げ(OSP)が安価で使用されています。

要点BOX

- 電解めっきと無電解めっきがある
- 信頼性にもめっきの品質が大きく関わっている

表1　めっきの主な役割と種類

	役割		種類	
			電解めっき	無電解めっき
めっき	導体	導体パターン	銅 (Cu)	銅 (Cu)
		導体層間接続	銅 (Cu) ; 下図①	銅 (Cu) ; 下図①
	接合	はんだ付け	錫 (Sn) ニッケル (Ni)/ 金 (Au ; 軟質)	ニッケル (Ni)/ 金 (Au ; 軟質) ニッケル(Ni)/パラジウム(Pd)/金(Au ;軟質) 錫 (Sn) 銀 (Ag)
		ワイヤボンディング	ニッケル (Ni)/ 金 (Au ; 軟質)	ニッケル (Ni)/ 金 (Au ; 軟質) ; 下図② ニッケル(Ni)/パラジウム(Pd)/金(Au ;軟質)
		コネクタ	ニッケル (Ni)/ 金 (Au ; 硬質) 下図③	
	パターンめっき法のエッチングレジスト		錫 (Sn)	
めっき以外	銅表面酸化防止			OSP ＊ HAL ＊＊

＊OSP (Organic Solder Preservative) 銅表面に有機薄膜を付ける。
　プリフラックスと言うこともある。
＊＊HAL (Hot Air Leveler) 基板を溶融はんだにディップし銅表面に付着させる

図1　プリント配線板のめっきの例

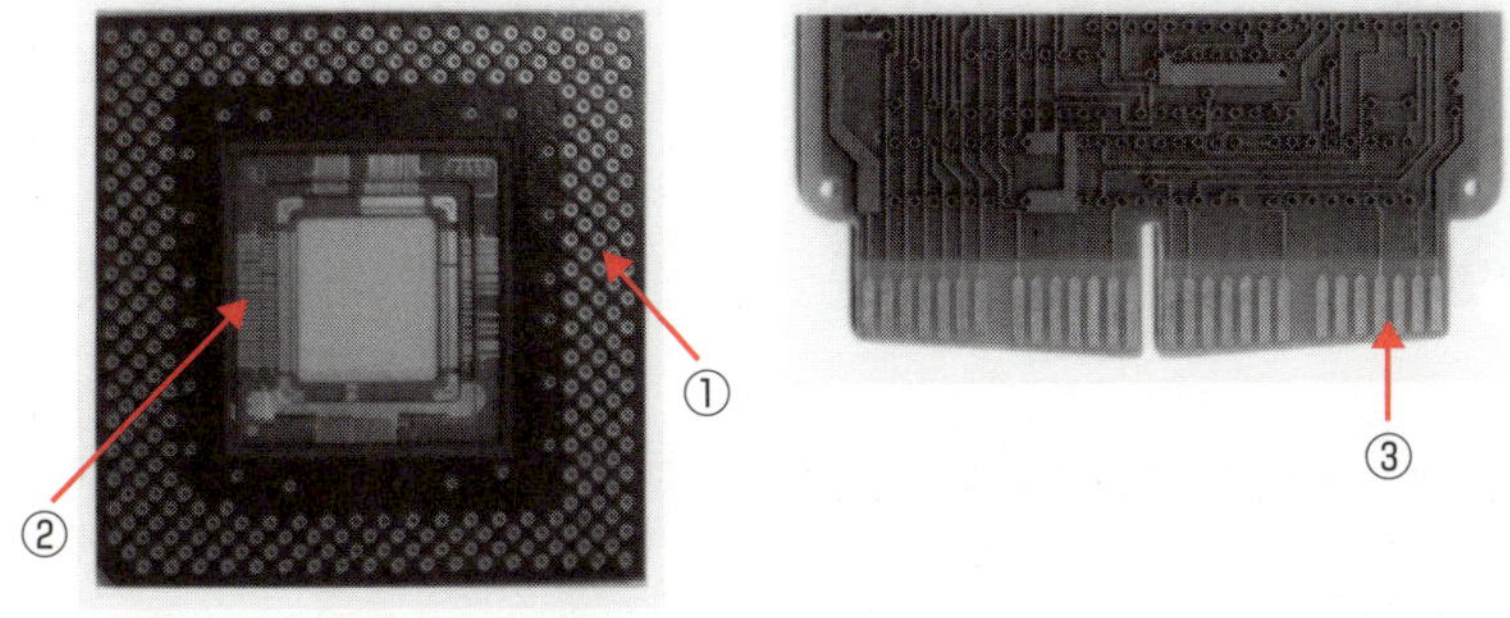

52 無電解銅めっき

反応と前処理プロセス

スルーホールの穴壁やビルドアップ樹脂表面やビアの絶縁体表面を導電化するために無電解銅めっきを行います。無電解銅めっきの反応を**図1**に示しています。液中には銅イオンと還元剤が溶解していますが、それが液中で即座に反応しないように錯体、添加剤を加えて安定化させています。めっきすべき基材表面でのみ選択的に反応を起こさせるように、その前処理プロセスで、その表面に触媒を吸着させます。

通常、前処理に投入する製造パネルは、前述（50節）のようにデスミア処理が行われています。前処理のプロセスでは、安定的な触媒吸着のためいくつかのステップがあり、それぞれに用意された薬液に順次浸漬します。そのプロセスの流れを**図2**（左上から右下へ）に示しました。このように、薬液や処理条件を適切に管理する必要があります。

最も一般的な無電解銅めっき液は、高アルカリ性で、銅イオンを錯体として含み、ホルマリンを還元剤としたものです。ホルマリンは、有害性が言われていますが、実績、コストの点でまだ優位です。代替には、グリオキシル酸や次亜リン酸塩を還元剤とした液があります。錯体は、EDTAまたは、酒石酸塩が用いられています。さらに、液安定化のため、メーカー独自の添加剤を含有します。

無電解銅めっきの膜厚は、電解銅めっきの下地としては1㎛未満です。ボイドや剥れなどの欠陥がないように、膜厚だけでなく、析出速度、析出皮膜の性状を、めっき液の成分濃度、アルカリ分濃度、温度，空気攪拌量などによって適切に管理しなければなりません。成分濃度が低下したときには補給しますが、局部的な濃度上昇がないよう配慮が必要です。また、反応の副生成物（ギ酸塩、硫酸塩など）も蓄積しますので、液には寿命があり処理量の上限を設定して超えたときには液更新を行います。

要点BOX

●一般的な無電解銅めっき液は高アルカリ性でホルマリンを還元剤としている
●膜厚やめっきの性状を適切に管理する

図1　無電解銅めっきの反応

$$Cu^{2+} - L + 4OH^- + 2HCHO$$
$$\rightarrow Cu + 2HCOO^- + H_2 + 2H_2O + L$$

（Lは銅イオンの錯体：EDTAまたは酒石酸塩）

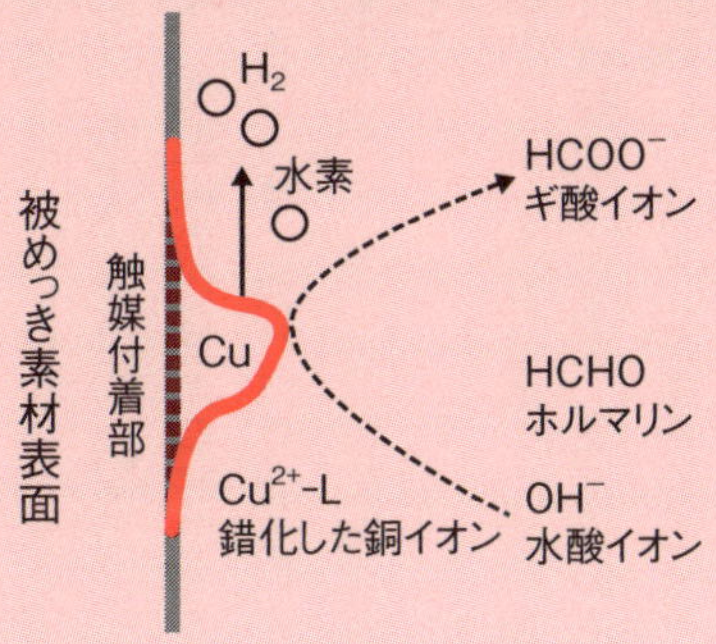

図2　無電解銅めっきの前処理プロセス（Pd-Snコロイドタイプ）

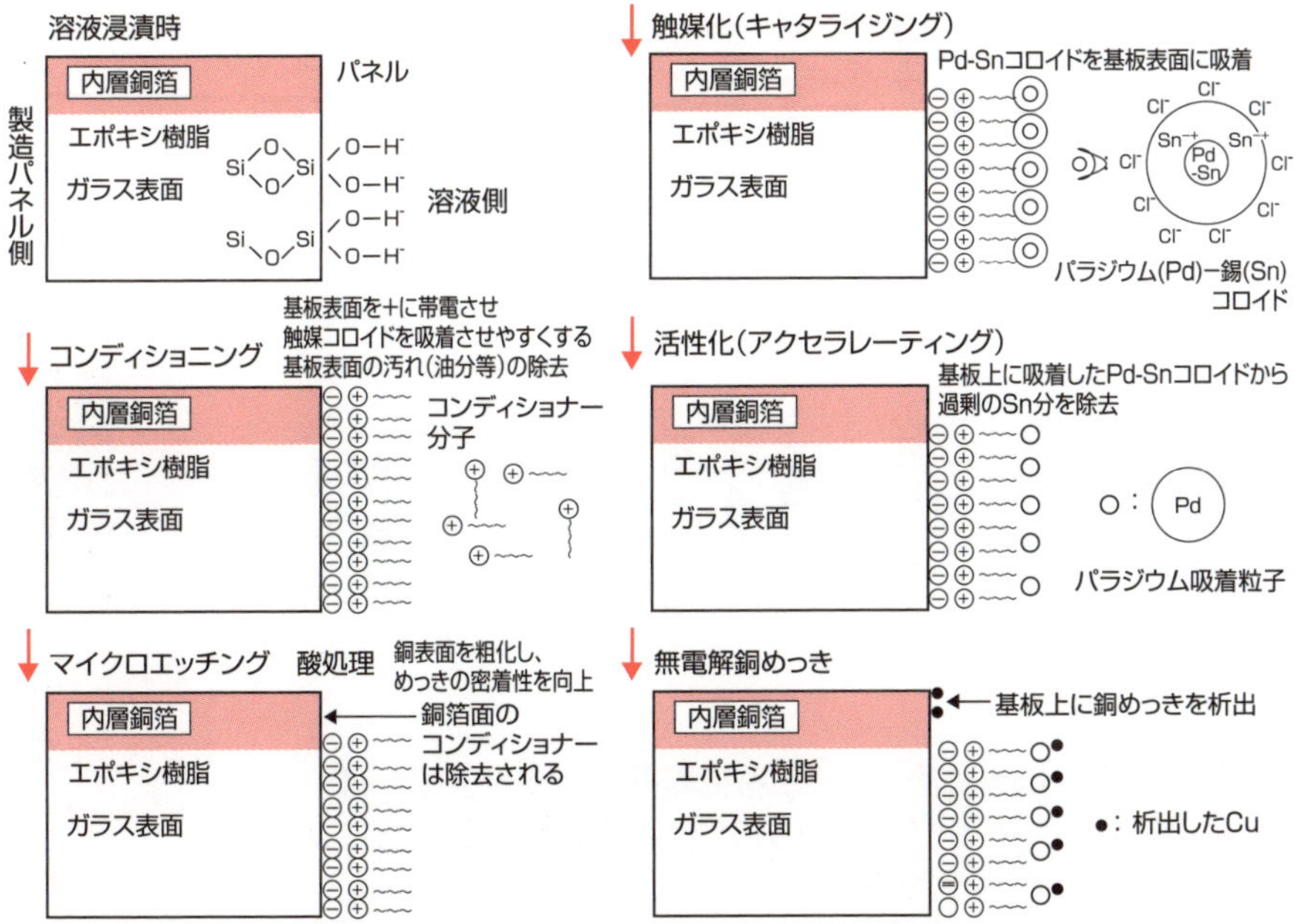

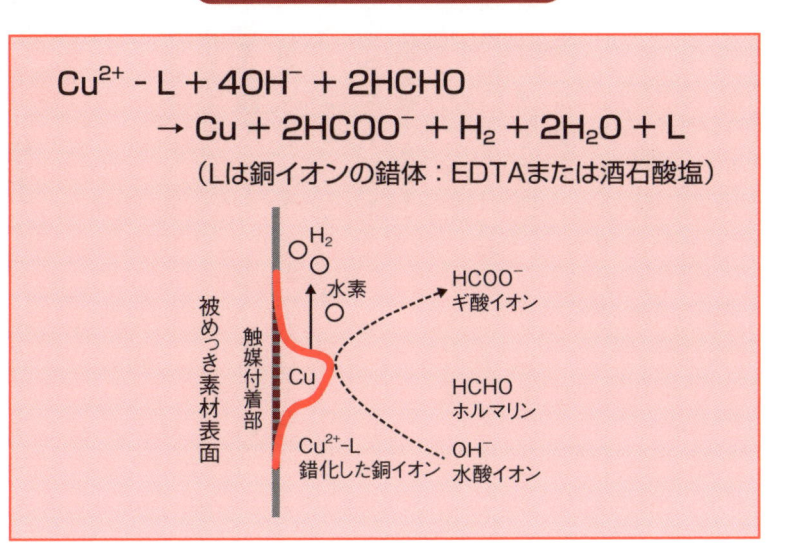

53 電解銅めっき

信頼性を確実とする電解銅めっき

無電解銅めっきで導電化されたビア穴内壁やビルドアップ樹脂表面上の銅の厚さを、狙い値まで増大させるため電解銅めっきを行います。無電解銅めっきに比べ、析出速度が高く、析出銅の物性が良好であるため用いられます。めっき用治具に取り付けた基板をめっき液中に入れ、治具を通して被めっき部に電流を流し、銅を析出させます。

現在、プリント配線板製造に利用されている電解銅めっき液のほとんどは硫酸銅めっき液です。その主な成分は、硫酸と硫酸銅、および、少量の塩素イオンと有機添加剤です。その主反応は、**図1**に示されるようにカソードである基板上で銅析出、アノードでは、可溶性アノードで銅溶解、不溶性アノードでは主に酸素が発生します。酸素発生や有機添加剤の分解を抑制するために、Fe(Ⅱ)イオンを銅めっき液中に加えるプロセスも実用化されています。

有機添加剤は、析出銅の結晶を微細化、素材表面の凹凸を平坦化するなど、銅の物性を最適とするために欠かすことのできない成分です。特に微細ビア穴内を充填するフィルドビア法では、その効果は重要です。同様の有機化合物は、半導体のダマシンプロセスやTSV形成のための電解銅めっきでも使用されています。

製造パネル表面への電解銅めっきの方式は、大きく分けて①無電解銅めっき上全面に行うパネルめっきと、②無電解銅めっき上にめっき用レジストを設け、開口部に行うパターンめっきがあります。①はサブトラクティブ法、②はセミアディティブ法での回路形成に用います。両者の工程を**図2**に示します。

電解銅めっきでは、被めっき部位の形状、めっき槽内位置や治具構造等により電流密度(銅膜厚)の分布にかたよりが生じます。銅膜厚が狙いの範囲から逸脱しないよう、槽内構造(遮蔽板)、治具構造、電流値設定、穴形状の見直しなどを行って適正化します。

要点BOX

- 無電解銅めっき終了後に電解銅めっき工程になる
- サブトラクティブ法とセミアディティブ法の2つの方式がある

図1　電解銅めっきの槽構造と反応

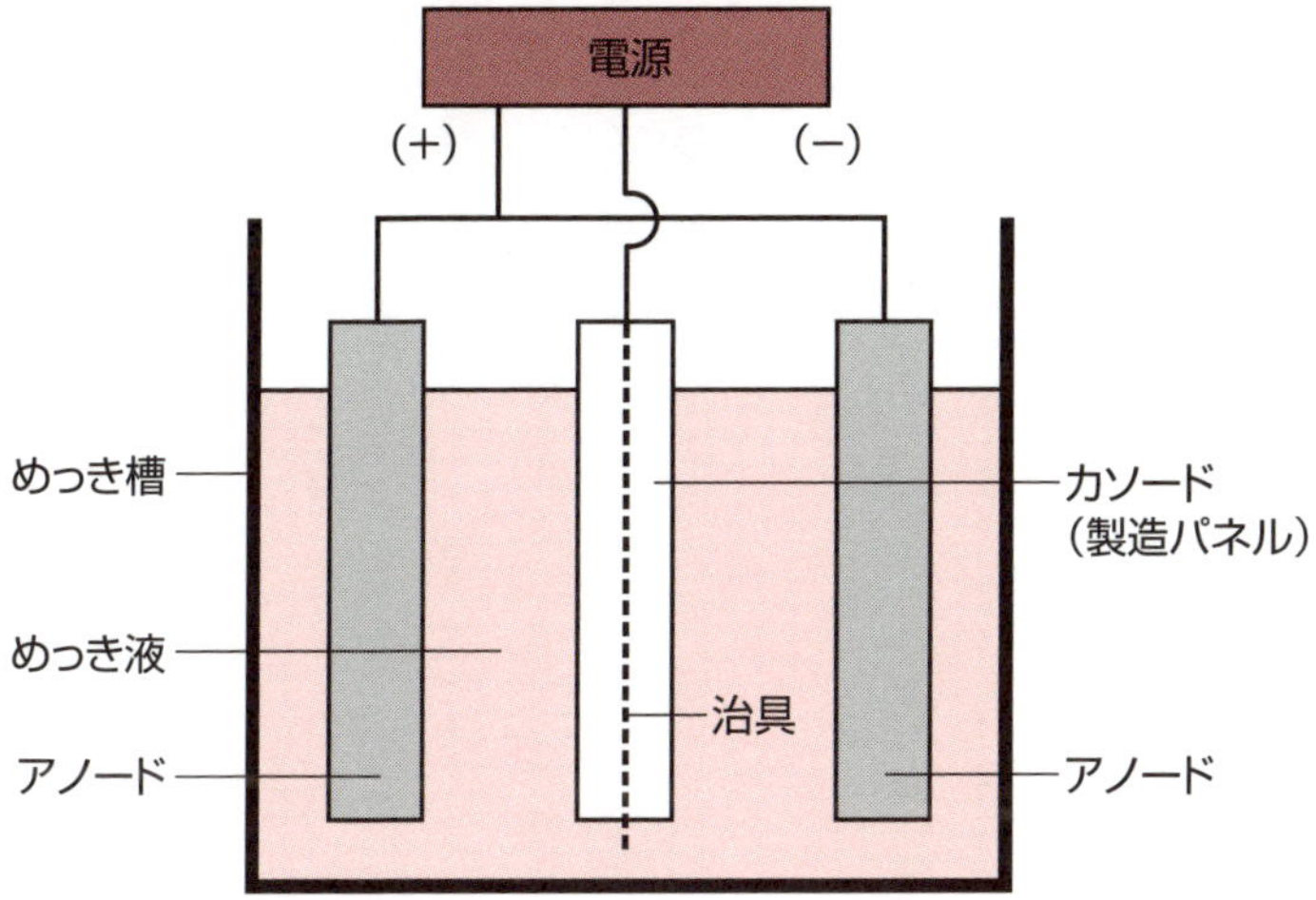

カソード反応：$Cu^{2+} + 2e^{-} \rightarrow Cu$
アノード反応：(可溶性アノード)$Cu \rightarrow Cu^{2+} + 2e^{-}$
(不溶性アノード)$H_2O \rightarrow 1/2O_2 + 2H^{+} + 2e^{-}$

図2　電解銅めっきの工程

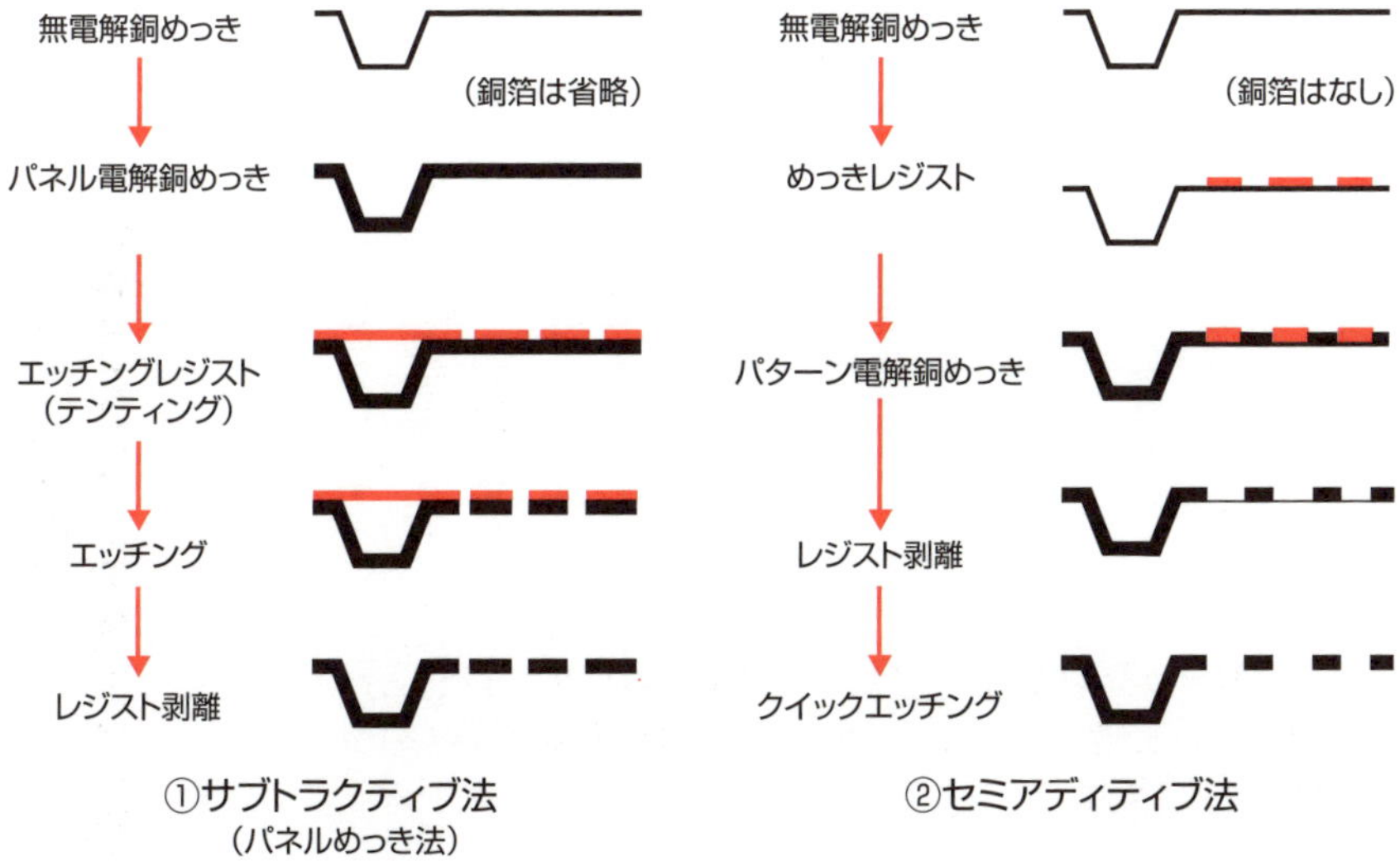

54 ソルダーレジストと端子の表面処理

チップ部品などを接続するための最終表面処理

パターン形成後、最後の仕上げとしてソルダーレジスト形成と表面処理があります。

1．ソルダーレジスト（SR）

SRの役割は**表1**の通りで、端子部を除き全面に被覆します。材料は熱硬化性樹脂と感光性樹脂が使われ、多くは感光性樹脂をスクリーン印刷で全面コーティングし、端子が開口するように露光・現像します。

2．端子の表面処理

端子の表面処理は、用途、実装の方式により選択されます。その種類を**表2**に示しました。目的としては、半導体チップや部品をはんだや金でのフリップチップ（FC）接合、または、ワイヤボンディング（WB）での接続をすること、あるいは、コネクタ、キーパッドなどがあり、仕様に見合うコストのものを選択します。

はんだ実装用では、実装前の保管期間中、または実装時の高温による表面酸化からの保護、および、実装後のはんだとの接合の維持が重要となります。銅表面に有機膜を付けるOSPが安価で最も多く使用されていますが、WB端子との共存、高耐熱性が必要とする場合は他の方法を選択しています。また、無電解Ni／Auめっきでは、稀に置換AuめっきによるNiめっきの局部腐食により接合不良となることがあり、信頼性を維持するため無電解Ni／Pd／Auめっきを採用する場合もあります。

電解Ni／Auめっきは、WB接続の信頼性は高いのですが、回路設計の段階で給電配線を入れ、最後に切断しますが、高密度基板では、その配線を入れる余地はなく、低密度のものに限られます。

表面処理の前処理では、SRの開口された端子部に、レジストの残渣等が残る場合には露出した銅面をプラズマ等で処理します。

また、前処理、めっき処理の薬液によるSRの侵食も考慮する必要があります。

要点BOX

●チップや部品を接合・接続するためにレジスト加工後の露出した端子の表面を最終処理（めっき）する

表1　ソルダーレジストの役割

(1)	実装作業上の役割
	・端子部のみにはんだ付着させる
	・はんだブリッジによる短絡防止
	・BGAなどのパッケージのモールド下地
(2)	長期稼動における役割
	・表面導体回路の外部衝撃に対する保護
	・表面導体回路間の電気絶縁性の向上、安定維持
	・導体上の誘電率制御による電気特性の改善

表2　端子の表面処理の種類

部材	目的		表面処理方式
	用途	実装方式	
プリント配線板	部品実装	はんだ	OSP 置換スズめっき 無電解ニッケル/置換金めっき 置換銀めっき はんだレベラー
	チップオンボード	ワイヤボンディング	電解ニッケル/金めっき 無電解ニッケル/パラジウム/置換金めっき 無電解ニッケル/還元金(厚付)めっき
	コネクタ	ソケット挿入	電解硬質金めっき
	キーパッド		無電解ニッケル／置換金めっき
ビルドアップ配線板(半導体パッケージ基板)	ベアチップ実装	フリップチップ(Au-Au,ACF)	無電解ニッケル/置換金めっき 無電解ニッケル/パラジウム/置換金めっき
		フリップチップ(はんだ)	無電解ニッケル/置換金 無電解ニッケル/パラジウム/置換金めっき はんだプリコート 置換スズめっき
		ワイヤボンディング	電解ニッケル/金めっき 無電解ニッケル/パラジウム/置換金めっき 無電解ニッケル/還元金(厚付)めっき
	基板への実装	はんだ	無電解ニッケル/置換金めっき 無電解ニッケル/パラジウム/置換金めっき 電解ニッケル/金めっき置換スズめっき はんだプリコート OSP

55 マーキング印刷と外形等の加工

各種の最終加工

1．マーキング印刷

プリント配線板への部品実装時にガイドの役割をする部品位置を示すシンボルマークやロット番号などを印刷します。文字印刷とも言います。方法はスクリーン印刷、またはインクジェット印刷で行います。インクは概ね白色か黄色のUV硬化性です。

2．外形加工

製造パネルに多面付けされていたものを個片とし、ユーザーに納める完成品の形状に切り取る工程です。パンチプレス加工とルータ加工があります。パンチプレス加工は金型を使って基板を打ち抜く方法です。大量生産品に向いていますが、破断面が汚く、切断による塵が発生して精密用途には適しません。ルータ加工は自動装置でプログラムされた通りに、刃の付いたドリル状の工具で切り出す方法です。精度の高い端面が得られ、高精度品や少量多品種対応に適します。

3．その他機械加工（**図1**を参照）

(a)Vカット　多面取りした基板にユーザーで部品を実装した後切り離して個片化するため、切断する部分に直線のV溝を専用機で加工します。

(b)溝加工　切取り線のように、一部で繋がった溝をドリルやルータで加工します。ユーザーでは部品実装後に個片化するため、この繋がった部分を切断します。Vカットと異なり、複雑な形状に対応できます。

(c)面取り　コネクタ端子の挿入面になだらかなテーパーを付けて、メス型のソケットに挿入しやすくするための加工です。

(d)基準穴、取り付け穴の加工　部品実装時に実装機に取り付け、実装位置を決めるための基準穴、実装した基板を筐体など装置に固定する取り付け穴などを加工します。

なお、加工後は切り粉や汚染等除去のため、プリント配線板は最終的に界面活性剤を含む洗浄剤で洗浄し、水洗乾燥します。

要点BOX

●プリント配線板製造の最終段階では、マーキング印刷と外形加工、その他機械加工を行う

図1　各種の機械加工

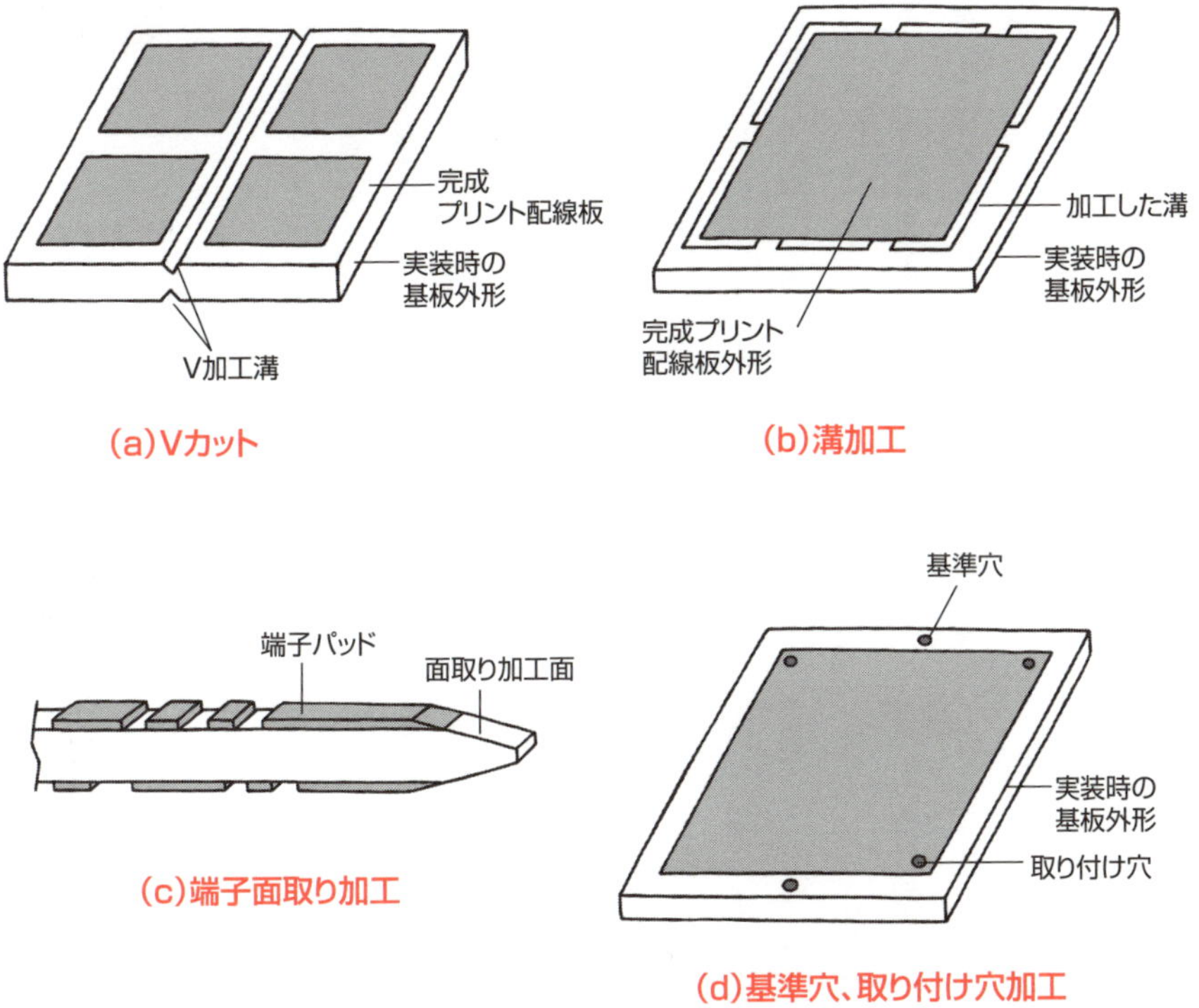
完成
プリント配線板
実装時の
基板外形
V加工溝
(a)Vカット
加工した溝
実装時の
基板外形
完成プリント
配線板外形
(b)溝加工
端子パッド
面取り加工面
(c)端子面取り加工
基準穴
実装時の
基板外形
取り付け穴
(d)基準穴、取り付け穴加工

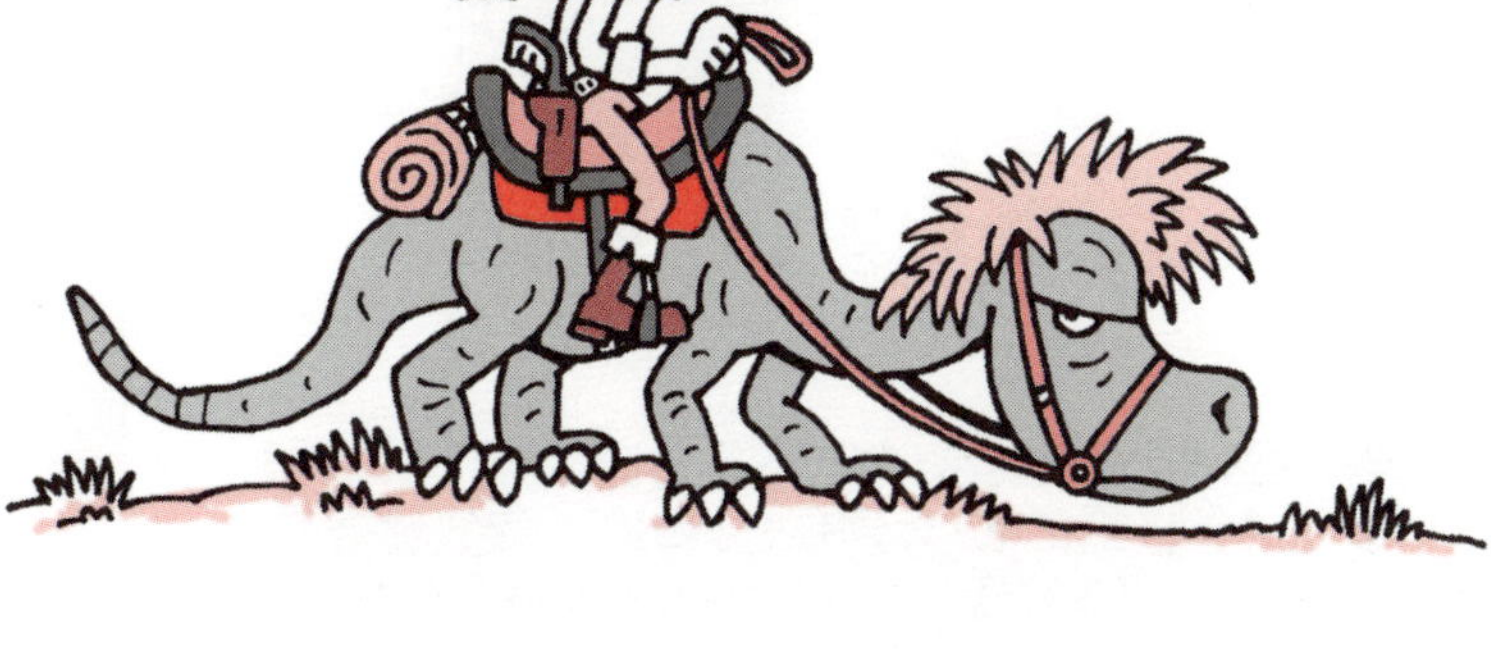

56 試験検査工程

完成品検査の工程

製造工程が完了したプリント配線板は、完成品検査を行い、製品が良品であることをユーザーに保証します。特に高信頼性が要求される場合、非破壊検査は全数行うことが一般的です。基準は、IEC、JISやJPCAなどの団体規格に則ることに加え、ユーザーと仕様書を取り交わして決めておきます。

完成品検査の工程を**図1**に示します。大きく分けて①導通・短絡電気検査、②外観・寸法検査、③テストクーポン検査があり以下に概略を示します。

①導通・短絡電気検査：回路の断線、短絡を調べて設計通りできていることを保証するために全数検査を行います。布線検査とも言います。導体パターンに測定端子を接触させますが、全端子に一度に接触する治具を作製して行う方法と、複数組の端子を高速で移動させて行うフライングプローバ法があります。フライングプローバ法では抵抗を測定する方式と、静電容量を測定する方式があります。導通以外の電気検査特性として、導体抵抗、絶縁抵抗、特性インピーダンス、高周波特性などを測定します。

②外観・寸法検査：外観上の欠陥には**図2**のように、断線、短絡やそれに近いものや、スルーホールランドの欠けやずれ、ソルダーレジストのずれ、ソルダーレジスト内異物など、多様なものがあります。基準に従い、このような外観上の欠陥を検出します。目視や拡大鏡で検査員が行うこともありますが、自動外観検査機（AOI）が用いられてます。寸法測定では、導体幅、間隙，穴径、ランドやレジストのずれなど、設計で指定された寸法通りにできているかを検査します。AOIでの計測も一般的となっています。

③テストクーポン検査：製造パネルに付けたテストクーポンを使い、破壊検査で内層導体やビア接続、さらに、加速環境（熱サイクル、高温、高湿）試験やはんだ付け試験を行った後、その変化などを調べます。

要点BOX

●高信頼要求の場合、非破壊検査は全数行う
●完成品検査には、大別して「導通・電気検査」「外観・寸法検査」「テストクーポン検査」がある

図1　完成品検査の工程

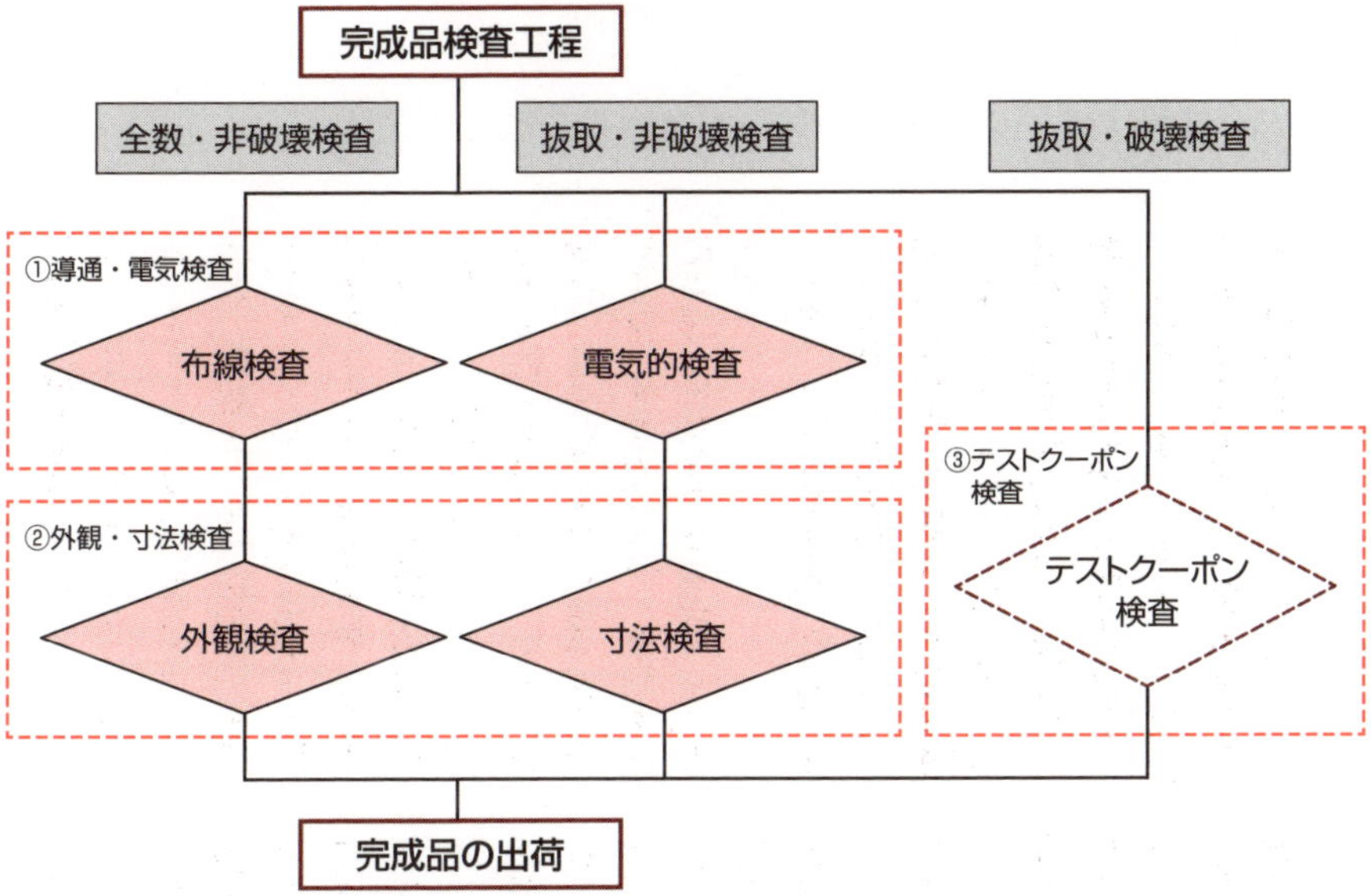

図2　プリント配線板の外観の欠陥の例

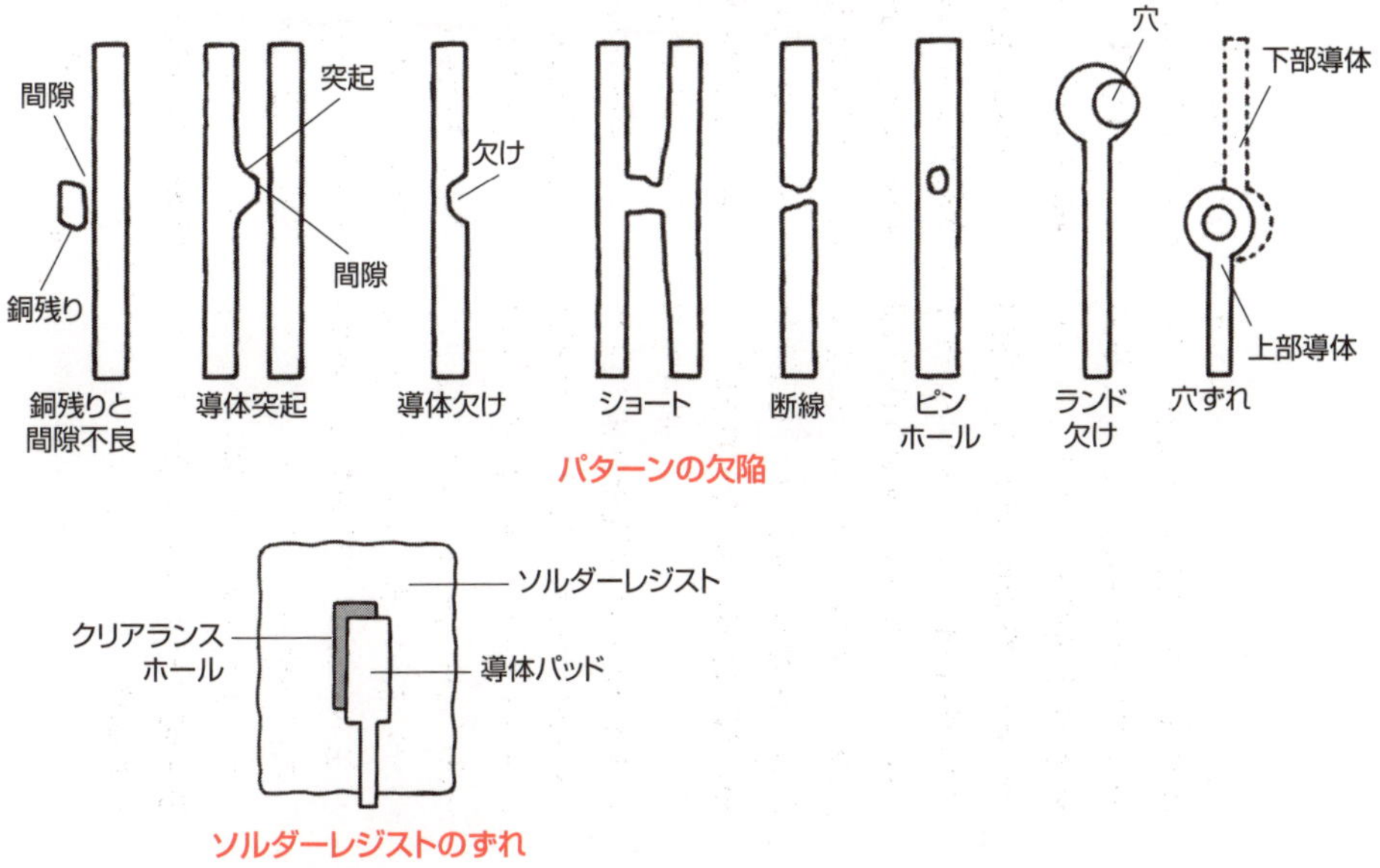

Column

ソルダーレジスト（SR）と端子めっき

最終表面処理は、ソルダーレジスト（SR）をコーティングしてから行います。SRは、最外層に形成された配線上に感光性の樹脂をコーティングして、接合用端子が開口するように、露光・現像します。すなわち、接合用の端子部は、いったんSR材料でカバーされてから、それを除去して開口します。通常は、端子部にSR残渣が残らないようにするのですが、処理条件によっては残存する場合があるのです。

一方、SRは端子間がはんだなどでブリッジ（短絡）しないよう、配線の銅上に密着性よく被覆されなければなりません。たまに、最終表面処理のプロセス薬液の影響でSR開口部の端面がはがれることがあります。そこで、密着性を向上するために、銅表面を粗らす処理をしてからSRをコーティングしますが、この処理でSR残渣の残存が起こりやすくなります。

SR残渣が残る端子に、最終表面処理、例えば無電解ニッケル／金めっきを行うと、めっき面の粗さが部分的に異なる、いわゆるムラのある外観になることがあります。ところが、残渣がめっき前の外観検査で確認されていなければ、めっきでムラが生じたとして、めっき工程の責任になるケースがあります。一方、めっき担当者は、工程は問題なしと主張し、意見の対立が起こることがあります。

いずれにしても問題解決のためには、工程間で協力してSR残渣を減らします。残りにくい形成条件設定し、もし残ってもできるだけ除去できるめっき前処理条件を設定しておきます。除去するにはSRの健全部にも若干のダメージが及ぶことも考慮しておかねばなりません。

このように、プリント配線板では前の工程の影響が後の工程を施すことで顕在化することが、しばしば見られます。何しろ工程が多く、多種多様な材料を用い、場合によっては一部の工程は外注する場合もあります。すべての工程が完璧に管理されていることが望ましいですが、必ずしもそうならない場合も想定しておかねばなりません。

不具合が起こった場合には、その原因がどこにあるのかを、工程全体をチェックする担当が、各工程担当と連携して見つけるようにするべきです。また、工程設計も、後の工程のことを考慮しておくべきです。プリント配線板の製造技術は、自分の領域だけを考えていては成り立たないものと言えます。

第7章
信頼性向上技術の進歩

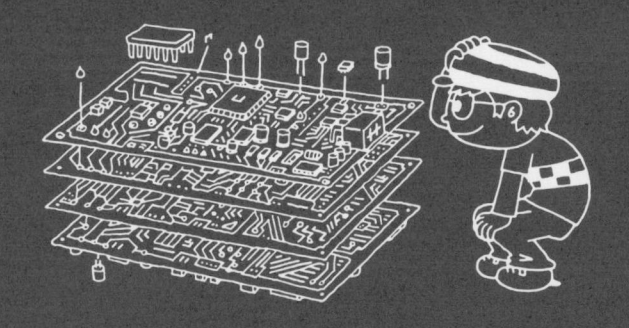

57 ファインパターン形成のためのめっき法

セミアディティブ法とフィルドビア法

配線密度の高いプリント配線板を製造するため、ファインパターンを形成する必要性が高まっています。導体パターンは、銅箔をエッチングするパネルめっき法か、めっきレジストの開口部にめっきするパターンめっき法によって形成されます。

図1は絶縁基板の表面に銅箔を積層したものを使用したプロセスです。(a)のパネルめっき法ではめっきするので、エッチングは厚さ方向だけでなく、横方向にも進行するサイドエッチングが起こり、精密な寸法の再現が困難です。一方、(b)のパターンめっき法では、めっきレジストでパターンを形成し、レジストの壁で規定された形状通りにめっきを行うので、寸法精度の優れたパターン形状になります。両法による回路の断面形状は**図2**のように、(a)は台形になり、(b)では矩形になります。

このセミアディティブ法は、銅箔のない絶縁基板材上に無電解銅めっきを給電層（シード層）として形成し、そこにめっきレジストを形成してパターンめっきを行い、めっきレジストの剥離後に給電層をフラッシュエッチングで除去します（**図3**）。1㎛以下の給電層をエッチングするのみですので、ほぼレジストパターン通りのファインパターンを形成できます。

ビルドアップ配線板では、絶縁層と配線層を一層ずつ積み上げ、絶縁層に穴を開けてめっきでビアを形成し、上下の配線層を接続します。3層以上の配線層をビア接続する場合、下のビア上に積み上げてスタックビアを形成すると、配線密度を向上できます（**図4**）。このようなビア構造を作るため、ビア内を銅めっきで充填するフィルドビア法が広く実用化されています。これは、ビア穴内の銅析出速度を促進しているものです。工程安定化には添加剤の管理が重要です。パターンめっきとフィルドビアめっきを同時に行うための処方も実用化されています。このスタックビアを用いると、電気特性を改善し、配線領域がより広がります。

要点BOX
- ●高配線密度形成にはセミアディティブ法が有効
- ●パターンめっきとフィルドビアを同時に行う処方も実用化されている

図1　パネルめっき法とパターンめっき法（セミアディティブ法）の比較

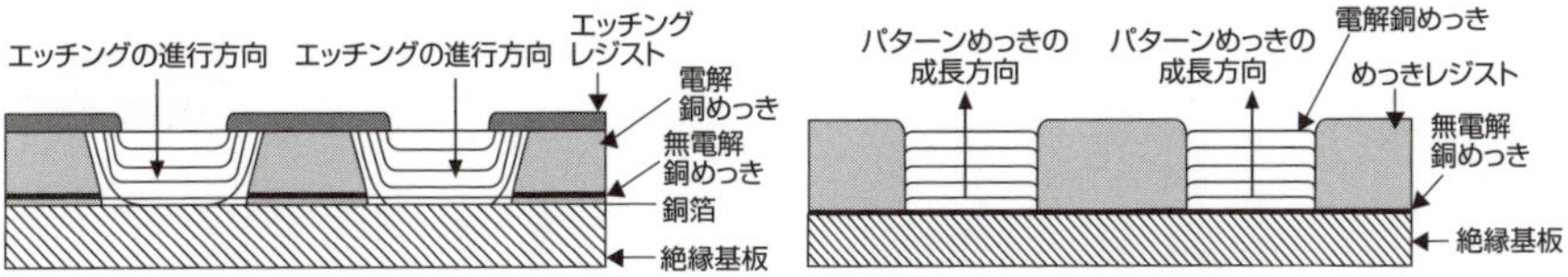

(a) パネルめっき法

(b) パターンめっき法
（セミアディティブ法（銅箔なし））

図2　回路の断面形状

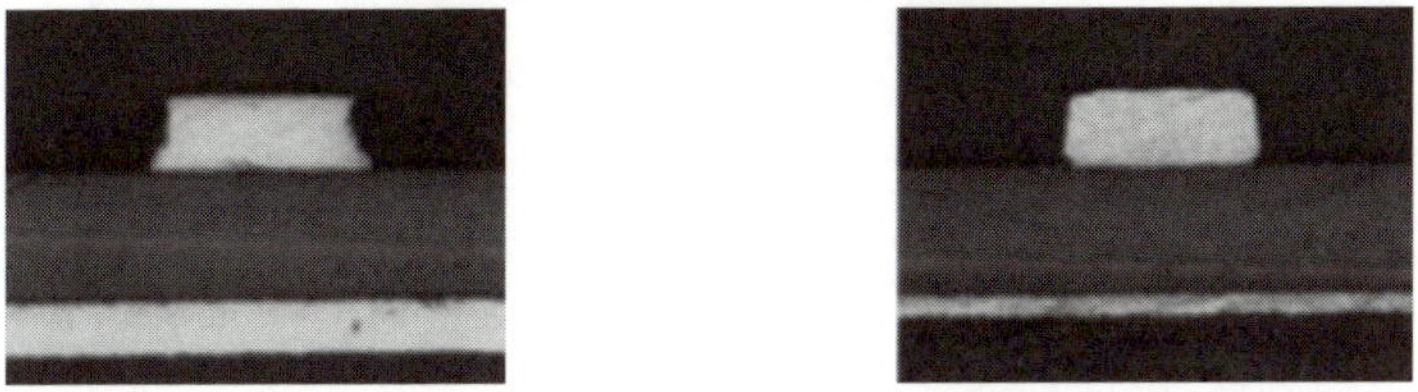

(a)サブトラクティブ法　　(b)セミアディティブ法

出典：エレクトロニクス実装学会誌　Vol.21,No.1　p25　(2018)

図3　フラッシュエッチング前後の状態

L/S=8/8

フラッシュエッチング前　　フラッシュエッチング後

出典：表面技術　vol.68, No.9 p505 (2017)
写真提供：三菱ガス化学（株）

図4　スタックビア

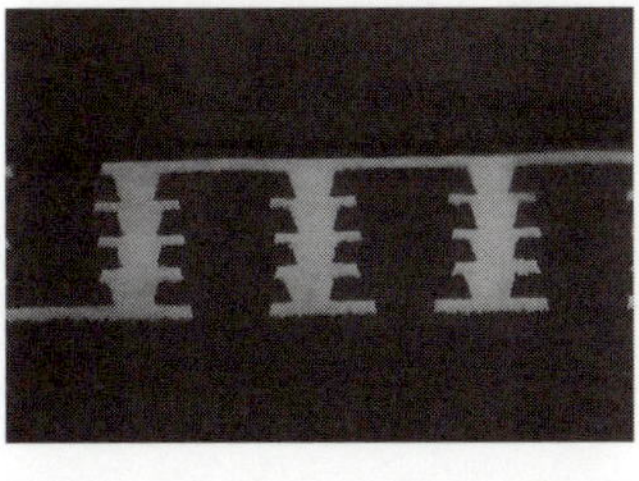

スタックビアで電気特性向上、配線領域の拡大が可能

写真提供：凸版印刷（株）

58 コアレス基板とスルーホールフィリング

高多層ビルドアップ配線板の新技術

一般のビルドアップ配線板は、図1のような断面構造を持ち、スルーホールを有する両面または多層プリント配線板をコア基板とし、その両面にビルドアップ層を積み上げます。コア基板では、スルーホール径がビルドアップ層のビア径に比べ非常に大きく、インピーダンス整合がうまくできないことで伝送特性には不利となります。また、コア基板の板厚が大きいことで、薄型化には不利となります。

そこで、コア基板をなくし、全層をビルドアップ法で積み上げるコアレス基板が製造されています。その断面構造を図2に示しました。コアレス構造と一般のビルドアップ配線板構造の伝送特性の比較を図3に示しますが、特に高周波数帯で、信号の反射損失が少なくなります。

しかし、コアレス基板では、ビルドアップ樹脂材料が薄く強度が小さいため、その製造や実装の過程で、衝撃や温度変化による損傷、反りやひずみなどに関わる問題が生じます。そこで、ガラスクロスを補強材として含むプリプレグタイプの材料を使う、半導体実装での工夫をする、などの使いこなし技術開発が行われています。

ビルドアップ配線板のコア基板でも、高密度化の対応が行われています。薄い積層板に小径高密度の貫通穴を使用し、そこに銅めっきをフィリングしてスルーホールを形成する技術が実用化されています。フィリングされたスルーホールの断面を図4に示します。従来のコンフォーマル（壁面のみ銅被覆）形状では、上層との接続のため穴内に樹脂充填して図1のように蓋めっきを行うのに対し、この方法では直上にビアを設けることで工程削減ができ、また、放熱性や抵抗率が向上します。めっき特性は添加剤の作用により制御しますが、高アスペクト比の穴ではフィリングが困難となります。低コスト化のために導電性ペーストで充填する場合もあります。

要点BOX
- ●コア基板をなくすコアレス基板技術
- ●貫通穴に銅めっきフィリングしてスルーホールを形成する新技術

図1　ビルドアッププリント配線板の構造

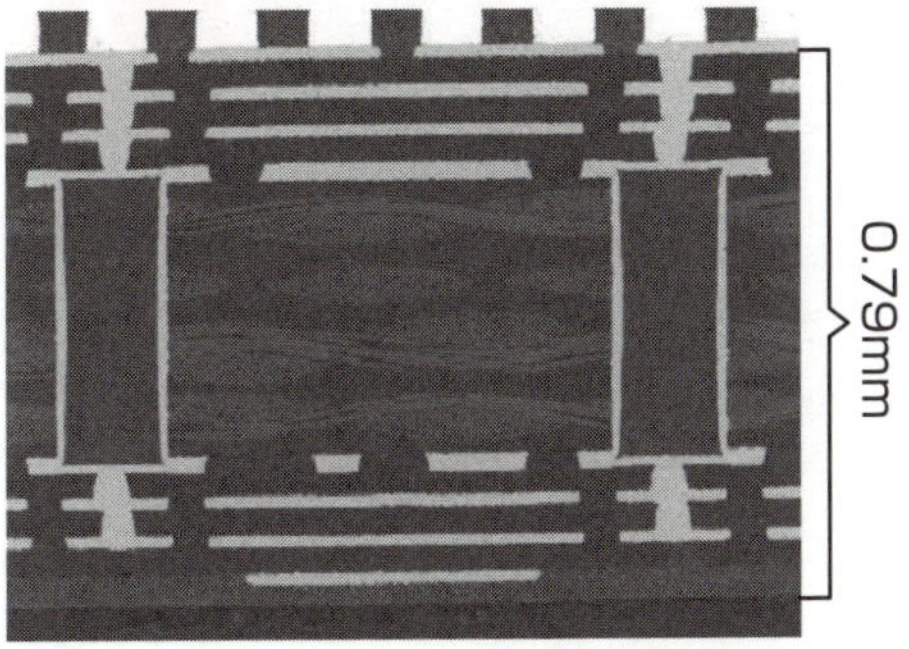

写真提供：凸版印刷(株)

図2　コアレス基板の構造

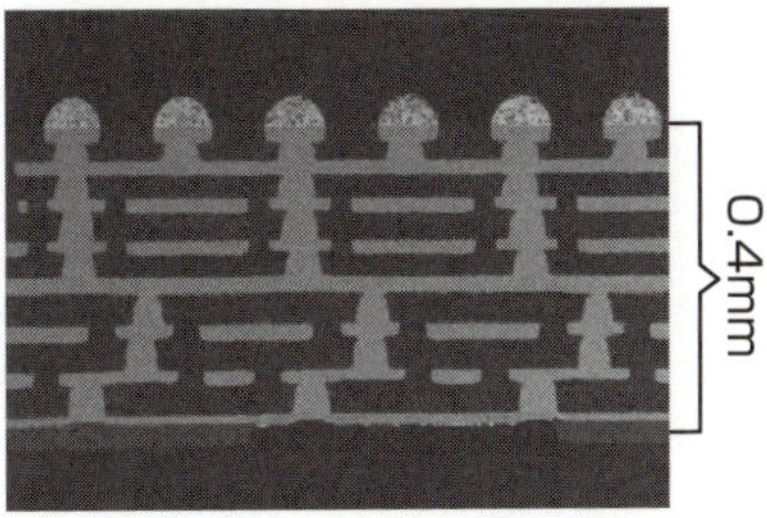

写真提供：凸版印刷(株)

図3　ビルドアップ基板とコアレス基板の伝送特性比較

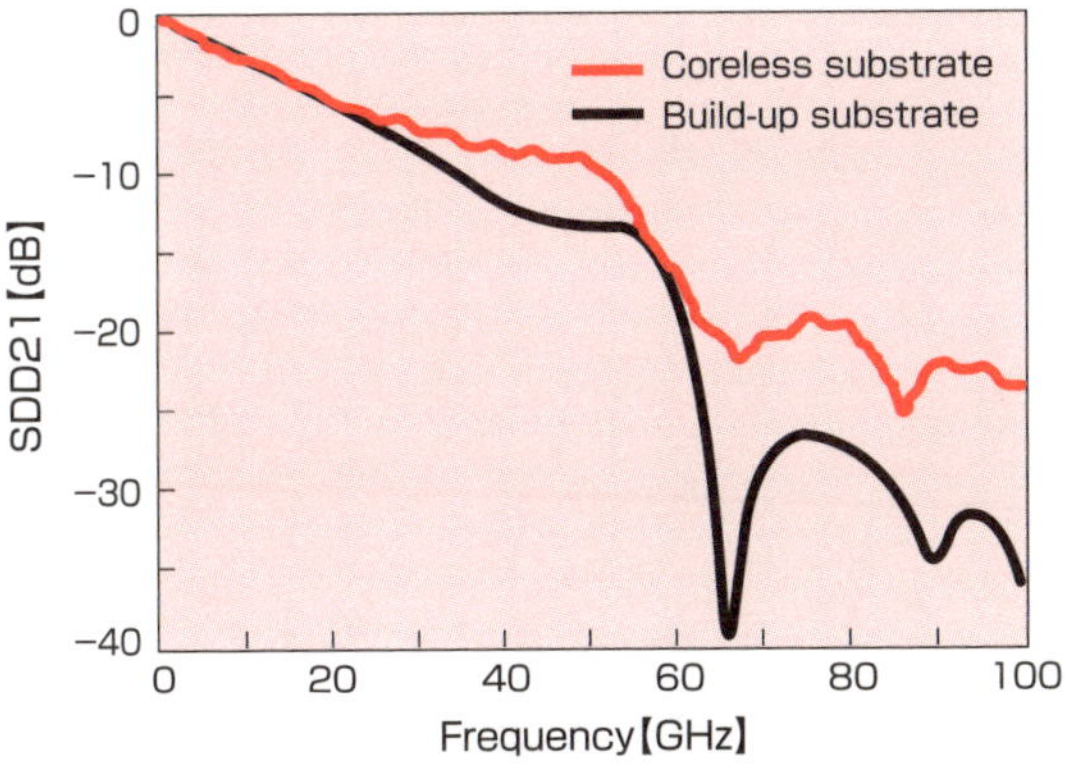

資料提供：凸版印刷(株)

図4　フィリングされたスルーホールの断面

出典：表面技術; vol.62, No.8　p382（2011）

59 ガラス布の進歩

開繊処理とカップリング剤

プリント配線板用積層板の基材として使われているガラス布は3～20㎛径のガラス繊維を100～200本ほどの束にして、平織りで布としたものです。このまま使用すると、積層板の積層工程で気泡が残留することがあります。そうすると、プリント配線板の加工時にガラス布の繊維の隙間にめっき液などの処理液が浸透し、絶縁劣化の危険があります。このため、繊維束をほぐして、ある程度の隙間を作っておき、樹脂の含浸が均等になるようにしています。これを開繊処理と言います。その状態を**図1**に示します。

また、樹脂とガラス布繊維との密着性を向上させるために、ガラス表面にカップリング処理を行い、樹脂の接着力を向上させます。これに使われるシランカップリング剤は、鎖状分子構造の一方にガラスと親和性のよいシリル基、もう一方にエポキシ、メタクリル基など樹脂と親和性の良い様々な基を導入して作られた化合物です。

この開繊処理とシランカップリング剤の進歩で、銅張積層板の絶縁性、加工性は飛躍的に良くなりました。ビルドアッププリント配線板でも、絶縁層の強度向上のために、ガラス布入りプリプレグを使用するものもあります。

一般のガラス布では繊維束の断面が楕円に近く、織布したものは**図2**の(a)のように繊維束の分布が不規則でガラス密度が不均一のため、レーザでの均一な穴あけが困難でした。一方(b)のような平坦化したガラス布で均一なガラス密度となるものが開発され、レーザ穴あけが均一にできるようになりました。

また、平坦化したガラス布では、均一なガラス密度により、絶縁層の誘電特性が**図3**に示すように均一となります。

さらに、ガラス布と同組成のフィラーを樹脂に混入させることにより、いっそう均一な誘電特性が得られるようになりました。

要点BOX

- ガラス布に気泡が残留して絶縁劣化となる可能性がある
- 対策としては開繊処理やカップリング処理がある

図1　ガラス布への樹脂の浸透状態

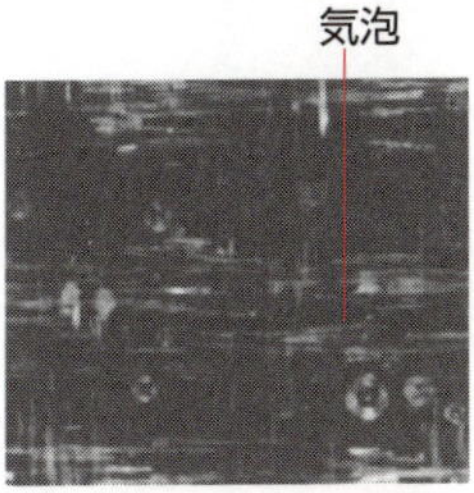

(a)開繊の未処理のガラス布の含浸状態

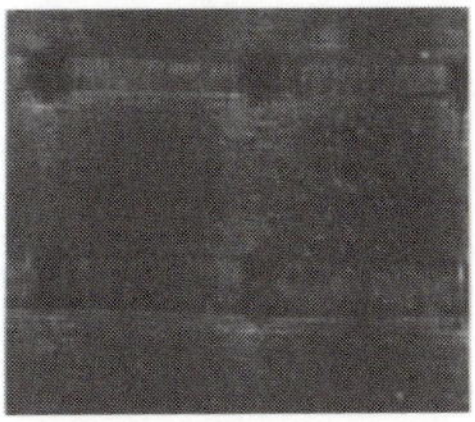

(b)開繊したガラス布の含浸状態

図2　ガラス布の繊維の分布

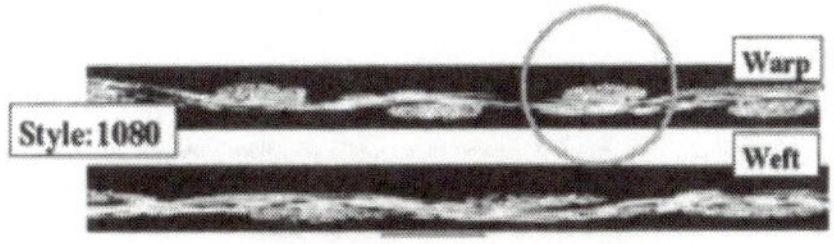

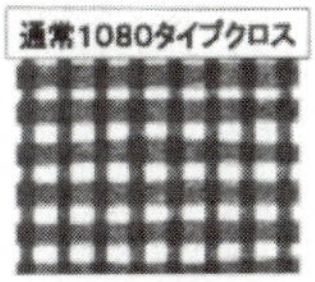

(a)一般的なガラス布

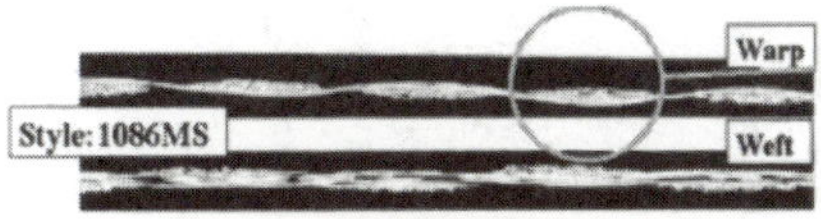

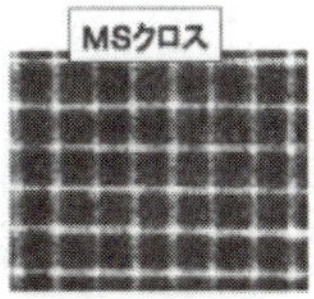

(b)平坦化されたガラス布
(レーザ対応)

写真提供：旭化成(株)

図3　ガラスの均一化による誘電率の変化

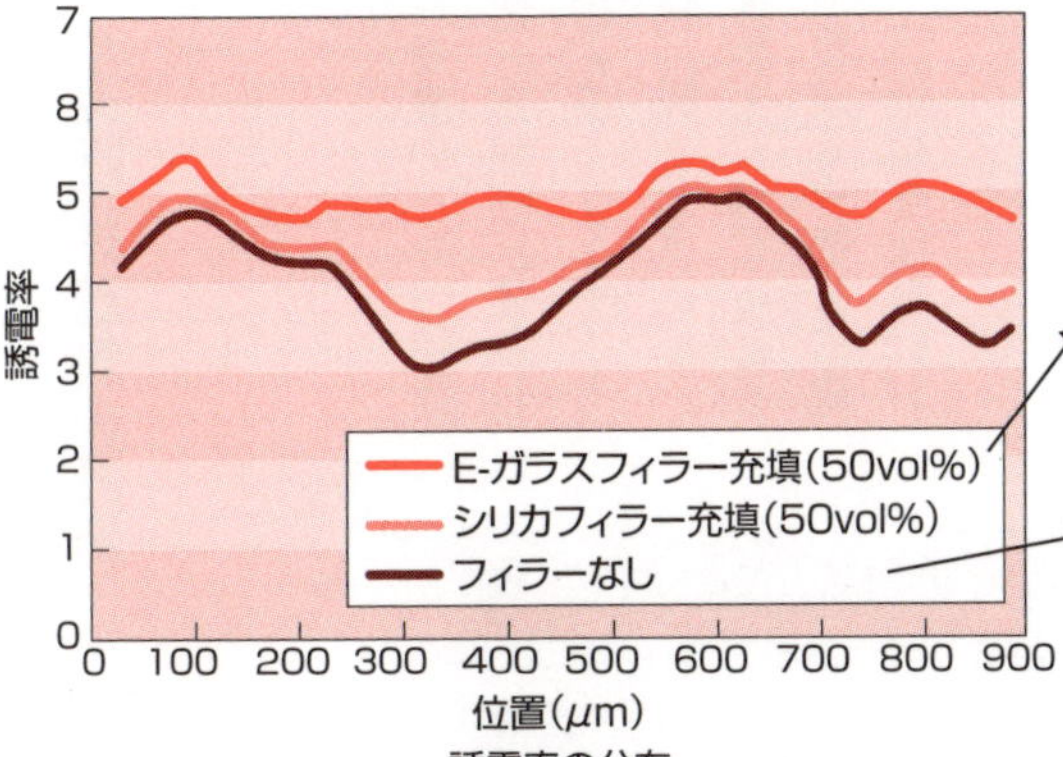

誘電率の分布

E-ガラスフィラー充填(樹脂:A-PPE)

平坦化ガラス布
(フィラーなし、樹脂:A-PPE)

写真提供：旭化成(株)

60 平滑面の密着性の保持

伝送特性改善の方法

従来、導体である銅と絶縁材である樹脂の密着性を保つためにその接着面を粗化しアンカー効果を持たせていましたが、高周波信号の電流は導体の表皮に集中するので、伝送特性改善のため、平滑面で密着性を保つ方法が開発されています。これは、ファインパターン形成にも効果的です。そのいくつかの技術を**表1**にまとめ、セミアディティブプロセスにおいて、それらがどこで使われるか**図1**に示しています。

①**低粗度ビルドアップ樹脂**：ビルドアップ樹脂は、表面をデスミアで粗化しますが、樹脂成分の調整でデスミア処理による凹凸を低下しながら銅回路の剥離が起こらないようにしたものです。樹脂の化学構造を変更し疎水性を上げるようにしています。

②**分子接合技術**：樹脂と銅を化学結合する化合物で表面を処理し、無電解銅めっきを析出させます。樹脂にシリル基、銅にチオール基が結合する化合物が使われ、樹脂はポリイミドが有効とされています。

③**ロープロファイル銅箔**：アンカー効果のために銅箔に付けていたコブを微細化、均一化した銅箔が普及しています。シランカップリング処理など、メーカーそれぞれ独自の方法で密着性を確保しています。

④**無電解銅めっき**：ビルドアップ樹脂上に導電層として形成する無電解めっきでも、液組成を変更して皮膜の内部応力を低減させることで、低粗度樹脂における密着性を保持しています。

⑤**密着増強処理**：樹脂ラミネートする前の内層回路面に対し、従来の化学的粗化に代わり、粗化を軽微にするか、粗化をせずシランカップリング剤等で化学処理する方法が開発されています。

⑥**スパッタ**：シリコンやガラスではTi、ポリイミド材にはCrやNiをスパッタし、その上にCuをスパッタして電解銅めっきのシード層としています。スパッタは絶縁材料の表面を改質し、密着性を向上しますので、樹脂の表面にも適用しております。

要点BOX
- ●より平滑な面での高周波対策が望まれている
- ●平滑面の接着でも新技術がある

表1　平滑面への密着性向上技術

	技術	何に対して適用するか	次の工程（何と密着させるか）	技術の内容
①	低粗度ビルドアップ樹脂	ビルドアップ樹脂	デスミア／無電解銅めっき（銅）	従来品から樹脂成分を変更することでデスミア処理による凹凸を低下
②	分子接合技術	樹脂（ポリイミド）	無電解銅めっき（銅）	樹脂と銅を化学結合する化合物で樹脂表面を処理
③	ロープロファイル銅箔	銅箔面	樹脂上にラミネート（樹脂）	銅箔表面のコブを微細化。特殊な化学処理で密着性を確保
④	無電解銅めっき	デスミア後の樹脂	めっきレジスト電解銅めっき（銅）	無電解銅めっき液成分を変え、めっき皮膜応力を低減させ密着性を向上
⑤	密着増強処理	銅パターン	樹脂をラミネート（樹脂）	従来の銅面粗化処理などに代わる方法 ・粗化を軽微とする ・粗化をせずシランカップリング剤などで化学処理
⑥	スパッタ	樹脂、ガラス、シリコン	銅シード（銅）	スパッタリングでTi、Cr、Ni等の薄膜を析出させる

図1　密着性向上技術と適用プロセス〈セミアディティブプロセスの例〉

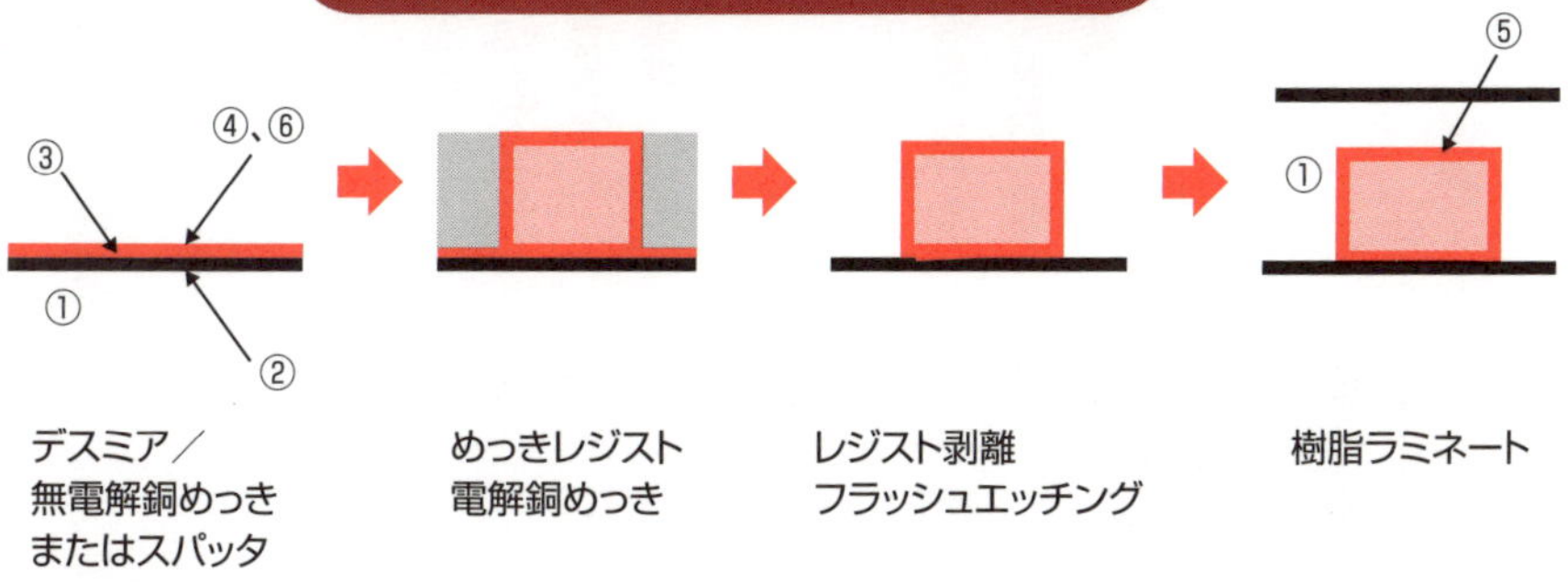

61 接続の信頼性

機械的特性と接続ビアの信頼性

プリント配線板に要求される機械的特性の主なものを表1に示します。

1．曲げ強度とそり・ねじれ

プリント配線板には多くの部品が接続のために搭載されます。部品の種類により軽重があります。バランスを誤るとひずみが生じますので、これらの部品を支え、ゆがまない程度の強度が必要です。また、はんだ付け時に板にそり・ねじれがあると、接続端子とパッドが接触せず、はんだの接続不良となるので、それらが少ないことが必要です（図1(a)）。

2．引きはがし強さ

導体の接着強度を示すもので、はんだの温度になってもはがれない程度の接着強度が必要です（図1(c)）。

3．寸法安定性

部品のI／Oピンの位置とプリント配線板のパッドがずれますと、はんだ接合に不具合が生じますので、安定なことが必要です（図1(b)）。

4．はんだ耐熱性とはんだ付け性

Sn–Pbの共晶はんだでは180℃程度の温度でしたが、近年主流になった鉛フリーはんだ（Sn–Ag–Cuなど）は高温が必要で、有機材の基板材料への影響が大きく、対策が必要です。はんだ付けでは部品の接続には部品端子、パッドともに清浄さが必要です。

5．熱膨張係数と接続の信頼性

銅と樹脂の熱膨張係数は相当に異なります。ガラス布積層板ではガラス布により面方向は膨張が抑えられますが、逆に厚さ方向に膨張します。印加される温度サイクルとめっきの銅の物性によっては接続に欠陥が生じます。材料の物性を図2に示します。図3はスルーホールのコーナーにかかるストレスを示します。図3は実際の欠陥として、図4はスルーホールの欠陥、図5はビルドアッププリント配線板のビアの欠陥です。これらをなくし信頼性を高めるためには材料の選択、めっきの種類、条件の管理、が重要となります。

要点BOX

- ●プリント配線板には不具合を生じないほどの強度が必要
- ●材料の熱膨張がビアの欠陥などになる

表1　プリント配線板の必要機械特性

① 曲げ強度
② そり・ねじれ
③ 引きはがし強さ
④ 寸法安定性
⑤ はんだ耐熱性
⑥ 熱膨張係数
⑦ はんだ付け性
⑧ ビアの接続信頼性

図1　絶縁基板の変形、熱による変化による不具合

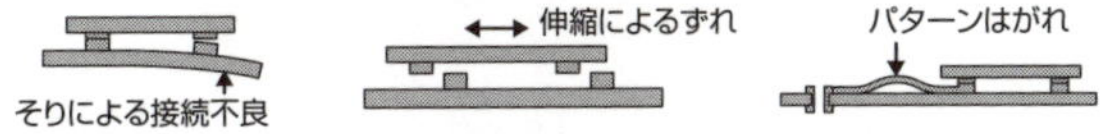

(a)板のそりによる接続不良　(b)絶縁基板の収縮による接続不良　(c)はんだ付け温度によるパターンはがれ

図2　材料の物性温度変化

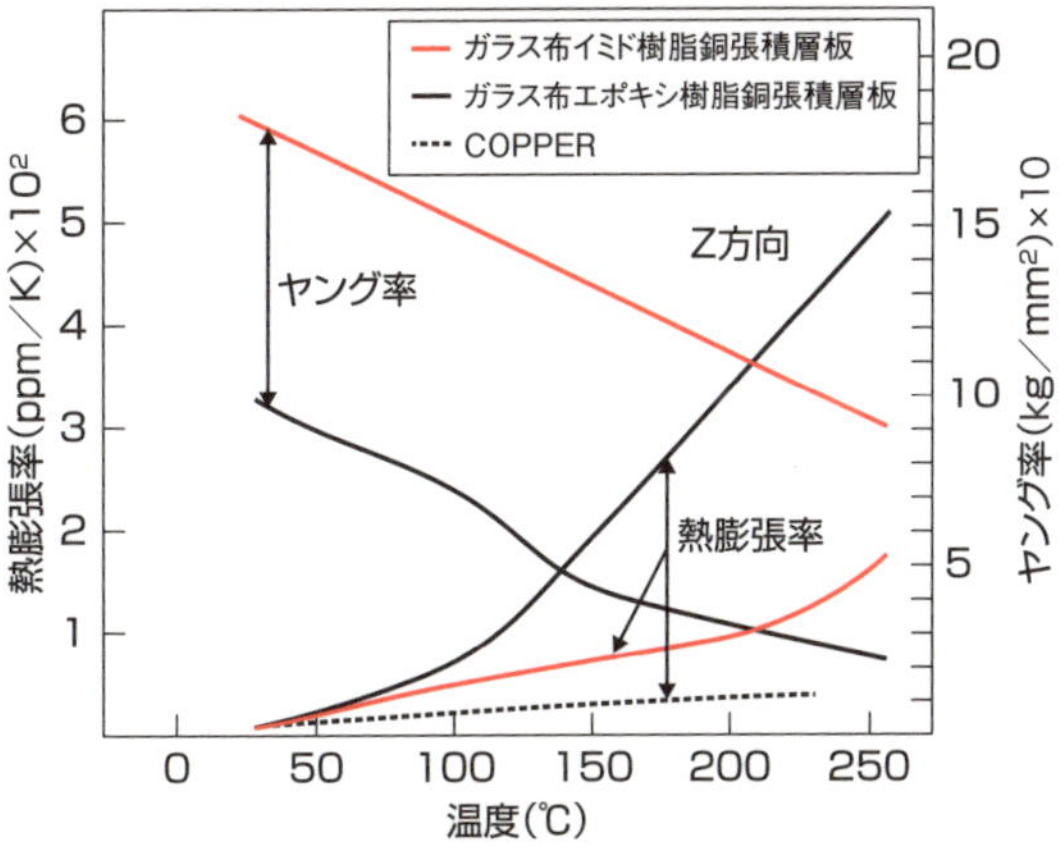

図3　めっきスルーホールのコーナーのストレス

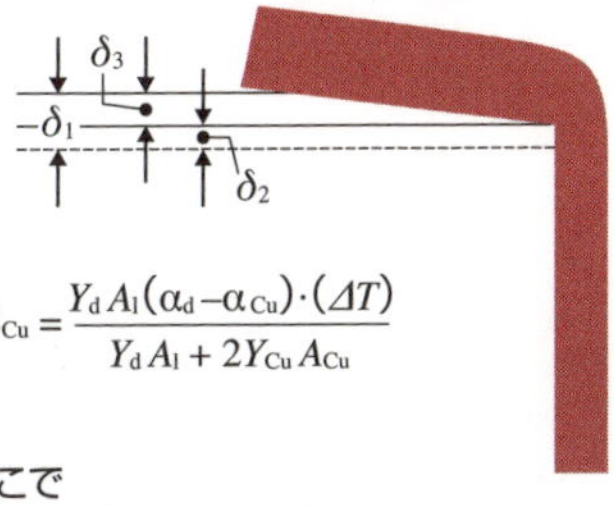

$$S_{Cu} = \frac{Y_d A_l (\alpha_d - \alpha_{Cu}) \cdot (\Delta T)}{Y_d A_l + 2 Y_{Cu} A_{Cu}}$$

ここで
S_{Cu} ：銅壁にかかる単位面積当たりの力
Y_d ：絶縁基板の弾性率
A_l ：ランドの面積
Y_{Cu} ：銅の弾性率
A_{Cu} ：銅のスルーホール壁の断面積
α_d ：絶縁基板の熱膨張率
α_{Cu} ：銅の熱膨張率

δ_1 ：T°Cにおける絶縁基板の熱膨張量
δ_2 ：T°Cにおける銅の伸び
δ_3 ：絶縁基板と銅の熱膨張率の差による最大圧縮量

図4　めっきスルーホールの欠陥

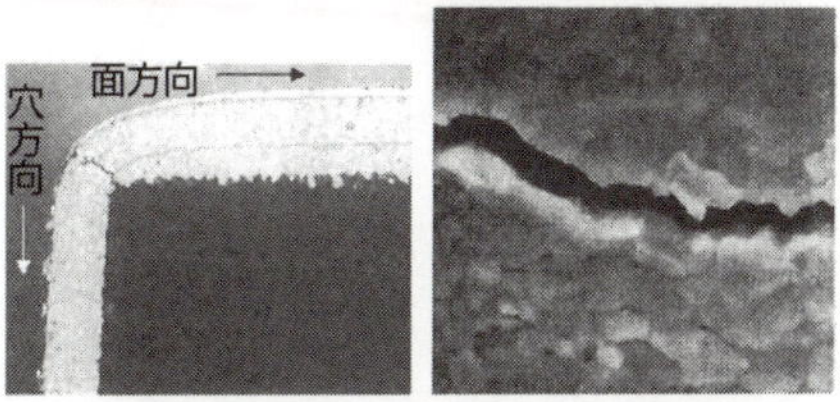

(a)コーナークラック　(b) バレルクラック

図5　ビルドアップ配線板のビアの欠陥

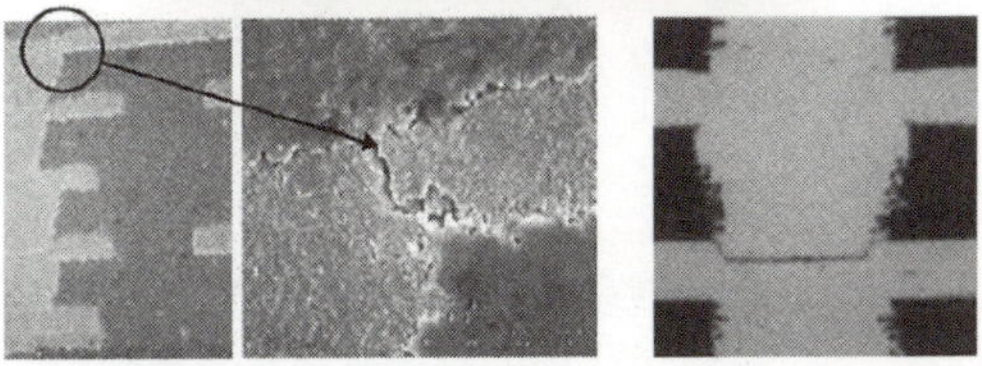

(a)コーナークラック　(b) バレルクラック

62 化学的特性と絶縁の信頼性

プリント配線板の必要化学的特性

プリント配線板に要求される化学的特性は表1に示したものが主なものです。

1．耐薬品性

プリント配線板を製造する間に数多くの薬品を用いるほかに、部品を搭載する際にも化学薬品などに接触します。これらの処理薬品、外部より侵入する化学的物質に対して安定なことが必要です。これらの処理薬品が残留しますと、絶縁基板や導体を損傷し、導通や絶縁の障害を起こします。

2．耐めっき性

めっきはプリント配線板の主要な工程です。前処理やめっきの各種の薬品でプリント配線板の各種の材料が侵されることは絶対に避けます。ガラス布の繊維がほつれると、めっき液などが浸透、不連続めっきのなどの故障が発生します。一方、積層板より成分や不純物の溶出でめっき液が汚染し異常析出の原因となりますので、処理剤の選択には大きな注意を払います。

3．耐エッチング性

銅箔のエッチング液は製造工程内では大量に消費される薬品で、樹脂などが侵されないことが必要です。

4．耐溶剤性

処理薬品には有機溶剤の処理剤も使われることがあります。溶剤に侵されないことが必要です。

5．耐マイグレーション性

絶縁基板の絶縁劣化は多くの場合、絶縁材料内のイオンマイグレーションによって起こります。製造工程内での処理が不完全で処理液の残留や、絶縁材料内の不純物による絶縁劣化があり、これらにより絶縁信頼性が大きく損われます。**図1**はガラス布繊維内のめっき液の浸透、**図2**は多層板の内層のパターン間のマイグレーション、**図3**は表面のパターン間のマイグレーションで、いずれも、絶縁不良となったものです。これらはプリント配線板の環境により発生します。

要点BOX
- ●処理薬品の残留対策や処理剤の選択が必要
- ●絶縁基板の絶縁劣化はマイグレーションで起こる

表1　プリント配線板の必要化学的特性

① 耐薬品性
② 耐めっき性
③ 耐エッチング性
④ 耐溶剤性
⑤ 耐マイグレーション性

図1　めっき液のガラス布繊維束内の浸透状況

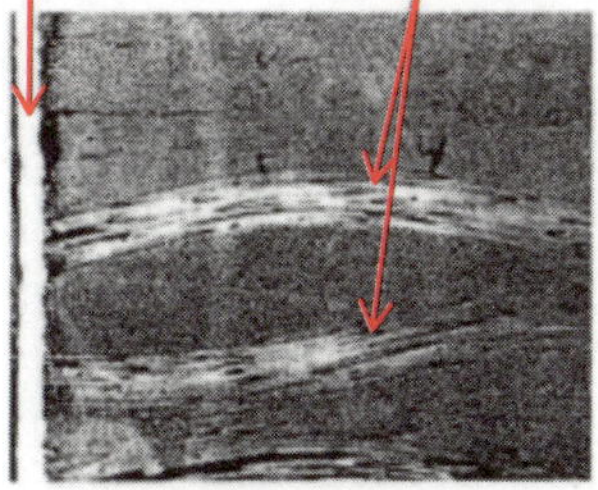

図2　プリント配線板の内層のマイグレーション

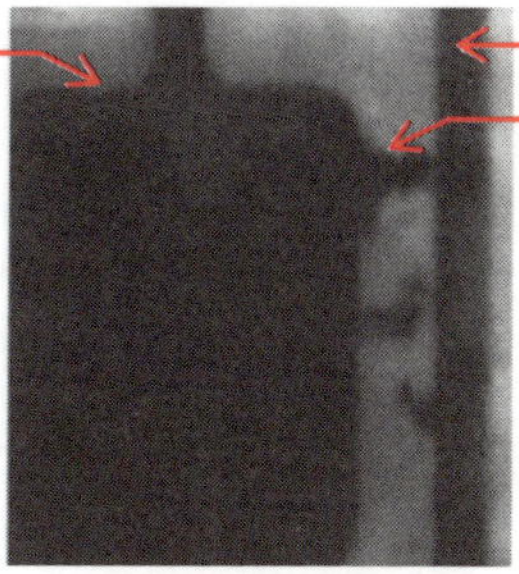

(a) 内層のマイグレーション(平面)

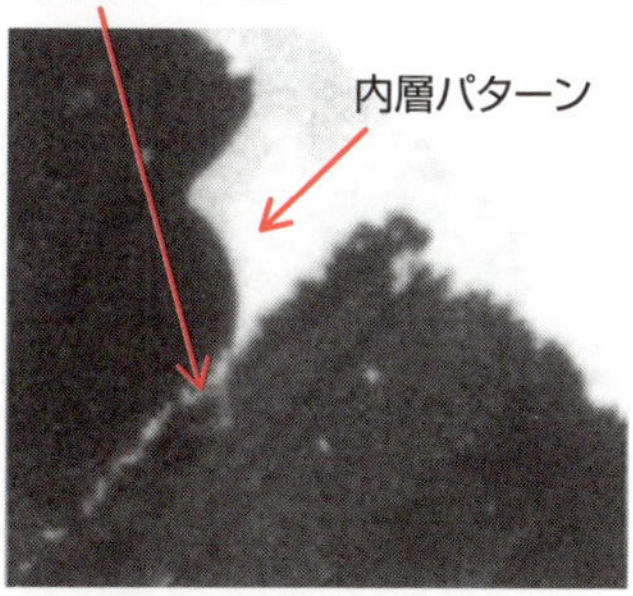

(b) 内層のマイグレーション(断面)

図3　プリント配線板の表面のマイグレーション

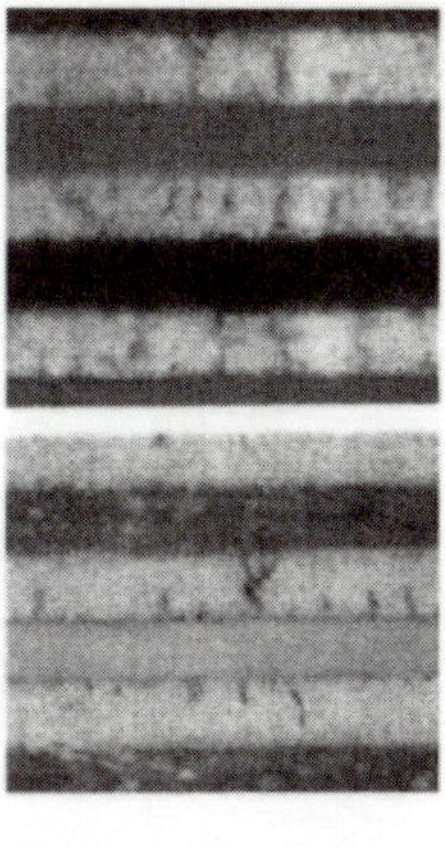

63 絶縁信頼性の試験法と問題点

HAST試験の課題

絶縁基板の絶縁劣化は多くの場合、絶縁材料内のイオンマイグレーションによって起こります。これはプリント配線板の使用環境により発生しますので、プリント配線板の絶縁信頼性はより過酷な湿度環境となる条件により試験されています。その試験条件は、IEC規格、JIS規格などで規定され、これらに規定のない場合には団体規格や特殊な場合ユーザーとメーカーの間の取り決めにより行われます。現在は、各方面で団体規格である、**表1**のJPCA規格を用いています。これはIEC規格に準拠しております。

HAST法について考えます。**図1**はガラスエポキシプリント配線板の結果で、試験の時間による重量変化を示しています。これらのデータを総括的に、要因別に考察したものが**図2**です。通常加湿試験では水分が試料に浸入して、絶縁劣化を引き起こします。従って、時間とともに重量が増加し、飽和しますが減少することはないと考えられます。しかし、時間の経過により、樹脂の分解が顕著で、重量減少が大きく全体として重量減少となっています。これでは試験の趣旨を逸脱することになり、試験データは信用ができません。この試験で信頼できるデータは重量の増加帯域の範囲です。

図3はHAST法で、ガラス転移点：Tg以上の温度での試験で、基板の樹脂部が分解し、更に、銅まで侵食した結果です。

HAST法は、はじめは半導体の封止材の劣化により、チップ内の絶縁劣化を見る試験で、封止材については不問でした。ところが、結果が早くわかるというだけで、この試験を指定してくるユーザーが増えました。しかし、本当にHAST法で長時間の試験が必要か、材料の特性に合っているかを十分に考えることなく指定することが多いように思われます。HAST法を十分に理解し、適用することが必要です。

要点BOX

- ●絶縁信頼性の試験方法には規定がある
- ●短時間で結果が出るHAST試験には注意が必要

表1　加湿試験法（項目と条件）

（1）

		温度（℃）	湿度（%RH）	試験時間（h）				
温湿度定常試験	JICA−ET02	40	93	168	500	1000	（2000）	初期および中間、最終的に、外観検査、絶縁抵抗測定
	JICA−ET03	60	90	168	500	1000	（2000）	
	JICA−ET04	85	85	168	500	1000	（2000）	

（2）

温湿度組合せ（サイクル、低温なし）試験	JICA−ET07	条件 サイクル数は個別仕様で指定	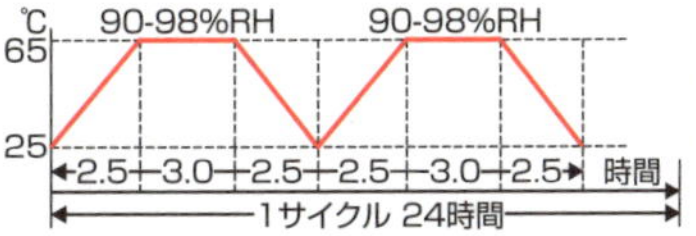	試験中の絶縁抵抗 取り出して 耐電圧 外観検査 試験中、電圧を印加することもある

（3）

		温度（℃）	湿度（%RH）	試験時間（h）			
高温・高湿・定常（不飽和加圧水蒸気）試験（HAST）	JICA−ET08	110	85	96	192	408	外観検査、絶縁検査など
		120		48	96	192	
		130		24	48	96	

IEC 60749 AmendmentI:Semiconductor devices-Mechanical and climatic test methods SC:Dampheat, Steady-State-highly accelerated
JIS C 60068-2-66:2001「環境試験方法－電気・電子－高温高湿,定常（不飽和加圧水蒸気）」（IEC60068-2-66）
IEC 60068-2-66 Environmental testing-Part2:Test method-Cx:Damp head, steady state（unsaturated pressurized vapor）
HAST: Highly Accelerated Stready state Test

図1　HAST130℃／85%RHにおける重量変化

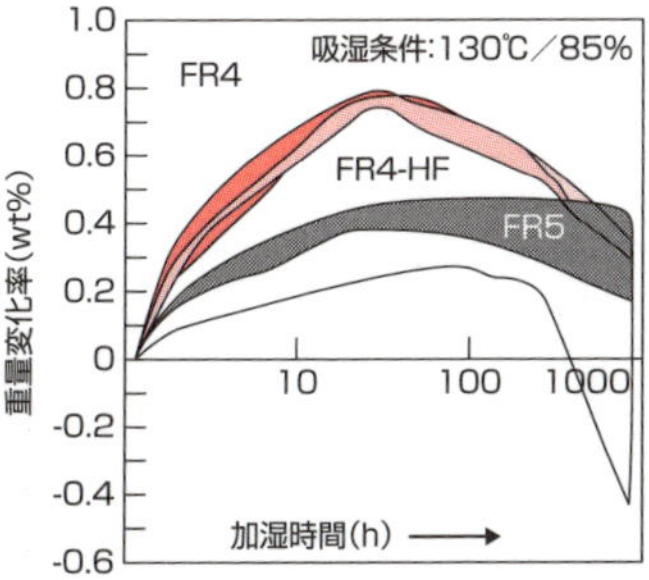

図2　試験時間と重量変化の解析図

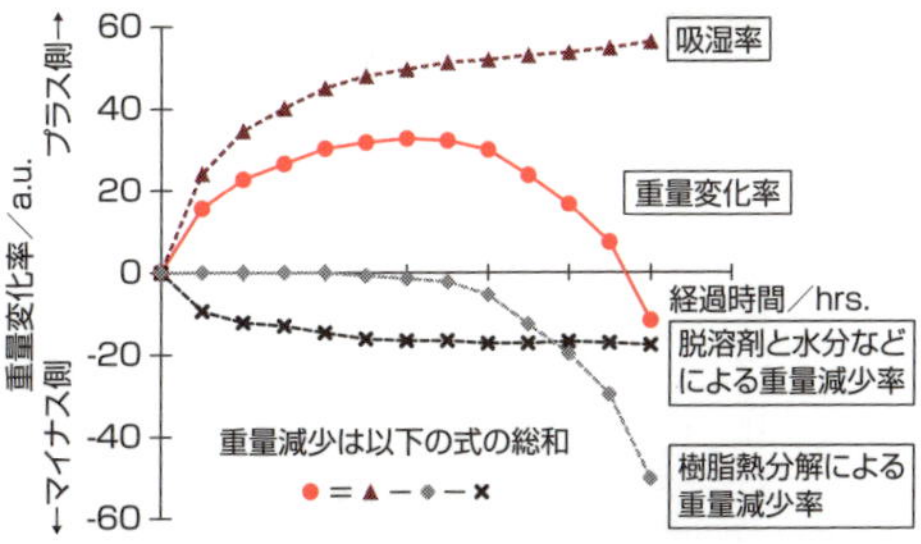

図3　Tg以上でのHAST試験による樹脂基板の分解状況

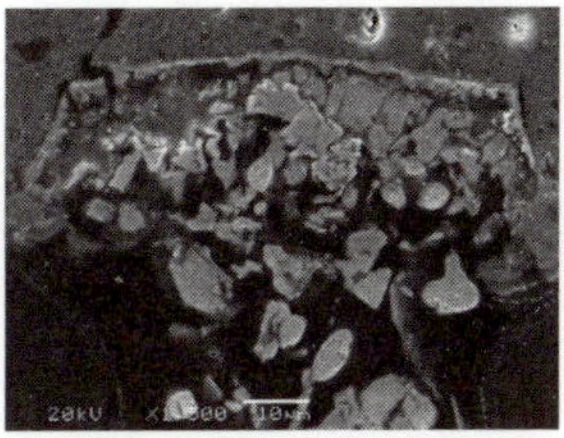

図1～3：中村氏（新光電気工業（株））提供

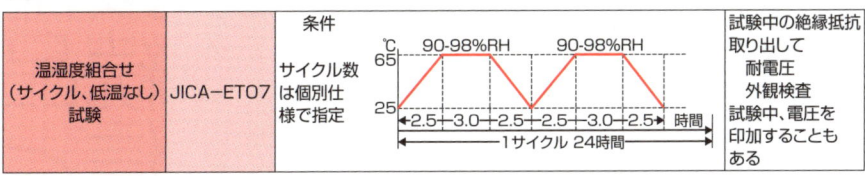

64 部品との接続信頼性

プリント配線板は完成後、多くの部品を搭載、接続します。部品類の接続は多くの場合はんだ付けです。その他に、導電性ペーストを用いる場合、異方性導電シートを用いる場合があります。この接続が不完全ですと、プリント配線板上のモジュールは機能しなくなりますので、接続の信頼性は重要なことになります。

信頼性の試験は、多くの場合熱を加える方法です。その方法は表1で示しました。実使用条件によって異なった条件になります。また、**表2**のような鉛フリーはんだの種類により、異なった温度が使われています。

部品のプリント配線板への接続は多くの場合、表面実装方式によるはんだ付けです。半導体部品では、パッケージ基板に搭載され、プリント配線板とは**図1**のようにはんだボールにより接続しております。このはんだボールのはんだ量が適正で、適正なはんだ付け条件で溶融状態が良いことなどが必要です。ボールの数はパッケージにより異なりますが、多いときには1000個を超すものがあり、製造工程の管理が重要になります。また、小型部品ではリードレスの部品が多く、直接プリント配線板のパッドに接続されます。ここでも、パッドや部品端子の表面状態、適正なはんだ量、また、正常なフィレットの形成が重要です。はんだ付けの接続不良の例を**図2**に示しました。

もう一つの問題は、**図3**のようなウィスカーによる部品間のショートです。ウィスカーによる部品間のショートは断線による接続障害ではありませんが、使用するはんだ付けの条件により錫のウィスカーが線状に発生、部品間をショートさせるものです。これにより全体として回路障害になり、信頼性を低下させるものです。

従来の鉛-錫はんだでは、ウィスカーの発生はありませんが、鉛フリーはんだとなって発生の懸念が大きくなり、多くの研究が行われ、発生防止の方法が講じられています。不良発生の状況は解決されてきましたが、今後も注意する必要があります。

要点BOX

●はんだ付けの接続信頼性は重要
●信頼性の試験は熱を加える方法で行う

表1　信頼性試験条件の例

温度サイクル試験	－40℃～＋125℃	3000回
	－20℃～＋125℃	3000回
高温放置	125℃	
恒温恒湿	85℃ 85% RH 放置	

表2　主な鉛フリーはんだ

はんだ材料	融点（℃）	状況
Sn−Ag−Cu Sn−Cu	220～227	高信頼性用途
Sn−Ag−Cu−Bi −（In）	210～220	低耐熱性部品対応
Sn−Ag−Bi	137	階層接続用
Pb−Sn	183	ref

図1　はんだボールの接続状態

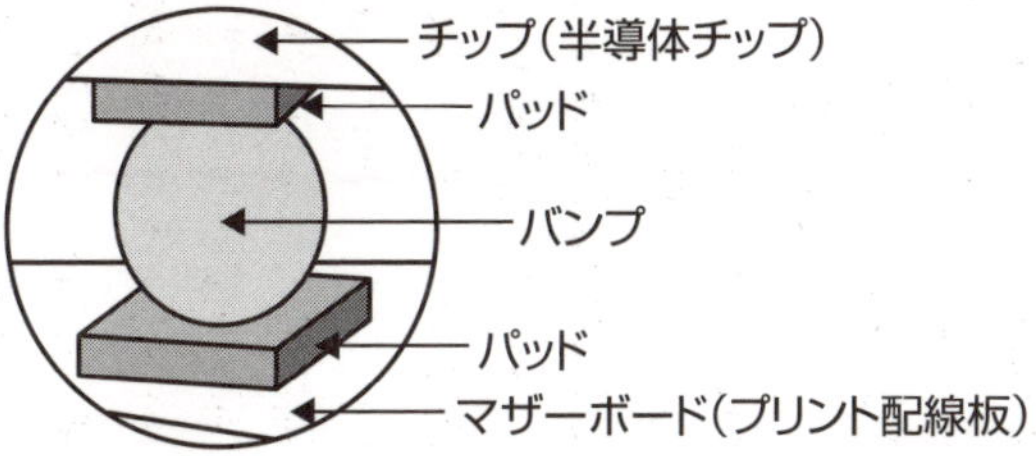

図2　はんだ接続部のクラック

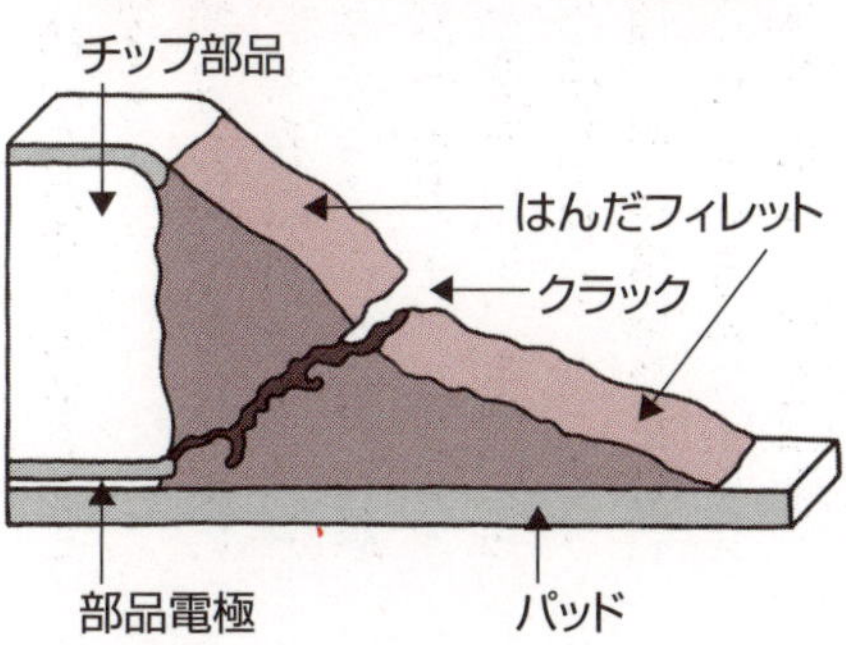

図3　成長したウィスカーの例

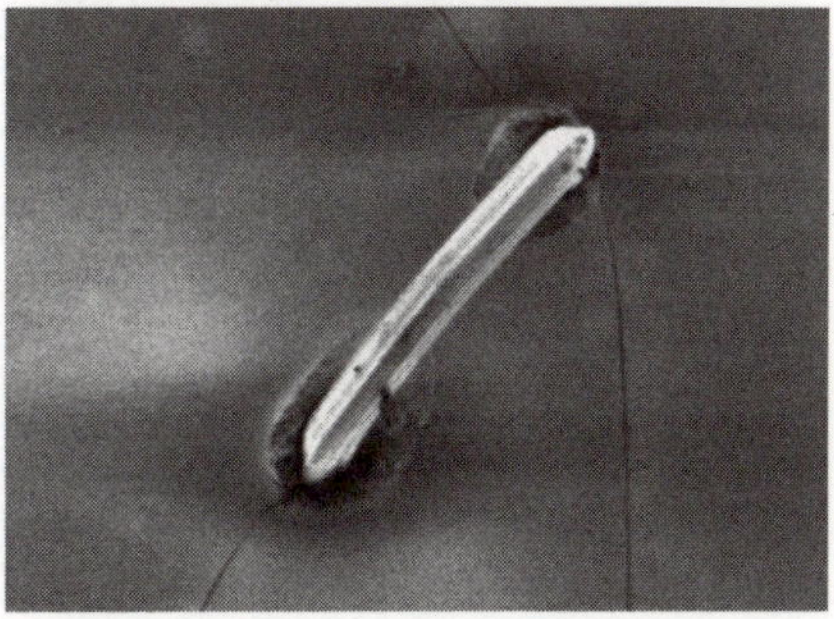

Column

開発国内、製造海外は続くのであろうか？

　中国では人件費が高騰して、工場を沿岸地域から内陸に移転したとの話を聞きました。これは、進出が早かった沿岸地域より、内陸部の人件費のほうが安いからだと言われています。製品開発の手法が標準化され、決められた手順さえ守って製造すれば複合的な知識が不要となり、日本国内で開発した製品を量産するには、製造原価を安く抑えられる海外での製造に頼る状況が続いています。海外製造の目的が製造原価の低減であるため、ビジネスが集中してその地域の人件費が高騰してくると、人件費の安い別の地域や国へと製造委託先を次々に移していく繰り返しがしばしば見られます。このように、製造原価だけを見て海外製造を優先することは、はたして「良いモノづくり」と言えるでしょうか？　更に国内製造を増やすための方策はないものかと、製造に関係しているものとして日頃より考えています。

　この製造原価優先の風潮のなかで、部品を実装した電子回路基板で、偽装ICチップを搭載したものや模造電子回路基板が台頭してきたことが大きな問題となってきました。正規ルートでない模造品駆除対策が急務となっています。従来、核となる回路の専用IC開発には多くの設計工数と開発費が必要でしたが、それでもリバースエンジニアリングにより模造品が作られた可能性があります。

　このような粗悪模造品の対策の一つの方法として、国際標準により中核ICや制御回路の外部端子仕様や機能・品質テストを取り決め、試験に合格しない製造品は認めないという試みもあり有効と考えますが、繰り返される模造品への継続的な対策も必要となると考えます。

　愛媛大学の亀山客員研究員によると、有効な対策は、従来のバウンダリースキャンによる電気試験に、拡張機能ECID(Electronic Chip Identification、電子的チップ識別)手法を取り入れ、チップIDの他に製造情報やPUF(Physical Unclonable Function)情報といって、個々のICチップの特性などのICチップごとの固有識別コードを生成する技術とICのデータベースを組み合わせて正規品を識別する手法だと紹介しています。製造原価より品質を優先し、このような機能を作り込んだ高品質で付加価値の高い製品製造には、かつての日本人が得意としてきた複合擦合せ技術が必須で、国内製造への回帰が求められるのではないでしょうか。

第8章

プリント配線板の新展開

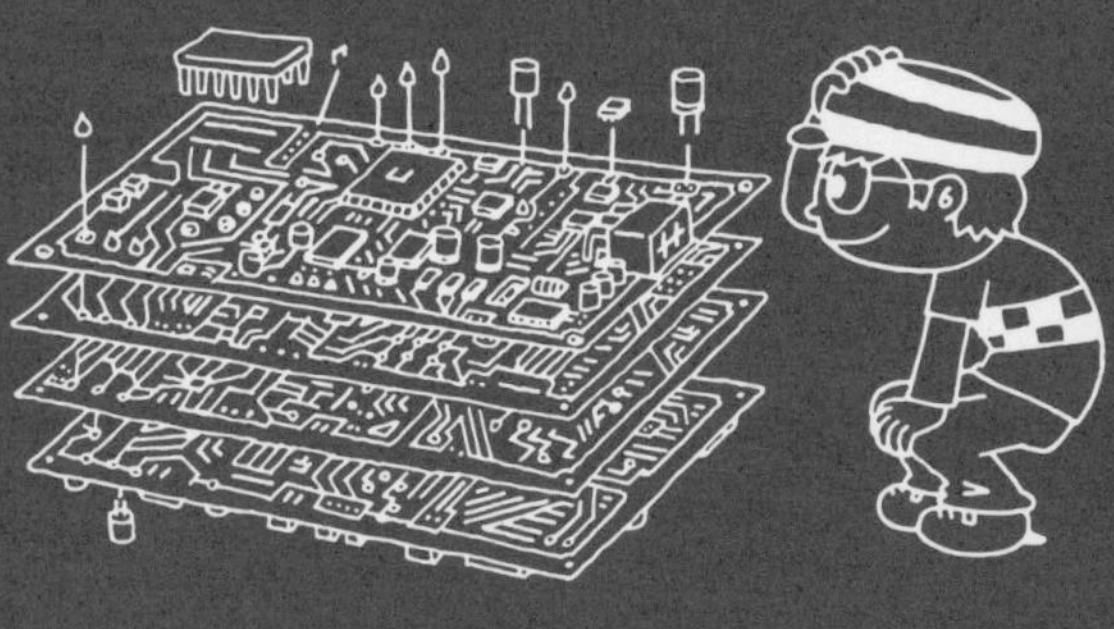

65 微細配線プロセスへの流れ

MSAPプロセスへの流れ

電子機器の小型化、高機能化に合わせ、プリント配線板の配線密度の向上が要求されています。要求は、**図1**のように通常のプリント配線板、パッケージ基板で異なりますが、それぞれの要求度にあった適正なコストで適正な微細化が進められます。

一般的にはサブトラクティブ法が使用されていますが、マザーボードへの微細化要求の流れにより、マザーボード向けにセミアディティブ法の微細化技術を応用したMSAP技術が使われ始めています。

MSAPと言われる技術は、セミアディティブ法においてビルドアップ樹脂上にデスミア、無電解銅めっきを行うプロセスを、樹脂上にめっきの代わりとなる極薄銅箔をラミネートするプロセスに置き換えます。これにより、これまでのパターンめっき後のエッチングによるサイドエッチが少なくなるので、微細化が可能となります。この工程図の比較を**図2**に示します。

使用される極薄銅箔は、扱いが難しいので銅箔をキャリアとし、剥離層を介して2～3㎛厚の極薄銅箔を形成したものです。樹脂上にラミネートした後、キャリア箔をはがして使用します。ライン／スペースは15㎛／15㎛程度まで可能となっています。銅箔にプライマー層を塗布し、ラミネート後に銅箔を全てエッチング、残存したプライマー層上に無電解銅めっきを行うという方法も提案されています。

一方、パッケージ基板では、半導体製造用感光性レジストや、無電解銅めっきに代わりスパッタリングなどドライプロセスでシード層形成を行う方法で、5㎛かそれ以下の配線形成が検討されています。配線密度向上には、微細配線だけでなく、ビアやランドの小径化も必要です。特にランドレス化は付帯容量の軽減など伝送特性にも有効と考えられ、今後も検討が必要です。

要点BOX
- プリント配線板の微細化は要求度によって進展
- 極薄銅箔を適用したMSAP技術が登場

図1　プリント配線板の微細化と機能集積化

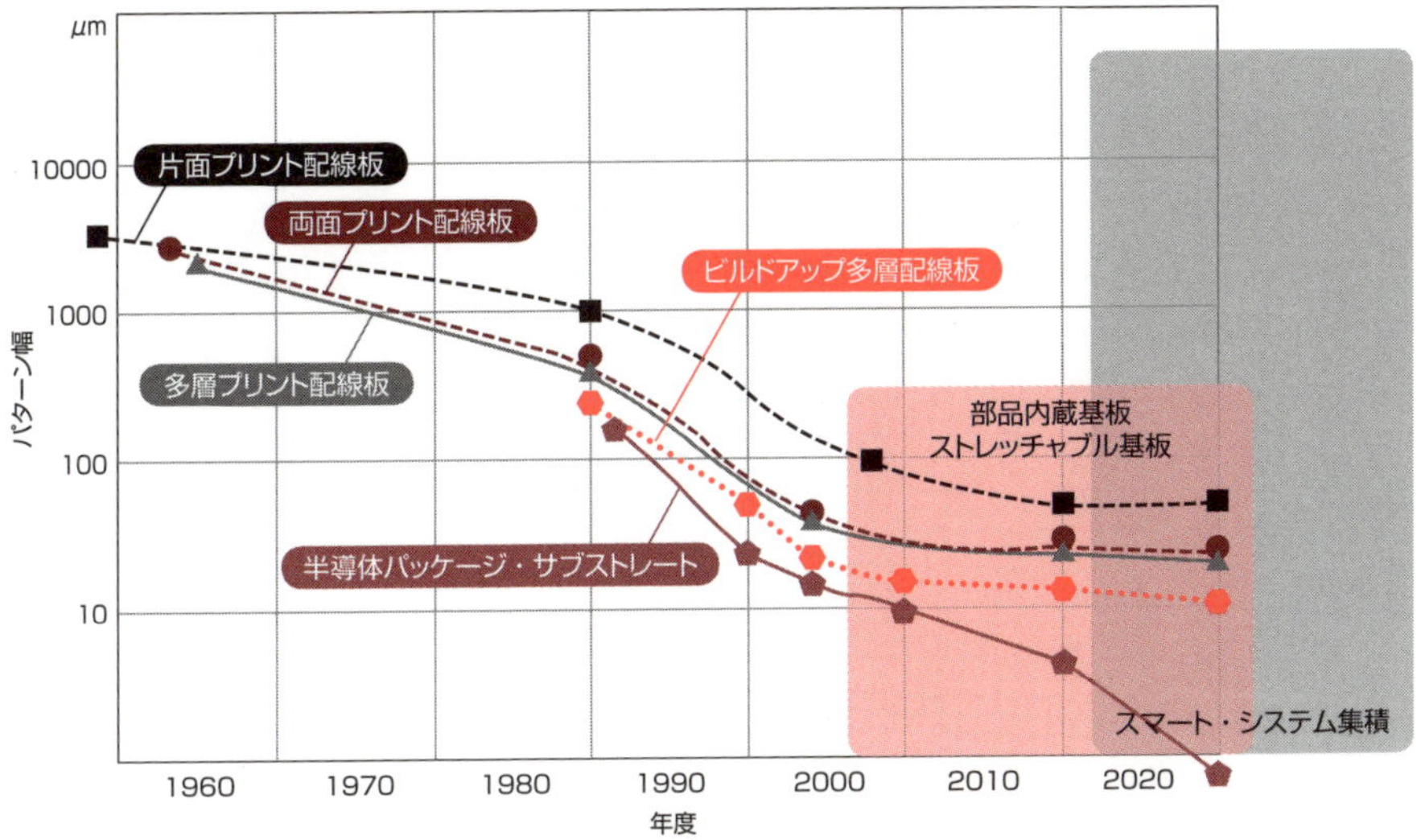

2017年度版 プリント配線板技術ロードマップより：（一社）日本電子回路工業会

図2　プロセスフロー比較（サブトラクティブ法とMSAP）

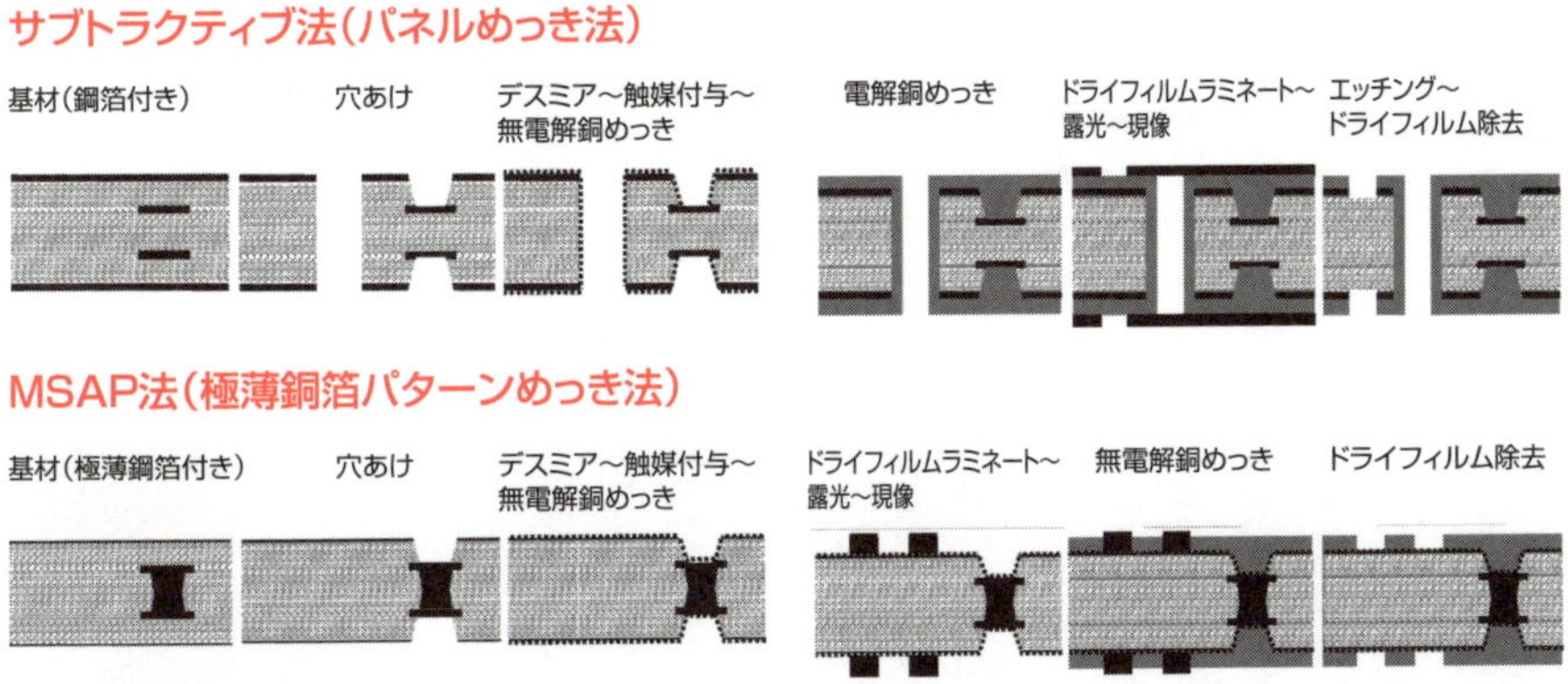

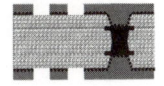

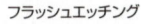

66 三次元実装や立体配線への流れ

部品内蔵基板と立体的な実装技術

1．部品内蔵基板

電子機器の小型化・高密度化要求に応じて、半導体チップの高集積化とプリント配線の微細化が進み、これまでの半導体パッケージ挿入実装から表面実装へと実装方式が進化してきました。高密度化の要求により、プリント配線板上へのデバイス配置は物理的限界に近い状態まで高密度化してきました。

近年の小型化・高機能化への市場要求を実現するため従来の平面的な二次元的な部品実装から、三次元的な部品実装が必要となっています。この技術は総称して「三次元実装」と呼ばれています。図に示すような部品内蔵基板は、三次元実装の一形態であり、従来の表面実装と違ってプリント配線板内部にチップ部品や半導体チップを実装するものです。これにより実装密度が飛躍的に向上するため、ダウンサイジングが要求されるモジュール部品の実装方式として近年実用化が進んでいる有望な技術となっています。

2．MIDへの流れ

プリント配線板は、部品を実装して電気的な接続をするものです。電子機器が構造体としてモールド樹脂などで筐体が構成されているものでは、内部にプリント配線板を有しているものが一般的な形態でした。近年、射出成型樹脂部品の表面に立体的な電気回路を形成する手法が実用化されつつあり、三次元実装デバイス（MID：Molded Interconnect Device）と呼ばれています。これは、樹脂形成部品表面にめっきにより直接配線パターンを描画し、電子部品を実装しています。樹脂の構造体にプリント配線板の機能が複合されたデバイスと考えてもよく、携帯電話用アンテナ、車載センサ用部品などに適用されています。

このように、プリント配線板は、2次元平面への部品実装を行うものであるとの従来の考えが進化して、三次元的な実装を可能にする配線の三次元化など、今後のさらなる発展が期待されています。

要点BOX
●実用化が進む部品内蔵基板
●三次元実装デバイス（MID）への期待が高まっている

部品内蔵基板

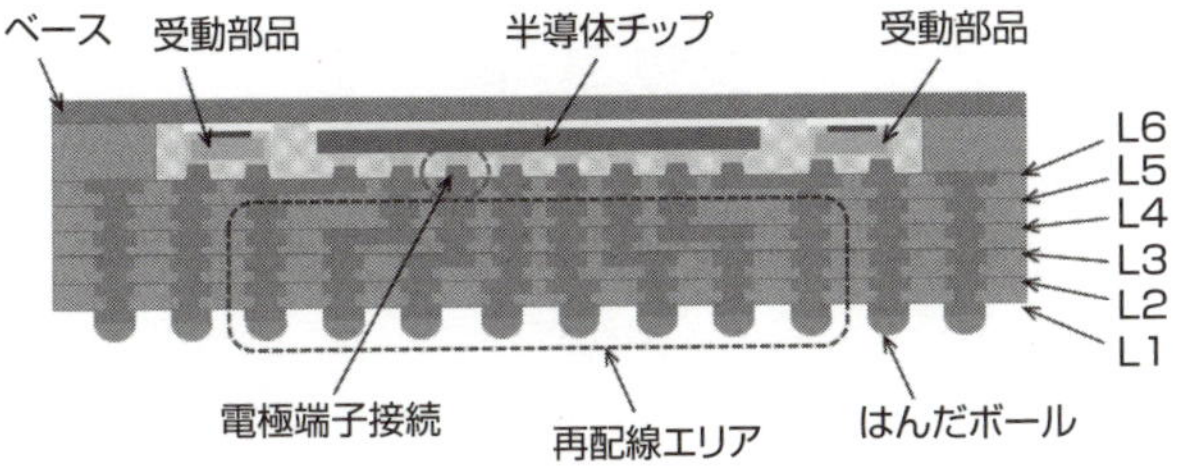

半導体チップ内蔵部品内蔵基板

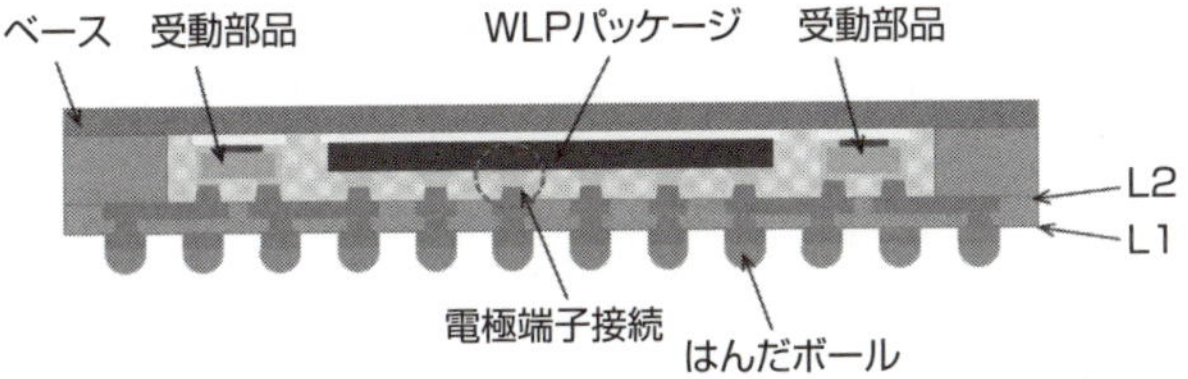

WLP内蔵部品内蔵基板

MID(Molded Interconnect Device)例

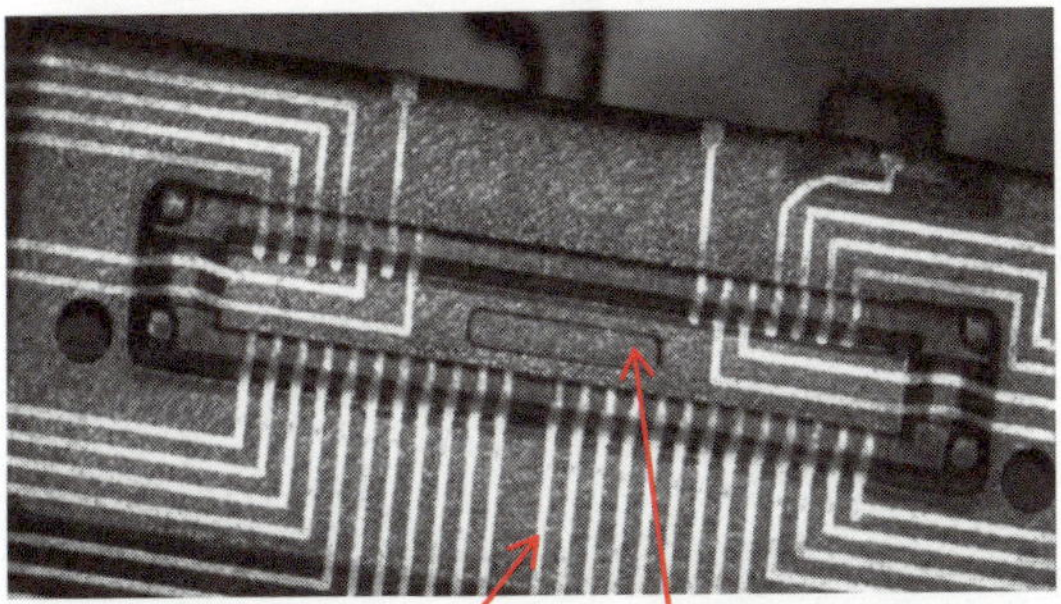

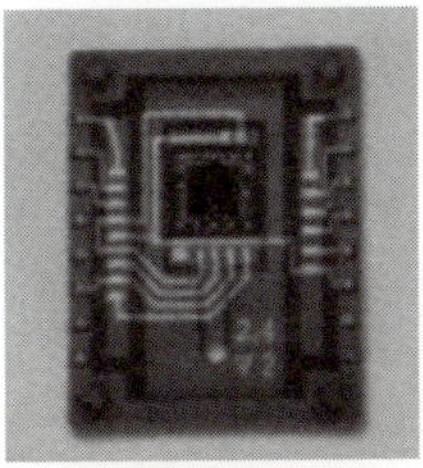

工業用圧力センサ

自動車向け事例

67 今後の電子実装とプリント配線板

ランドレスプリント配線板の可能性と課題

プリント配線板の製造プロセスは、これまでめっきスルーホール法、ビルドアップ法が主流です。この間、数多くのプロセスの提案がありましたが、種々の事情により定着したものはない状況です。今後もめっき法を中心に技術進歩していくものと考えます。

1．ランドレスプリント配線板

図1は試作されているこれからのパッケージ基板の配線の例です。ロードマップではライン幅、ライン間隙は2μmが必要とされています。パッド径の議論はなく、この図を見て、パッド径／ライン幅比は約14と、非常に大きいことです。それだけパッドの接続の高密度化が進んでいないことを示しています。

現在提案されているのは**図2**のランドレス、あるいは、パッドレスプリント配線板です。これはランドを配線幅と同じにして空いたスペースに配線することで配線密度を向上しつつ、配線幅・間隙を緩和するものです。現実にはここまで小さくできなくてもよく、ランド径は配線幅の2〜3倍程度となるかも知れません。

図3は、チップとの接合を考えた図です。このようなプリント配線板を実現するためには表1のように利点もありますが、検討課題が山のようにあります。**図4**は接合の推定図です。

2．プリント配線技術

有機樹脂プリント配線板というと、銅張積層板を用いたリジッドの配線板という狭いイメージでした。このため、プリント配線板産業の大きな飛躍がなかったように思われます。しかし、めっきスルーホール法やビルドアップ法は配線技術としての適用範囲が広く発展可能であると思われます。このように考えると、非常に広範な領域をカバーしてくると思います。3次元配線はもとより、この延長上には、ガラス、シリコンも含め、絶縁体への配線技術があるかもしれません。また、半導体チップとの接続をプリント配線板の技術の延長として考えることもできると思います。

要点BOX

- ランドレスプリント配線板の提案がされているが、課題も多い

図1　提案されている高密度パッケージ基板の配線の例

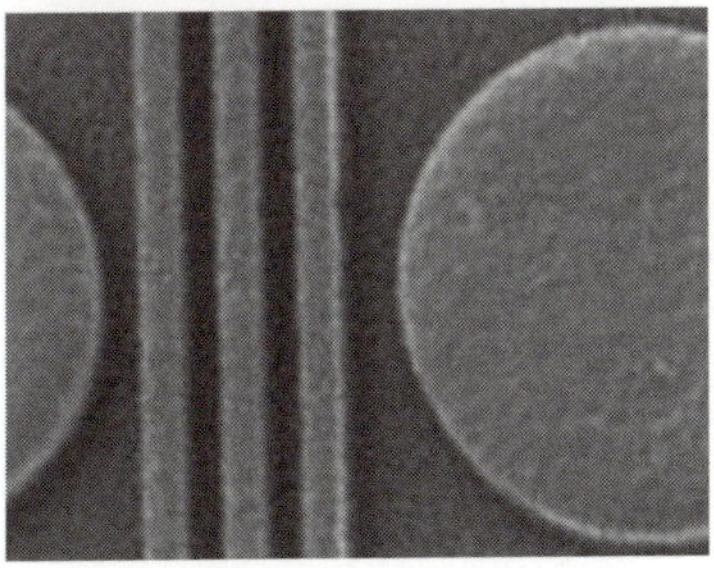

配線幅/間隙：2/2μm
パッド径：28μm
パッド径/ライン幅：約14

表1　ランドレスプリント配線板の特長と問題点

特長

1)プリント配線板の中のランドの削除による配線密度の向上
2)電気特性の向上
3)小型、軽量化の推進
4)配線幅・間隙の緩和　　など

問題点

1)微細配線と直接接続する接続部の信頼性
2)微細配線とビアとのランドレスによる接続の信頼性
3)絶縁材料の導体との密着性
4)絶縁材料の寸法安定性 (XY面、そり・ねじれ、など)
5)絶縁材料、導体材料の熱的特性の向上
6)高精度製造プロセスの構築
7)多層プリント配線板における位置合わせの高精度化
8)製造環境の高度化
9)部品搭載の高精度化
10)その他

図2　提案しているランドレス(パッドレス)プリント配線板

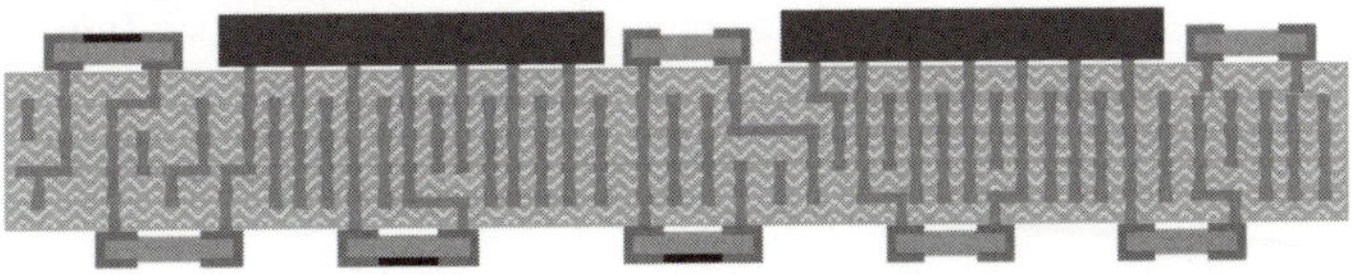

図3　半導体チップとの接合を考えたランドレスパッケージ

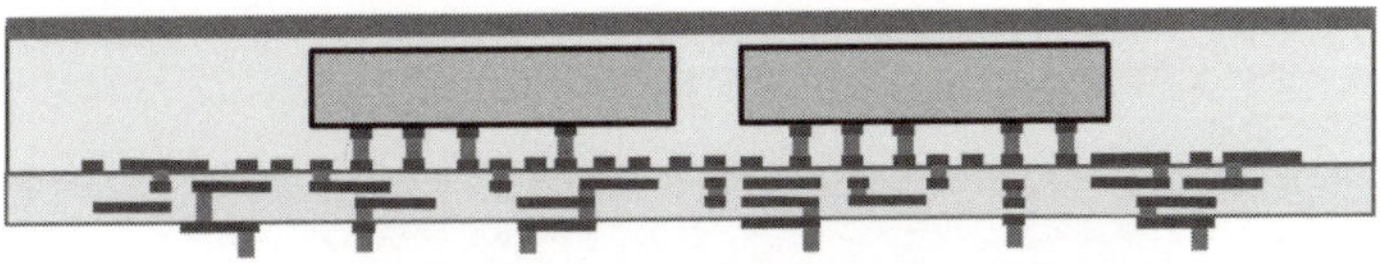

図4　チップと微細ポストの接合の推定図

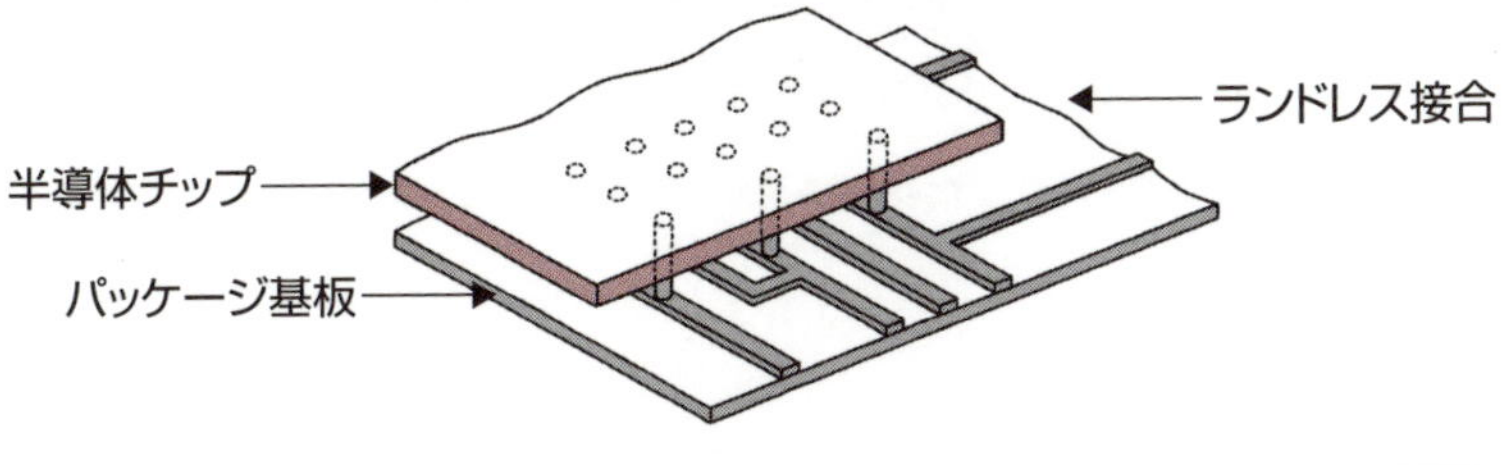

●著者略歴

髙木 清（たかぎ きよし）

1932年生まれ、1955年横浜国立大学工学部卒業。同年富士通㈱入社。電子材料、多層プリント配線板技術の研究開発に従事。1989年古河電気工業㈱、㈱ADEKAの顧問を歴任、1994年高木技術士事務所を開設、プリント配線板関連技術のコンサルタントとして現在に至る。

1971年技術士（電気電子部門）登録。㈳プリント回路学会（現、（一社）エレクトロニクス実装学会）理事、（一社）日本電子回路工業会JIS原案作成委員などを歴任。

2011年（平成23年）（一社）エレクトロニクス実装学会、学会賞（平成22年度）受賞。

同学会名誉会員。よこはま高度実装コンソーシアム顧問、NPO法人サーキットネットワーク名誉顧問、（公社）化学工学会エレクトロニクス部会監事、表協エレクトロニクス部会監事。

著書：「多層プリント配線板製造技術」1993年、「ビルドアップ多層プリント配線板技術」2000年、「よくわかるプリント配線板のできるまで（3版）」2011年、「トコトンやさしいプリント配線板の本」2012年。

共著：「トコトンやさしい半導体パッケージ実装と高密度実装の本」2020年、「プリント回路技術用語辞典（3版）」2010年、「入門プリント基板の回路設計ノート」2009年、「プリント板と実装技術・キーテーマ＆キーワードのすべて」2005年、「トコトンやさしい半導体パッケージとプリント配線板の材料の本」2023年。（以上、いずれも、日刊工業新聞社刊）。

大久保 利一（おおくぼ としかず）

1957年生まれ。1980年大阪大学工学部卒業。1982年大阪大学大学院工学研究科修士課程修了。同年日本鉱業（株）（現、JX金属（株））入社。

1999年までリードフレーム、銅箔、プリント配線板、MCM、BGA等電子回路基板の製造技術（主にめっき技術）に関する研究開発に従事。その間、1987～8年Case Western Reserve University（Cleveland OH,USA）で研究活動。

1999年凸版印刷（株）に移籍し、引き続き電子回路基板の製造技術（主にめっき技術）に関する研究開発に従事。2022年定年退職。この間、大阪府大の社会人ドクターコースに入り2007年に博士（工学）を取得。また、2008～2013年には、ASETドリームチッププロジェクトに参加。

著書（共著）：近藤和夫編著「初歩から学ぶ微小めっき技術」第5章ー2（工業調査会）2004年、「トコトンやさしい半導体パッケージ実装と高密度実装の本」（日刊工業新聞社）2020年、「トコトンやさしい半導体パッケージとプリント配線板の材料の本」（日刊工業新聞社）2023年。

委員：NPO法人サーキットネットワーク理事　事務局長

山内 仁（やまうち じん）

1960年生まれ。
1982年　早稲田大学電子通信学科卒業。
1982年　富士通㈱入社。中小型コンピュータ中央処理装置向けCMOS LSI試験回路仕様策定およびLSI機能・特性試験技術開発に従事。
1993年　中小型コンピュータ向けMCM試験技術開発、ワークステーション向けMCM開発に従事。
1996年　プリント基板事業部にて、プリント基板製品の顧客技術サポートおよび、パソコン向けMCM開発に従事。
2002年　富士通インターコネクトテクノロジーズ㈱（現FICT㈱）へ異動。半導体パッケージや多層基板向け技術営業、事業戦略グループにて、マーケティングおよび新規ビジネス事業戦略グループにて、マーケティングおよび新規ビジネス開発を歴任し、2022年退職。同年、NPO法人サーキットネットワーク理事 IT担当として現在に至る。
著書（共著）：「トコトンやさしい半導体パッケージ実装と高密度実装の本」（日刊工業新聞社）2020年、「トコトンやさしい半導体パッケージとプリント配線板の材料の本」（日刊工業新聞社）2023年。
委員：（一社）日本電子回路工業会　統合規格部会幹事として、部品内蔵電子回路基板規格（JPCA-EB01、JPCA-EB02）、電子回路基板規格（JPCA-UB01）、電子回路基板用語（JPCA-TD02）の規格策定に参加。
（一社）エレクトロニクス実装学会理事、学会誌編集委員、部品内蔵技術委員会副委員長、次世代配線板研究会幹事を歴任。

今日からモノ知りシリーズ
トコトンやさしい
プリント配線板の本 第2版

NDC 549

2012年6月20日　初版1刷発行
2018年6月11日　第2版1刷発行
2025年4月18日　第2版8刷発行

発行者　井水 治博
発行所　日刊工業新聞社
東京都中央区日本橋小網町14-1
(郵便番号103-8548)
電話　書籍編集部　03(5644)7490
販売・管理部　03(5644)7403
FAX　03(5644)7400
振替口座　00190-2-186076
URL　https://pub.nikkan.co.jp/
e-mail　info_shuppan@nikkan.tech
印刷・製本　新日本印刷(株)

●DESIGN STAFF
AD―――――――志岐滋行
表紙イラスト―――黒崎　玄
本文イラスト―――大森眞司
ブック・デザイン ――奥田陽子
(志岐デザイン事務所)

●
落丁・乱丁本はお取り替えいたします。
2018 Printed in Japan
ISBN　978-4-526-07857-6 C3034

●定価はカバーに表示してあります